René Merten

Bewerben 50 Plus

Berufliche Neuorientierung für berufserfahrene Akademiker

1. Auflage

Haufe Group
Freiburg · München · Stuttgart

Bibliografische Information der Deutschen Nationalbibliothek

Die Deutsche Nationalbibliothek verzeichnet diese Publikation in der Deutschen Nationalbibliografie; detaillierte bibliografische Daten sind im Internet über http://dnb.dnb.de/ abrufbar.

Print: ISBN 978-3-648-14867-9 Bestell-Nr. 10630-0001
ePub: ISBN 978-3-648-14869-3 Bestell-Nr. 10630-0100
ePDF: ISBN 978-3-648-14870-9 Bestell-Nr. 10630-0150

René Merten
Bewerben 50 Plus
1. Auflage, Mai 2021

www.haufe.de
info@haufe.de

Bildnachweis (Cover): © Dragana Gordic, Adobe Stock

Produktmanagement: Jasmin Jallad
Lektorat: Cornelia Rüping

Ihre digitalen Extras zum Download:

Mustervorlagen:

- Erste Seite
- Kurzprofil
- Lebenslauf

Worksheets zur Umsetzung:

- Worksheet: IKIGAI
- Worksheet: Die aktuell wichtigen Jobfaktoren
- Worksheet: Ihr Netzwerk
- Worksheet: Elevator Pitch
- Worksheet: Analyse von Stellenanzeigen
- Worksheet: Projekt-Mindmap
- Worksheet: Drehbuch fürs Video
- Worksheet: Selbstreflexion nach Jobinterviews/standardisierten Bewerbungsverfahren

Den Link sowie Ihren Zugangscode finden Sie am Buchende.

Bewerben 50 Plus

Inhaltsverzeichnis

Vorwort

Das Bild der Karriereleiter, die man entweder erfolgreich immer weiter erklimmt oder herabsteigt, hat ausgedient. »Karriere« für berufserfahrene Menschen umfasst heute die Passgenauigkeit zur aktuellen Lebenssituation inklusive Auszeiten und Neuanfängen, Downsizing und Jobwechsel. Wie bei einer Bergwanderung ist der Sammelpunkt am Gipfel zwar ein Ziel, aber der Weg dorthin von strammen Anstiegen und flachen Plateaus, herrlichen Aussichtspunkten, Wadenkrämpfen und Motivationstälern wie Picknickpausen und orientierungslosem Kartenlesen durchsetzt.

Oft ergibt sich die Notwendigkeit, sich als berufserfahrener Mensch auf den neuesten Stand der Technik zu bringen oder aber für eine geforderte Spezialisierung nochmals die Lernbank zu drücken, um den angestrebten Job zu ergattern – in den meisten Fällen aber ist dies nicht der springende Punkt! Vielmehr ist man oft lange aus dem Bewerbungsprozess draußen gewesen und hat verlernt, die eigenen Pluspunkte akzentuiert in Szene zu setzen. Weniger die Selbstvermarktung und -darstellung als das tiefgründige Schöpfen aus dem meist reichhaltigen Erfahrungsfundus kommt dabei zu kurz, obwohl gerade dies mit fortgeschrittenem Alter einen Mehrwert im Vergleich mit jungen Berufsanfängern ausmachen kann. »Wer stellt mich denn jetzt noch ein?« oder »Ich bin denen doch viel zu alt!« lauten die Statements dann. Gelegentlich führen diese Gedanken zu einer Bewerbungsstrategie der falschen Bescheidenheit oder gar des Understatements, sodass berufserfahrene Menschen ihre wertvollsten Ressourcen kaschieren, um nicht als überqualifiziert zu gelten. Oftmals überwiegt die Frustration, mit dem über die Jahre gesammelten Zusatzwissen, den Berufserfahrungen und der menschlichen Reife vermeintlich nicht mehr gebraucht zu werden. Verjüngungswahn sowie ständige Veränderungs- und Anpassungsbereitschaft steuern ein Übriges zu der Tendenz bei, sich als berufserfahrener Bewerber am Jobmarkt manchmal nicht ernst genommen zu fühlen.

Die meisten Bewerbungsratgeber haben als Zielgruppe Berufsanfänger, bestimmte Branchen oder Führungskräfte, berücksichtigen aber nicht das Alter. Dieser Ratgeber geht nicht nur gezielt auf die Punkte ein, die typischerweise älteren Bewerbern schwerer fallen und am häufigsten zu Problemen bei der Jobsuche führen. Er lässt auch lange Jahre an Erfahrung aus dem Personalwesen und viele Karrierecoachings mit älteren Menschen einfließen, um passgenau den Job für die zweite Lebenshälfte zu finden.

In diesem Sinne wünsche ich Ihnen viel Erfolg!

René Merten — Wien, im März 2021

Hinweis: Wegen stilistischer Klarheit sowie leichterer Lesbarkeit gilt die Verwendung der männlichen Form im Text inhaltlich für alle Geschlechter gleichermaßen.

Vorwort

1 Karrierepfade für Silver Ager

»Mit (fast oder über) 50 finde ich eh kaum noch etwas Passendes!« Sie kennen diesen Satz so oder so ähnlich? Sie lesen ihn in Zeitschriften- und Blogartikeln über das Thema Altersarbeitslosigkeit? Sie hören ihn von Bekannten oder vom staatlichen Arbeitsamt? Und manchmal – am ehesten an einem Tag mit vielen Job-Absagen – sprechen Sie ihn sogar selbst aus? Sie brauchen sich dafür nicht zu schämen! Das ist völlig okay, aber die Aussage des Satzes wird dadurch nicht richtiger. Denn erstens (jetzt kommt das zweitbeste Argument): Die Aussage motiviert Sie nicht, sondern hilft Ihnen, Erfolglosigkeit zu rechtfertigen. Erfolglosigkeit allein macht nichts, gepaart mit der Opferrolle allerdings zerstört sie jedes Fortkommen. Denn was könnten Sie an Ihrem Alter schon proaktiv ändern? Und zweitens (jetzt kommt das beste Argument): Die Aussage stimmt so pauschal nicht, sondern hält sich nur hartnäckig. Während die Arbeitslosenquote bei älteren Arbeitnehmern zwischen 55 und 65 Jahren sinkt, steigt die Anzahl älterer Erwerbstätiger in den vergangenen Jahren deutlich. Bei älteren Menschen, die schneller und besser als andere einen ihnen zusagenden Beruf gefunden haben, zeigt sich, dass dafür insbesondere deren Selbstwirksamkeit ausschlaggebend war. Darunter versteht man die eigene Überzeugung, nicht trotz, sondern gerade wegen des höheren Alters weiter Karriere machen zu können – aber anders.

1.1 Bestandsaufnahme und Neuausrichtung – Wo stehen Sie mit 50 plus und wo wollen Sie hin?

Bei älteren Menschen konkurriert »Beruf« oft viel stärker als bei jüngeren mit beispielsweise Familie, Freizeit, Freunden etc. und macht nur einen kleinen Teil im Konzert der anderen persönlichen Werte aus. Auf der Insel Okinawa, wo die meisten über 100-Jährigen leben, wird eine bestimmte Lebenseinstellung (japanisch »IKIGAI«) für das hohe Alter dieser ältesten Menschen der Welt verantwortlich gemacht. Lebenswertes im dortigen Sinne entsteht nicht allein durch die isolierte Sicht auf die eigenen Wünsche, etwa in einem Job, sondern auch durch die der anderen, beispielsweise wenn es um die Zugehörigkeit zu einer Gruppe geht. Die Gemeinschaft benötigt oftmals etwas anderes als man selbst und bedarf mitunter auch dann noch der Pflege, wenn die eigenen Bedürfnisse längst befriedigt sind.

Vier Leitfragen und deren Balance gelten dafür als besonders relevant: in puncto persönlicher Bedürfnisse die Leitfragen »Was lieben Sie?« und »Worin sind Sie gut?«, bezüglich der gesellschaftlichen Anliegen die Leitfragen »Was braucht die Gemeinschaft von Ihnen?« und »Wofür gibt man Ihnen etwas als Gegenleistung?«. Erst die Schnittmenge der Antworten auf jeweils zwei nebeneinanderliegende Leitfragen führt zu einem tieferen Zweck: Das, was Sie lieben und worin Sie gut sind, bildet typischerweise Ihre Leidenschaft (»Passion«). Das, worin Sie gut sind und wofür man Ihnen etwas als Gegenleistung gibt, mag Ihre Berufung ausmachen (»Vokation«). Das, wofür man Ihnen etwas als Gegenleistung gibt und was die Gemeinschaft von Ihnen braucht, kann einer Ihrer Berufe sein (»Profession«). Und das, was die Gemeinschaft von Ihnen braucht und was Sie lieben, wird eine Ihrer Aufgaben bilden (»Mission«). Erst wenn alle vier grundlegenden Lebenszwecke zumindest hinreichend berücksichtigt werden, erfahren Sie als zentrale Schnittmenge Ihr individuelles IKIGAI. Dieses kann für jeden Menschen mit verschiedenen Bedeutungen versehen und unterschiedlich gewichtet sein. Auch muss nicht jede Tätigkeit immer alle vier grundlegenden Lebenszwecke in der gleichen Ausprägung beinhalten.

Digitales Extra

Showtime

Erstellen Sie Ihr persönliches IKIGAI

Ordnen Sie auf einem großen DIN-A3-Blatt oder auf einem virtuellen Whiteboard alle vier Leitfragen in vier Kreisen so an, dass diese sich wie oben benannt überschneiden.

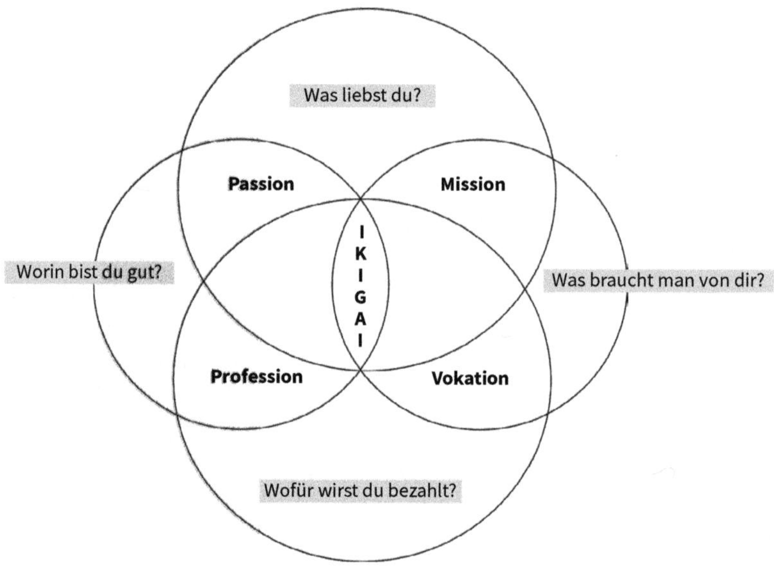

Abb. 1: Vorlage für ein IKIGAI

Befüllen Sie zunächst die Außenbereiche separat voneinander. Im Anschluss nehmen Sie sich die vier Schnittmengen der jeweils benachbarten Kreise vor – Passion, Profession, Vokation und Mission. In jedes Feld können ruhig mehrere Punkte fallen – manche mehr und manche weniger intensiv. Sind alle diese grundlegenden Lebenszwecke derzeit abgedeckt? Welche würden Sie sich in Zukunft stärker berücksichtigt wünschen? Was davon sind Punkte, die mit Ihrem Job zu tun haben und welche nicht?

Selten beinhaltet eine längere Erwerbsbiographie den berühmten »roten Faden« sondern viel Ungeplantes, was ein erfülltes Leben oft erst reich macht. Je älter man wird, desto mehr mutiert man daher zum Erfahrungsgeneralisten: Statt sich mit Spezialisten zu vergleichen, haben Sie etliche Branchen und Berufe kennengelernt, oftmals viele Aus- und Weiterbildungen genossen und schon einiges an Berufspraxis erworben. Gerade weil eine so breite Kompetenz vorherrscht, wissen ältere Bewerber oft nicht recht, welche Jobs wie für sie gemacht sind, und sehen bei der Suche den Wald vor lauter Bäumen nicht. Sehr oft bewerben sie sich daher auf Jobs, die denen ähneln, die sie schon einmal gemacht haben. Dort kennen sie sich aus und haben berufliche Erfolge erzielt. Jedoch entscheiden meist nicht die Position, die Inhalte und die Tätigkeiten an sich über Ergebnisse und Zufriedenheit im Job solcher Erfahrungsgeneralisten, sondern das zu ihrem Persönlichkeitstyp passende Arbeitsumfeld: Die meisten benötigen ein gesundes Maß an Entscheidungs- und Gestaltungsspielräumen, um sich entfalten und mit Vertrauen führen lassen zu können.

Showtime

Denken Sie Ihre Lebens- und Berufssituation zusammen
Eine neue berufliche Situation isoliert von der Lebenssituation zu betrachten wird mit zunehmendem Alter immer realitätsferner. Stellen Sie sich daher Ihre Lebenssituation in zehn Jahren vor: Wie sind Sie eingerichtet? Wohnen Sie allein oder mit jemandem zusammen – einem Menschen oder Haustier? Wenn Sie die Fenster öffnen, welche Sprache sprechen die Menschen draußen? Riecht die Luft salzig nach Meer oder erdig nach Wald, wenn Sie vor die Eingangstür treten? Weht ein leiser Wind auf dem Land oder tummeln sich geschäftig Menschen in der City? Wie weit sind Verwandte und Freunde entfernt? Wie weit Ihre wichtigsten weiteren Anlaufpunkte wie Einkaufscenter, Park, Kultureinrichtungen oder medizinische Versorgung? Erst dann, wenn Sie dies stichwortartig niedergeschrieben haben, überlegen Sie dazu passende Traumjobs. Damit ist hier keine Utopie gemeint, sondern realistischerweise dazu passende Berufe aus Ihrer jetzigen Perspektive.

Verabschieden Sie sich von der Vorstellung, möglichst alles an Lebens- und Berufserfahrungen von vorher müsse verwertet werden, um doch noch einen »roten Faden« zu stricken. Finden Sie mit Ihrem kunterbunten, reichhaltigen Kompetenzportfolio stattdessen drei bis fünf passende Jobtitel mit jeweils stichwortartigen Kurzbeschreibungen – selbst wenn es diese Traumjobs in der exakten Ausprägung nicht ausgeschrieben gibt.

Was immer Ihr Beweggrund für eine berufliche Neuausrichtung ist – zum Beispiel Kündigung im alten Job, längere gesundheitliche Auszeit oder berufliche Veränderungslust –, es gibt zwei grundsätzliche Unterscheidungen von persönlicher Motivation: die eine, wenn Sie etwas kitzelt oder lockt (sogenannte Anreiz-Motivation), und die andere, wenn Sie etwas vertreibt oder wegstößt (sogenannte Flucht-Motivation). Ein »Hinzu« ist jedoch meist nachhaltiger als ein »Weg-von«, mag auch der erste Impuls oft von zuletzt Genanntem herrühren. Sie haben vieles ausprobiert und einiges gelernt, aber worauf wollen Sie sich künftig einlassen? Nehmen Sie eine typische Frage von Personalern beim Jobinterview gleich vorweg und beantworten Sie diese für sich: Was und warum wollen Sie jetzt (nochmal) alles anders machen?

Digitales Extra

Showtime

Isolieren Sie die aktuell wichtigen Jobfaktoren
Beantworten Sie stichwortartig die folgenden Fragen, die für Sie zunehmend wichtiger werden:

- Welche unerfüllte berufliche Sehnsucht ist in mir und wie gehe ich damit um?
- Will ich beruflich noch etwas tun, was Spaß macht und zugleich gefährlich ist?
- Wie hat der Corona-Lockdown mich beruflich geprägt?
- Was empfinde ich als fairen Gegenwert für meine Arbeit?
- Würde ich lieber Familie, Leben oder Job nochmal neu beginnen, wenn ich könnte?

Zeigen Sie Ihre Antworten einem Menschen, der Sie sehr gut kennt, beispielsweise einem Lebenspartner oder Ihrem besten Freund. Hätte dieser Sie hier und da anders eingeschätzt oder an einer Stelle etwas anders konnotiert? Oft kommt dann ein Satz wie »Oh, so hätte ich dich ja gar nicht eingeschätzt!«, »Echt? Wie genau meinst du denn das …?« oder »Ach ja, mir fiel schon in letzter Zeit bei dir auf, dass …«. Reden Sie darüber und passen Sie Ihre schriftlichen Antworten nur dann an, wenn das Gespräch Sie entsprechend überzeugt. Ansonsten bleiben Sie bei Ihren Ausführungen – hier gibt es kein richtig oder falsch.

Gehen Sie in einem nächsten Schritt etwas tiefer und beantworten Sie folgende Fragen:

- Welche sonstigen Rahmenbedingungen sollte der neue Job unbedingt erfüllen (zum Beispiel Arbeitszeiten, Außendienst, Entfernungen und Erreichbarkeiten)?
- Welches soziale Umfeld ist für Sie passend (zum Beispiel Betriebsgröße und -klima, Kundenkontakt, Kollegen)?
- Finden Sie das Ansehen des Berufs und des Arbeitgebers als Teil Ihrer sozialen Identität stimmig (zum Beispiel Marke, Jobtitel, Image und Status)?
- Können Sie sich in diesem Job selbst verwirklichen (zum Beispiel persönliche Arbeitsinteressen, -stärken und -schwerpunkte, Führungskraft oder Fachexperte)?

- Was sollte ein künftiger Job beinhalten, um Ihre finanziellen Erwartungen zu erfüllen (zum Beispiel Gehaltsteigerung gegenüber zuvor oder ein Fixgehalt in bestimmter Höhe)?
- Welche Art beruflicher Zusammenarbeit ist die ideale für Sie (zum Beispiel Teil- oder Vollzeit, angestellt oder selbstständig, projektbasiert)?

Versehen Sie zuletzt alle Antworten mit drei Farben: Mit Grün umkreisen Sie alles, was als K.o.-Kriterium unbedingt erfüllt sein muss. Mit Gelb umkreisen Sie alles, was wichtig und (falls nicht vollständig vorhanden) notfalls durch etwas anderes ausgeglichen werden müsste. Mit Rot umkreisen Sie alles, was als Pluspunkt sehr nett, aber ansonsten zu vernachlässigen wäre. Welches Farbspektrum entspinnt sich?

1.2 Zwischen Abstellgleis und Jugendwahn? – Mental gestärkt auf den Arbeitsmarkt

Falls Sie arbeitslos geworden sind oder unzufrieden mit der Jobsuche, ist es menschlich nachvollziehbar, dass Sie sich manchmal wie abgehängt fühlen. Das sollte aber die Zuversichtlichkeit, bald wieder etwas Spannendes zu finden, nicht ausschließen. Im arbeitsmarktpolitischen Kontext sind meist diejenigen wiederbeschäftigten älteren Menschen erfolgreich, die zuversichtlich in die Zukunft blicken. Mit einem dynamischen Selbstbild, das persönliches Wachstum betont (»Growth Mindset«), schaffen Sie weder eine neue Stelle noch bringen Sie einen Recruiter dazu, Ihnen ein Jobangebot zu machen. Jedoch bestimmen Sie nachweislich darüber, wie Sie konstruktiv mit der Situation umgehen, wie Sie die Herausforderung gestalten und wie man Sie beim Umgang mit dieser Herausforderung wahrnimmt – als ein mit dem Schicksal hadernder oder als Erfolgsmensch.

1.2.1 Die Zeit während der Jobsuche nutzen und Impulse finden

Selbst wenn es für Sie bis zum neuen Job etwas länger dauern mag als bei Jüngeren, helfen Schuldzuschreibungen an Ihr Alter oder den Jugendkult wenig. Bei einer fehlenden Qualifikation zu denken »Wenn mir dieser Job wirklich wichtig ist, dann lerne ich es halt« ist eine Einstellung, die auch über Ihr psychisches Wohl während der Stellensuche befindet. Statt »Mit über 50 finde ich nie wieder etwas Gutes!« oder »Was sollen nur meine erfolgreichen Bekannten denken?« ist es zielführender, sich mit Gedanken anzufreunden wie »Meine Kinder werden stolz auf mich sein, weil ich jetzt noch einen Neustart probiere« oder »Ich habe schon so oft improvisieren und mich erfolgreich durchsetzen können«.

Showtime

Kultivieren Sie das Wachstumsdenken
Schreiben Sie eine Rede, die Ihre Enkelkinder am Tag Ihrer Pensionierung oder zum beruflichen Ruhestand vor der ganzen Familie halten. Was könnte darin stehen, was ein anerkennendes Lachen bei anderen hervorrufen und was ein Lächeln in Ihr zufriedenes Gesicht zaubern kann?

Ihnen fällt spontan dazu nicht viel ein? Dann holen Sie sich Anregungen bei anderen. Treffen Sie sich entweder in Ihrem Bekanntenkreis oder Ihrem Netzwerk mit Menschen, die im fortgeschrittenen Alter beruflich etwas Neues begonnen oder den Job gewechselt haben. Dabei geht es nicht darum, sich gegenseitig zu bemitleiden oder zu trösten. Fragen Sie die anderen direkt nach ihren Erfahrungen und was ihnen seinerzeit am meisten geholfen hat. Sie können auch Erfolgsgeschichten von Älteren im Internet ansehen oder in Buchberichten lesen, um sich inspirieren zu lassen. Ganz generell sind Menschen, die Ihrer Seele guttun, die Sie bestärken und Ihnen zuhören, in solchen Phasen ein Gewinn. Machen Sie eine Liste, welche Personen das bei Ihnen sein könnten, und verabreden Sie sich möglichst jede Woche mit mindestens einer davon. Einen ähnlich wohltuenden Effekt können Kinder und Tiere haben. Weder die einen noch die anderen neigen typischerweise dazu, alles schwierig oder schwarzzusehen und Ihnen (auch ungewollt) mit mieser Tagesstimmung die Laune zu verderben.

Vielleicht freut sich Ihre alleinerziehende Nachbarin, wenn Sie sie entlasten und mit ihrem zehnjährigen Kind einen halbstündigen Gang zum Spielplatz unternehmen? Oder Ihr örtlicher Tierverein sucht schon lange jemanden, der ehrenamtlich mit einem Hund Gassi geht?

Überlegen Sie ferner, wie sich die Zeit der beruflichen Neu- oder Umorientierung außer mit der Jobsuche noch nutzen ließe. Das könnte ein Freizeitprojekt sein, das Sie immer mal angehen wollten, oder Sie helfen jemand anderem bei etwas. Sie können auch eine Weiterbildung anfangen, die Ihr Gehirn in Schwung bringt und den Fokus auf aktuelle (vielleicht sogar berufsbezogene) Zusatzqualifikationen richtet.

Schmieden Sie ruhig auch schon Pläne für die Zeit, wenn Sie Ihren neuen Traumjob erfolgreich angetreten haben: Leisten Sie sich dann als Erstes etwas Sündteures zur Belohnung? Oder haben Sie Lust, innovative Methoden im Job auszuprobieren? Schmücken Sie drei bis vier Highlights für danach mit möglichst vielen Details aus und lassen Sie Ihre Seele in der Vorstellung baden.

1.2.2 Vorurteile, Stereotype und Klischees – Was stimmt und wie damit umgehen?

Ältere Menschen haben damit zu kämpfen, dass sie häufig in eine bestimmte Schublade gesteckt werden. Schubladendenken ist per se nichts Schlechtes, wir alle nutzen es, um in der zunehmend komplexen Welt effizient zurechtzukommen. Daher wird auch der objektivste Recruiter von klischeehaften Gedanken besetzt sein, ohne es in jeder Situation zu bemerken. Lassen Sie sich davon nicht abschrecken oder ärgern. Vielmehr sollten Sie von den weitgehend unrichtigen, vorurteilsbeladenen oder abgenutzten Formeln zu Ihren Lasten die gängigsten kennen, um damit spielen und sie widerlegen zu können.

»Ihre Gehaltsansprüche sind viel zu hoch!«
Je älter, desto teurer – dies wird oft durch lange Betriebszugehörigkeiten begründet. Seniorität führt auch in manchen Tarifverträgen zu wachsenden Gehältern. Doch beim Verlassen eines Gehaltssystems gibt es kein Naturgesetz, gemäß dem Gehälter so bleiben oder gar immer weiter ansteigen. Dass Sie in Ihrem vorherigen Job gut verhandelt und verdient haben, beeindruckt Ihren potenziellen neuen Arbeitgeber nicht. Häufig geäußerte Aussagen wie »Ich hatte damals ein Gehalt von … – und darunter möchte ich nicht gehen!« zeugen nur davon, dass sich ein Bewerber Gedanken über seinen Lebensstil gemacht hat. Das ist schön für ihn, dem Arbeitgeber aber mindestens egal.

Auch stellt dieser Satz eine unlogische Relation zwischen altem und neuem Job her, die erst einmal nichts miteinander zu tun haben müssen. Für erfahrene Arbeitnehmer von über 50 Jahren bedeutet das nicht, dass sie in Hinblick auf ihre Gehaltserwartung Abstriche machen sollten, weil sonst jemand Jüngeres für weniger Geld eingestellt würde. Vielmehr sollten sie dem Unternehmen oder ihrem potenziellen Geschäftspartner inhaltlich gute Argumente liefern können, warum für ihre Leistung dasselbe wie für ihr Gehalt gilt – nämlich, dass sie weit über dem eines Jobeinsteigers liegt! Nur dann wirkt Ihre Bewerbung authentisch und kommen Sie passend zum Job rüber. Oder würden Sie mit jemandem dauerhaft zusammenarbeiten wollen, der sich eigentlich mehr erhofft hat, bevor überhaupt der erste Arbeitstag begonnen hat?

Bleiben Sie also in Ihrer Argumentation strikt dabei, warum Ihr heutiges Potenzial für den zukünftigen Job spannend ist, nicht bei dem, was früher war. Welche Herausforderungen, denen sich die Firma aktuell ausgesetzt sieht, haben Sie in Ihrer Vergangenheit schon erfolgreich bewältigt? Welche Erfahrungen, die Sie gesammelt haben, zahlen sich für den neuen Arbeitgeber so aus, dass er Sie nicht einfach durch jemand anderes ersetzen kann? Das können, aber müssen nicht zwangsläufig fachliche Kompetenzen sein. Gerade menschliche Qualitäten, auch bedingt durch Reife, Menschenkenntnis und Lebenserfahrung, beeinflussen tagtäglich die Teammotivation, die

Entscheidungsfindung und Ihren Führungsstil im Unternehmen oder in schwierigen Projektsituationen. Sehr selten scheitert es allein an der Höhe des Arbeitsentgelts, sondern oft einfach daran, dass Ihre Erfahrung oder Ihre Bandbreite an Kompetenzen nicht bezahlt werden wollen, weil sie für den konkreten Job nicht wichtig sind.

! **Der springende Punkt**

Entscheidend ist: Passen Sie mit allem, was Sie zu bieten haben, auf die Stelle, dann sollte Ihre Arbeit auch entsprechend vergütet werden – oder nicht?!

»Ihre Denkleistung nimmt beträchtlich ab!«

Exzessive Arbeitszeiten und Überstunden erhöhen schon ab 40+ das Risiko für Schlaganfälle oder Herz-Kreislauf-Erkrankungen. Auch kognitiv kommt das Gehirn im höheren Alter bei einer 40-Stunden-Arbeitswoche an seine Grenzen, insbesondere was Konzentrationsfähigkeit und Kreativität anbelangt. Deswegen ist eine altersunterschiedslose Betrachtung der Normalarbeitszeit wenig zielführend. Einzelne Fähigkeiten, etwa logisch zu denken, zu lernen und Probleme zu lösen (das sogenannte fluide Denken), verringern sich kontinuierlich mit zunehmendem Alter – doch ist der Höhepunkt bereits mit dem 25. Lebensjahr überschritten! Hingegen steigern sich die Fähigkeiten, die von Wissen und Erfahrung abhängen (das sogenannte kristalline Denken), zum Beispiel Vokabelwissen, generelle Informationen und Analogien, kontinuierlich bis zum 65. Lebensjahr. Danach beginnen sie, sich zu verringern. Erst mit über 80 findet altersbedingt ein genereller, physiologisch bedingter Abbau des Gehirns statt, wodurch unter anderem das Kurzzeitgedächtnis nachlässt und Lernen insgesamt schwerer fällt. Vorher ist dies bei gesunden älteren Menschen nicht pauschal nachweisbar.

! **Der springende Punkt**

Es ist entscheidend, welche Stelle Sie in die engere Auswahl nehmen: Für lange Arbeitsfenster mit vielen erwartbaren Mehr- und Überstunden mögen andere Bewerber besser passen. Wenn es etwa um das schnelle Erlernen von neuen Programmiersprachen oder agiles Ausprobieren in hoch agilen Arbeitssettings geht, mag das fluide Denken wichtiger sein. Werden hingegen strategische und analytische Denkleistungen in komplexen Situationen benötigt oder breites Kontextwissen für eine interdisziplinäre Führungsfunktion oder die Leitung eines heterogenen Projektteams, punkten Sie mit kristallinem Denken.

»Ihre Belastbarkeit wird geringer und Krankheiten häufen sich!«

Gerade die körperliche Arbeit fällt im Alter naturgemäß schwer. Das kann jedoch – da der Trend immer weiter hin zur Dienstleistung geht – vernachlässigt werden. Auch nimmt die Konzentrationsfähigkeit mit gehobenerem Alter ab und die Stressanfälligkeit steigt an. Dem begegnen Ältere mit effizienteren und erprobteren Bewältigungstechniken als die Jüngeren, zum Beispiel Arbeitsroutinen und erfahrungssichere Priorisierung bei einem Overload an Aufgaben. Sehr oft liegen hier auftretende Konflikte in multigenerationalen Teams begründet, da die Beteiligten unterschiedliche Problembewältigungsmechanismen einsetzen wollen.

Bezogen auf die Arbeitsfehlzeiten sind signifikante Unterschiede nicht allein am Alter festzumachen. Wie oft Menschen krank sind oder sich krank fühlen, unterliegt vielerlei Faktoren. Zwar ist die reine Krankheitsdauer statistisch bei Älteren länger als bei den Jüngeren (etwa vier statt zwei Arbeitswochen im Jahresdurchschnitt), hingegen melden sich Ältere insgesamt seltener krank als Jüngere. Das liegt vor allem daran, dass ältere Mitarbeiter wegen Verschleiß- oder chronischen Erkrankungen ausfallen, etwa nach einer Knieoperation oder durch eine Reha-Maßnahme. Statt sich auf plötzliche Unlustanfälle montagsmorgens nach einer exzessiven Wochenendparty oder regelmäßige Ansteckungen beim Kindergartenkind einstellen zu müssen, kann der Arbeitgeber die Krankentage der älteren Mitarbeiter besser planen.

Der springende Punkt !

Eine zentrale Frage lautet daher: Welches betriebliche Gesundheitsmanagement für Ältere gibt es im angepeilten Unternehmen und wie können Sie es für sich nutzen?

»Ihre Arbeitsmotivation sinkt und Sie lernen langsamer!«

Ältere Mitarbeiter handeln stärker aus eigenem Antrieb von innen heraus (»intrinsische Motivation«), während jüngere leichter über Antriebe von außen motiviert werden können (»extrinsische Motivation«). Die Motivation nimmt also bei Älteren nicht ab, sondern verändert sich. Extra Geld, freie Arbeitsgestaltung oder schnelle Karriere sind häufig äußerliche Motivatoren für Jüngere. Bei erfahrenen Mitarbeitern führt eher der Sinn ihrer Aufgabe, der Wert der eigenen Arbeit oder das persönliche Interesse an der Tätigkeit dazu, dauerhaft motiviert zu bleiben. Nur wegen eines einzelnen Vorteils (zum Beispiel eine Firmenbelobigung) oder zur Vermeidung von Nachteilen (zum Beispiel die Streichung von Arbeitsprivilegien) arbeiten Ältere nicht. Auch treten bei ihnen typische Ziele jüngerer Arbeiter wie eine steile Karriere hinzulegen, der Beste im Wettbewerb zu sein oder das Geld für Hausbau und Familiengründung zu verdienen in den Hintergrund (»Aufbauziele«). Ältere wollen verstärkt den eigenen Bezug zu ihren Neigungen oder Herausforderungen in der täglichen Arbeit sehen. Die Bereitschaft, sich auf neue Arbeitsbedingungen einzustellen, ist deswegen bei Älteren oft geringer, weil sie schon vieles miterlebt haben und den jeweiligen Sinn hinter Veränderungen nicht kommuniziert bekommen. Ältere sind nicht generell Neuem gegenüber abgeneigt, sondern lediglich nicht allein dadurch zu motivieren, dass ein neuer Anreiz ins Spiel kommt oder das Mitmachen belohnt wird. Ein älterer Arbeitnehmer muss auch nicht mehr alles ausprobieren oder überall dabei sein, sondern will aus innerer Überzeugung ein Ziel erreichen und gute Arbeitsresultate erbringen.

Neues zu erlernen fällt Älteren weder per se schwerer als Jüngeren, noch nimmt die Bereitschaft dazu ab. Vielmehr verändert sich die Art und Weise, wie Menschen mit zunehmendem Alter lernen. Während sich ihr Lerntempo verringert und die Aufnahme neuer Informationen rein quantitativ schwerer fällt, nimmt die Lerneffektivität zu. Statt Vokabeln zu pauken oder Jahresdaten wie im Geschichtsunterricht in der Schule auswendig zu lernen, benötigen Ältere ein eigeninitiiert-erfahrungsbasiertes Lernen in Lebenszusammenhängen. Zertifikatsschulungen oder strikte Kursmodule sind für sie selten das Richtige. Am besten eignen sich solche Methoden, die an Vorwissen und Interessen anknüpfen, um Neues mit der Lebenserfahrung vernetzen zu können (»informelles Lernen«). Das kann manchmal etwas mehr Zeit erfordern, führt aber dazu, dass das Neue sich mit dem, was schon da ist, sinnvoll zusammenfügen kann. Diese Verbindung erst schafft beständige Innovationen.

! **Der springende Punkt**

Was Sie sich fragen sollten: Wie altersgerecht sind Lernen, Wissensmanagement und Weiterbildung im jeweiligen Betrieb organisiert, damit Sie gut arbeiten können?

»Ihre Begeisterungsfähigkeit bei Neuerungen und Ihre Flexibilität lassen nach!«
Vor allem wenn es um Technologie und den Online-Bereich geht, wird Älteren häufig unterstellt, mit den Neuerungen nicht mithalten zu können oder zu wollen. Doch auch sie wissen die damit einhergehenden Vorteile zu schätzen und nutzen digitale Technologien ständig. Statt aber jeden Tag neue Apps auszuprobieren, weil sie tolle Features enthalten oder viele aus der sozialen Gruppe damit arbeiten, konzentrieren sie sich auf Neuerungen, die wesentlich für das Gelingen ihrer Arbeit sind. Ältere sind nicht in und mit einer durchdigitalisierten Welt groß geworden, sind also »Digital Immigrants«. Deshalb erlernen sie dortige Veränderungen wie eine Fremdsprache. Stellen Sie sich vor, Sie hätten im nächsten Jahr eine lange Kulturreise ins Ausland geplant. Dann wäre Ihre Motivation gleichwohl höher, eine komplexe Sprache zu erlernen, als ohne einen erkennbaren Verwendungszeck.

Oft hängt mit diesem Vorurteil ein Fehlverständnis des inflationär verwendeten Wortes »Flexibilität« zusammen: Nur schnell auf alles zu reagieren, umzudenken und sich anzupassen ist gerade unter den schwierigen Rahmenbedingungen der heutigen Zeit per se noch kein Vorteil. Erst wenn man die vier Unsicherheitsfaktoren der »VUCA-Welt« mit einer jeweiligen Strategie koppelt, wird Erfolg auf lange Sicht erreicht:

- Unbeständigkeit (»**v**-olatility«) verlangt nach einer Vision (»**V**-ision«).
- Unsicherheit (»**u**-ncertainty«) benötigt Verständnis (»**U**-nderstanding«).
- Komplexität (»**c**-omplexity«) bedarf der Klarheit (»**C**-larity«).
- Mehrdeutigkeit (»**a**-mbiguity«) begegnet man mit Agilität (»**A**-gility«).

Insbesondere Agilität setzt neben Flexibilität ein proaktives, antizipatives und kollaboratives Denken voraus.

Der springende Punkt !

Von Bedeutung ist daher nicht nur, welche »VUCA-Strategien« Sie verfolgen. Es ist wichtig, ob das jeweilige Unternehmen Sie die oben genannten, nachhaltigen Strategien umsetzen lässt oder lediglich Schnelligkeit und Ad-hoc-Reaktionen gefragt sind.

»Sie stellen Praxiserfahrung über Theorie und Neuentwicklungen!«

Ältere Arbeitnehmer schöpfen aus ihrem Erfahrungsschatz – gerade das kann sie für Unternehmen so wertvoll machen. Jedoch werden sie deswegen oft als vergangenheitsorientiert wahrgenommen. Deshalb treten gerade in multigenerationalen Teams häufig Spannungen auf, weil Jüngere naturgemäß pauschale Verweise darauf nicht nachvollziehen können. Ein Satz wie »Was ich alles schon erlebt habe« oder »Zu meiner Zeit hat das in der Praxis jahrelang so geklappt« kann durchaus helfen, ein konkretes Problem pragmatisch zu lösen. Es hilft jungen Menschen aber nicht, die Herangehensweise systematisch zu verstehen, daraus zu lernen und die Situation selbst lösen zu können. Der Respekt vor dem Alter hindert junge Kollegen zudem oft, kritisch oder frühzeitig nachzuhaken.

Der springende Punkt !

Fragen Sie sich daher selbstkritisch: Wie sehen Sie sich selbst im Umgang mit jungen und aus Ihrer Sicht manchmal zu unbedarften oder blauäugigen Menschen? Schätzen Sie eine Beziehung des Voneinander-Lernens mit ihnen? Wie gehen Sie damit um, wenn Ihr Erfahrungsschatz gerade gut einsetzbar wäre, aber trotzdem nicht gefragt ist?

Was Sie tun können: durch andere Sichtweisen sich selbst und andere sensibilisieren!

»Die Zeit ist reif (so wie Sie selbst) und nicht alt«, heißt es. Der Schauspieler Clint Eastwood erhält seinen ersten Oscar als bester Regisseur mit 62 und den zweiten mit 74. Die britische Verhaltensforscherin Jane Goodall füllt mit über 80 weltweit große Locations mit ihren Vorträgen. Die irische Politikerin Mary Robinson kämpft mit 70 aktiv für Klimagerechtigkeit. Und mit 90 produziert der britische Tierfilmer und Naturforscher Sir David Attenborough preisgekrönte Naturdokumentationen. Vermutlich kennen Sie selbst Menschen aus Ihrem Umfeld, die weit älter als Sie Erstaunliches erbringen – nicht trotz, sondern wegen ihres Alters.

Showtime

Digitales Extra

Üben Sie sich im Umgang mit Vorurteilen und Pauschalisierungen

Stellen Sie sich vor, Sie würden (bewusst durch direkte Aussprache oder unterbewusst zwischen den Zeilen) mit einem Vorurteil bezogen auf Ihr eigenes Alter konfrontiert. In solch einem Moment spontan dagegen anzugehen und den angemessenen Ton zu treffen ist gerade im Bewerbungskontext herausfordernd. Deshalb sollten Sie sich einige Redewendungen zulegen, um Derartiges direkt und klar anzusprechen, wenn es auftritt. Sie können beispielsweise die Aussage zurückspiegeln mit einer Frage (»Wie kommen Sie darauf, dass ich der Reisetätigkeit nicht gewachsen bin?«). Sie können ebenso die genannten Kritikpunkte ins Positive umkehren (»Ich bin offen für Neues, wenn ich den dahinterstehenden Zweck verstehe. Das motiviert mich, die Idee auch gegen Blockaden zu vertreten!«). Oder Sie können das Gesagte mit einem Scherz entkräften (»An meinen letzten Krankenstand kann ich mich gar nicht mehr erinnern – und das liegt nicht an meiner vermeintlich reduzierten Merkfähigkeit!«).

Hartnäckige Pauschalismen widerlegen Sie am besten mit konkreten Gegenerzählungen. Schreiben Sie zu jedem der oben genannten Punkte eine Arbeitssituation aus Ihrer Anfangszeit auf, die Sie damals aus Ihrer Sicht nicht perfekt gelöst haben – etwa, weil Ihnen Erfahrung, Seniorität oder Gelassenheit fehlten. Stellen Sie diesen jeweils eine ähnliche Arbeitssituation aus jüngerer Zeit gegenüber, in der Sie erfolgreicher agiert haben. Ergänzen Sie stichwortartig, welche altersbezogenen Faktoren dies ermöglicht haben könnten.

Ältere Bewerber neigen gelegentlich dazu, drum herum zu reden, anstatt ihre Vorteile im Vergleich zu Jüngeren knackig herauszustreichen. Unbewusst rücken sie sich dadurch in genau das Licht, in dem vorurteilsbehaftete Menschen sie sehen wollen. Die Sensibilisierung sollte daher immer auch in Ihre eigene Richtung gehen. Hinterfragen Sie deshalb, wie Sie nach außen wirken. »Eigenlob stinkt!« oder »Bescheidenheit ist eine Zier!« sind beispielsweise Sprichwörter, die Zurückhaltung als traditionellen, positiven Charakterzug hochhalten. Richtig daran ist, dass öffentliches Angebertum nicht gut ankommt. Richtig ist leider auch, dass dies im hochkompetitiven Bewerbungswettbewerb oft hinderlich wirkt.

2 Die passende Strategie für Ihre Bewerbung

Sie schreiben fleißig Bewerbungen, informieren sich über aktuelle Entwicklungen in Ihrer Branche, investieren viel Zeit und Energie in die Jobsuche – trotzdem will es nicht recht laufen oder es geht Ihnen zu langsam? Sie gehen viele kleine Teilschritte, versuchen, alles an Informationen für den neuen Job zu verwerten, und denken Tag und Nacht daran, hier noch mehr und dort noch länger etwas dafür zu tun? Vielleicht verwechseln Sie Taktik mit Strategie: Beides braucht es, aber Ersteres setzt Letzteres voraus.

Die Taktik beinhaltet Mittel und Wege, um ein berufliches Ziel umzusetzen, dabei folgt sie der Strategie als übergeordnetem Plan. Deren wesentliche Eckpunkte sollten daher als Erstes geklärt werden. Viele Jobsuchende haben Angebote, Interviews oder entwickeln ein tolles Jobprofil. Obwohl sie vieles richtig machen, haben sie das Gefühl, nicht zum Zug zu kommen oder dass knapp immer wieder andere Bewerber bevorzugt werden. Dann ist es Zeit, einen Schritt zurückzugehen und über die jobstrategische Ausrichtung nachzudenken. Auch hier zeigt sich ein Vorteil, den Sie als älterer Bewerber mitbringen: Sie sind in der Lage, das strategische Denken nicht nur im Job, sondern auch für Ihre Karriereplanung zu nutzen.

2.1 Senior-Talenting und berufliche Digitalisierung – Stärken verstärken statt Schwächen kaschieren

Die virtuelle Assistentin steuert die Playlist zu Hause, auf dem Smartphone werden die Fußballergebnisse minütlich aktualisiert, die Lieferservice-App sorgt dafür, dass schnell asiatisches Essen eintrifft, und abends läuft die Lieblingsserie auf Netflix. Die Digitalisierung ist im Privatleben ein ständiger und intuitiv genutzter Begleiter, der schon lange nicht mehr als außergewöhnlich wahrgenommen wird. Doch wenn es um den Bewerbungs- und Berufsalltag geht, herrscht bei vielen älteren Arbeitnehmern die Angst vor der Digitalisierung vor, die ihnen als Schreckgespenst in der Nacht so manches Mal den Schlaf raubt. Man liest, Digitalisierung sei für die Jungen, nicht für die Alten, deren Jobs nach und nach zugunsten der künstlichen Intelligenz wegrationalisiert würden. Und dann kommt noch die alltägliche Erfahrung hinzu, die ihnen mit Raketenschnelle neue Technologien vorsetzt, deren Bedienung wieder erlernt und durch die alles umgestellt werden will. Sie wehren sich manchmal innerlich dagegen? – Gut so!

Schärfen Sie Ihr digitales Kompetenzpotenzial

Digitale Kompetenz ist nicht dasselbe wie IT-Fertigkeit, Mediennutzung und die neuesten Technologietrends intus zu haben. Das beste Tool nützt nichts, wenn Sie nicht wissen, in welchem Kontext seine Anwendung sinnvoll ist und was inhaltlich dahintersteht. Zum Beispiel gehört ein kritischer und kompetenter Umgang mit Informationen in der heutigen Datenflut ebenso zur digitalen Kompetenz wie menschliche Kompetenzen (zum Beispiel Problemlösefähigkeit, Kommunikation und Teamwork), um die Chancen moderner Technologien überhaupt erst ausschöpfen zu können. Meist wird Ihre Stärke genau hier liegen und nicht bei Robotics, Blockchain oder Virtualisierung – und das reicht völlig aus! Nicht jeder Bewerber muss ein Programmier-Genie, ein IT-Freak oder Technik-Nerd sein, um sich in der digitalen Welt behaupten zu können. Vielmehr ist eine bestimmte Einstellung zum Zukunftsthema Digitalisierung hilfreich. Sie genügt, sofern Sie sich nicht in der Informatikabteilung bewerben.

Showtime

Sammeln Sie Ihre Erfahrungswerte

Gehen Sie im Kopf Ihr Berufsleben oder Ihren schon erstellten Lebenslauf (siehe Kapitel 3.2) durch. Denken Sie an die wichtigsten beruflichen Stationen und klopfen Sie diese auf das Thema Digitalisierung ab. Welche Veränderungen diesbezüglich haben Sie bereits miterlebt, begleitet oder eventuell selbst gesteuert? Egal, ob das »papierlose Büro« eingeführt, eine neue EDV etabliert oder auf Computerverwaltung umgestellt wurde: Wo lagen die größten Herausforderungen aus Ihrer Sicht? Was hat das mit den Arbeitsprozessen und der Arbeitskultur gemacht? Wo lagen versteckte Probleme, die man erst im Nachhinein entdeckte, weil sie auf den ersten Blick gar nichts mit Digitalisierung zu tun hatten?

Halten Sie Ihre Überlegungen stichwortartig fest und übertragen Sie sie auf Ihren neuen Traumjob: Welche Ihrer Erfahrungen könnten auch in Zukunft relevant sein? Welche digitalen Weiterentwicklungen fallen Ihnen dazu ein, völlig unabhängig von der technischen Realisierbarkeit? Wie könnte eine Automatisierung von Arbeitsprozessen in Ihrer künftigen Branche aussehen?

Auch wenn es die Firmengeschichten erfolgreicher Tech-Giganten oder Zeitungsberichte gerne anders darstellen, sind die an den erfolgreichsten Start-up-Gründungen beteiligten Menschen im Durchschnitt nicht etwa 20, 25 oder 30 Jahre, sondern über 40 Jahre alt. Zwar haben Jüngere meist einen intuitiveren Zugang zu Digitaltechnologien, weil sie damit natürlicherweise groß geworden sind und damit zu den »Digital Natives« zählen. Ältere hingegen blicken auf viele Jahre im Business-Umfeld zurück. Sie erkennen möglicherweise schneller, was wirklich innovativ und was nur »alter Wein in neuen Schläuchen« ist, und können realistischer Herausforderungen von neuen Technologien einschätzen.

Machen Sie die Digitalisierung zu Ihrem Verbündeten im Geiste, nicht zuletzt, weil sich damit neue Möglichkeiten für eine altersgerechte Arbeitsgestaltung auftun. Eine altersbedingt geringere Muskelkraft, sinkende Schnelligkeit oder langsamere Wahrnehmungen über die Sinne spielen an vielen Arbeitsplätzen heute keine zentrale Rolle mehr. Moderne Sehhilfen, ein Hörgerät oder ergonomische Computertatstaturen können in vielen Fällen die nachlassende körperliche Leistungsfähigkeit ebenso leicht kompensieren wie die automatische Einstellung von Arbeitsmaschinen auf individuelle Körpermaße oder die optimale Anpassung von Arbeitsmitteln, etwa an die sich im Alter verändernde Sensorik. In Zeiten strukturierter Informationssysteme tritt die jugendliche Fähigkeit, sich alles auswendig merken und wie aus der Pistole geschossen wiedergeben zu können, merklich in den Hintergrund. Da insbesondere für ältere Arbeitnehmer die geistige Abwechslung wichtig ist, kommt es gerade recht, dass Digitalisierung für Entlastung sorgt, was ermüdende, stets wiederkehrende Tätigkeiten betrifft.

Special !

Anstatt Ihre Erfahrung für Routineaufgaben zu vergeuden, initiieren und begleiten Sie besser (digitale) Transformationsprozesse im Unternehmen und tragen dazu bei, die digitale Wertschöpfungskette zu verbessern. Langjährige Erfahrung auf der einen Seite und digitale Kompetenz auf der anderen schließen sich nicht aus, sondern ergänzen sich in Ihrer Person bestenfalls. Die Bedienung einer neuen Software kann zwar heute jeder bei genauer Einschulung erlernen. Gerade in Zeiten, in denen Produkte und Dienstleistungen oft austauschbar sind, entscheiden aber häufiger Wissensmanagement und emotionale Faktoren. Dazu reicht ein digitales Mindset sowie Grundlagen, um mit digitalen Tools umgehen zu können.

Wecken Sie Ihre digitale Entdeckungsbereitschaft

Um sich dem Thema anzunähern, stöbern Sie entweder in entsprechenden Gruppen der Social-Media-Kanäle, in denen Sie vertreten sind, oder deren eigenen Portalen für digitale Weiterbildung (»Google Zukunftswerkstatt«, »LinkedIn Learning« etc.). Auch auf Plattformen meist staatlicher Förderstellen zum Thema »Digitalkompetenzen für Senioren« oder »Digi-Kollegs für Ältere« können Sie sich von digitalen Themen begeistern lassen. Dort und auch an Volkshochschulen finden Sie oft unterschwellige und preisgünstige Weiterbildungsangebote, die speziell auf die Lernbedürfnisse älterer Personen ausgerichtet sind. Zudem gibt es viele Gratis-Webinare im Internet, bei denen Sie nicht direkt aktiv mitmachen oder up to date sein müssen, sondern sich für die Dauer von oft unter 60 Minuten berieseln lassen können, um die Scheu vor manch hoch aufgehängtem Thema mit wohlklingenden Anglizismen zu verlieren. Viele Onlinekurse an Hochschulen mit großen Teilnehmerzahlen verzichten mittlerweile auf Zugangs- und Zulassungsbeschränkungen (»massive open online course«, MOOC). Sie können einfach teilnehmen, ohne dass Sie sich formal als Gasthörer oder für ein Seniorenstudium einschreiben müssen. So fasst etwa die Plattform »Oncampus« als Serviceprovider des Deutschen Hochschulverbundes vom unbetreuten Selbstlernkurs über gestreamte Einzelvorlesungen von Professoren bis zu ganzen Lernmodulen viele akademische Angebote zusammen. Weiteres finden Sie auf staatlichen Informationsportalen wie dem »Deutschen Bildungsserver«, ebenso bei der staatlichen »Zentralstelle für Fernunterricht«, über die ganze (zertifizierte) Fernlehrgänge angeboten werden.

Machen Sie sich aber bei allen Bemühungen klar: Personaler wollen Kosten und Zeit sparen und effizient die eine richtige Person für ausgeschriebene Positionen finden. Sie gehen dabei tendenziell auf Nummer sicher, anstatt auszuprobieren. Es ist utopisch anzunehmen, dass ein Recruiter Ihnen allein aus Diversity-Gründen eine Chance gibt oder deswegen, weil er als Gutmensch meint, dass Sie als älterer Bewerber es schwerer am Arbeitsmarkt haben als andere (unabhängig davon, ob Letzteres überhaupt stimmt). Der Personalverantwortliche bietet Ihnen einen Job allein deshalb an, weil er Sie für den Besten für diese Stelle hält.

Mit viel Aufwand können Sie versuchen, hinsichtlich der Fähigkeiten im Bereich Digitalisierung mit den Jüngeren den direkten Vergleich anzutreten. So stopfen Sie jedoch mit teurer Strickwolle Sockenlöcher und stoßen den Recruiter auch noch auf Ihre vermeintlichen Defizite – aber Sie werden dadurch nicht der Beste. Konkurrieren Sie mit den Jüngeren, nicht mit deren Fertigkeiten! Stellen Sie sich eine Person vor, die frisch von der Universität kommt und die in der Ausschreibung geforderte, mehrjährige Berufserfahrung mit Pflichtpraktika und ehrenamtlichem Engagement belegen will. Im Wettbewerb verspricht es wenig Erfolg, wenn der ausgeschriebene Job nicht zum Bewerber passt und man krampfhaft versucht, etwas gänzlich Fehlendes zu kaschieren. Genauso wenig hätte es einen Sinn, dass Sie Ihre Gehaltsvorstellungen denen eines Studienabsolventen annähern oder sich als »hipper Youngster« in Szene setzen, nur um mit den Jüngeren mitzuhalten.

2.2 Die Kundenperspektive einnehmen – Seniorität als Bindeglied zwischen Bewerber und Position

Viele Bewerbungen scheitern weder an der Qualität der Bewerber noch an der Passgenauigkeit für die ausgeschriebene Stelle. Sie scheitern daran, dass die für die (Vor-)Auswahl verantwortliche Person nicht erkennen kann, wie gut beides sich zusammenfügen würde. Eine Bewerbung ist ein Angebot, dass für etwas wirbt – aber nicht für Sie! Die meisten Bewerbungen werden dazu verwendet, alles an Fertigkeiten und Kompetenzen, was jemand zu bieten hat, schmackhaft zu präsentieren. Jedoch geht es einem Recruiter nicht darum, möglichst schnell möglichst satt zu werden. Wenn Sie wie er etwas ganz Bestimmtes suchen, schreckt ein riesiges Buffet mit allen erdenklichen Köstlichkeiten, die alle gleichzeitig gut duften, eher ab, anstatt Appetit zu machen. Spätestens wenn Sie eine 17-seitige Menükarte im Restaurant durchblättern müssen, läuft Ihnen nicht mehr das Wasser im Munde zusammen, sondern tropft der kalte Hungerschweiß von der Stirn. Und wenn Sie dann auf Ihre verzweifelte Frage, was man denn empfehlen könne, vom Kellner die Antwort bekommen: »Alles ist superlecker – greifen Sie nur zu!«, befinden Sie sich in der Situation vieler Personaler.

Ein Angebot wird sich nur dann verkaufen, wenn es darauf Bezug nimmt, was das Gegenüber brauchen könnte. Salzstreuer in der Wüste sind auch zum Einkaufspreis kein Angebot, ein hochwertiges Steak vom Angus-Rind für einen Veganer ebenso wenig. Der Personaler ist Ihr kommunikativer Kunde – also lernen Sie, ihn zu verstehen! Eine im wahrsten Wortsinn qualitative Bewerbung zeichnet sich dadurch aus, dass man das Zweitrangige, das Unwichtige, das »Nice-to-have« weglässt, genauso alles, was zwar vorhanden wäre, der Kunde aber nicht braucht. Das lateinische Wort »qualitas« bedeutet mitnichten das Beste, Schönste, Optimale – und davon so viel wie möglich. Es bedeutet einen vorab definierten Zustand, eine bestimmte Beschaffenheit. Diesen Anspruch zu unterschreiten, führt zu schlechter Qualität, ihn zu überschreiten aber ebenso.

Um es deutlich zu sagen: Niemand sucht Sie als Mensch für einen Job! Lediglich einige Ihrer Kompetenzen werden benötigt, ein bestimmtes Mindset, eine spezielle Motivation für die Sache und/oder gewisse Erfahrungen, manchmal auch eine ins Team passende Persönlichkeit. Sie selbst als Ganzes sind das jedoch nicht. Sie sind mehr als das und bringen immer noch ein Weiteres mit als notwendig wäre. Das macht Sie und Ihr Leben aus und das der anderen reicher. Aber es wird vom Personaler weder gesucht noch vom Arbeitgeber bezahlt.

Statt sich also selbst zu verkaufen, Ihren Lebenslauf herauszuputzen und Ihre berufliche Wertigkeit als Gesamtbild darzustellen, nehmen Sie konsequent die Kundenperspektive ein. Das bewahrt Sie nicht nur bei einer Absage besser davor, dass Sie sich persönlich angegriffen fühlen – da niemals »Sie« zurückgewiesen werden. Es hilft Ihnen vor allem dabei, mit Ihrer Bewerbung zu überzeugen und in eine Kommunikationsbeziehung zu treten, die sich an der Kundenperspektive ausrichtet.

Showtime

Digitales Extra

Ordnen Sie Ihre Stärken kundenzentriert ein

Brainstormen Sie zehn Ihrer persönlichen Stärken, die Sie für Ihren Traumjob beruflich einsetzen könnten. Das könnte die Berufspraxis in einem bestimmten Bereich sein, die Außen- und Innensicht auf eine Branche durch verschiedene Jobs, eine bestimmte Haltung oder Konsequenz oder eine persönliche Eigenschaft, zum Beispiel gelassen an Probleme heranzugehen. Notieren Sie in einem zweiten Schritt ein Beispiel daneben, wo Sie diese Stärke schon einmal beruflich mit Erfolg eingesetzt haben. Falls Ihnen nicht sofort Ihre Stärken einfallen, gehen

Sie umgekehrt von einer beruflichen Erfolgssituation aus und kristallisieren Sie mit der STAR-Technik anhand von vier Fragen eine Stärke Ihrerseits heraus:

- **S** (»situation«): Welche konkrete berufliche Situation haben Sie gerade vor Augen?
- **T** (»task«): Was genau war die berufliche Aufgabe oder das zu lösende Problem?
- **A** (»action«): Was haben Sie in welcher Reihenfolge getan und wie hat das funktioniert?
- **R** (»result«): Welche Ergebnisse und welche positiven Wirkungen haben Sie damit erzielt?

Als Nächstes schreiben Sie auf, inwiefern diese Stärke wirklich entscheidend und nicht bloß nett für Ihren künftigen Traumjob ist. Machen Sie die Gegenprobe, indem Sie sich fragen, ob Sie jemanden deswegen für diesen Job einstellen würden, weil Ihnen diese Stärke fundamental dafür erscheint. Falls nicht, streichen Sie diese Stärke weg, selbst wenn sie Ihre Persönlichkeit noch so sehr prägen mag (»Kill your darlings«). Natürlich bleibt Ihnen die Stärke persönlich weiterhin erhalten, nur ist sie für Ihr Bewerbungsvorhaben keineswegs essenziell.

Versetzen Sie sich anschließend in die Lage des Personalverantwortlichen: Welche dieser Stärken kommen eher selten vor und sind nicht zwingend bei jedem Mitbewerber für den Traumjob zu finden? Das könnte zum Beispiel eine spezielle Kombination aus Theorie und Praxis Ihres Studiums sein oder eine typischerweise bei bestimmten Bildungs- und Jobbiografien nicht oft verkommende Kompetenz, zum Beispiel Kommunikationsstärke bei IT-Spezialisten oder Marketingkompetenzen bei Menschen aus Wissenschaft und Kunst. Auf derartige Besonderheiten wird sich der Personaler besonders konzentrieren, weshalb Sie diese gezielt adressieren sollten. Um sein in der Stellenausschreibung beschriebenes Problem zu lösen, folgen Sie der sogenannten engpass-konzentrierten Strategie.

Aus der Verkaufspsychologie ist bekannt, dass vor allem zwei kumulative Faktoren dafür entscheidend sind, dass bei einer fremden Person die Überzeugung entsteht, sie bekäme gerade etwas Großartiges angeboten. Erstens, weil sie es leicht nachvollziehen kann und inhaltlich versteht – in diesem Fall, warum Sie der oder die Richtige für den Job sind. Und zweitens, indem Ihr Gegenüber Vertrauen zu Ihnen aufbaut. Beides bedingt sich gegenseitig und kann (aber muss keineswegs) Hand in Hand gehen. Auf die Bewerbungssituation übertragen, wird vor allem dem zweiten Aspekt oft zu wenig Aufmerksamkeit gewidmet. Das mag daran liegen, dass bei der klassischen Bewerbung auf eine ausgeschriebene Position die Natur der Kommunikationsbeziehung nicht richtig eingeschätzt wird. Auch wenn Sie als Privatperson dem Unternehmen gegenübertreten, liegt der Wirkung nach eine Geschäftsanbahnung zwischen zwei Unternehmern vor (»Business-to-Business-Bereich«). Denn Sie verkaufen nicht sich selbst und »kaufen keinen Job«, sondern bieten etwas aus Ihrem Leistungsportfolio auf Augenhöhe einem anderen Unternehmen an. Anders als beim Einkauf im Supermarkt geht es hier typischerweise um wenige potenzielle Kunden, die einen hohen Anteil an Ihrem Erfolg haben (»Kundenwert«). Diese stellen in Ihrem Fall die Eintrittskarte in spannende, limitierte Jobpositionen dar.

Deswegen entscheidet nicht die Menge an Bewerbungsunterlagen, abgehaltenen Assessment-Centern oder Jobinterviews über eine positive Entscheidung, sondern wie sehr Sie im Einzelfall jeweils aufs Neue Ihre Kunden überzeugen. Im Business-to-Business-Bereich ist das Schaffen von Vertrauen durch gezielte Kommunikation neben den reinen Bewerbungsinhalten etwas, das insbesondere der zeitlichen Investition bedarf: Sich klarzumachen, was ein Kunde genau braucht und wo sein Entwicklungsengpass liegt, in welcher Situation er sich befindet, wie Sie kommunikativ Vertrauen aufbauen und wie Sie dies letztlich in eine überzeugende Bewerbungsperformance gießen.

Special !

Knapp die Hälfte der Bewerber investieren in eine Bewerbung weniger als eine Stunde Zeit. Nur etwa ein Fünftel ist bereit, sich mehr als zwei Stunden Zeit zu nehmen. In Coachings hört man, dass das Zusammenstellen der Bewerbungsunterlagen auch mal in 30 Minuten erfolgt und sie wöchentlich in einer hohen zweistelligen Anzahl verschickt werden.

Zwar kann Zeit allein nicht als hinreichender Indikator für eine Qualitätsmessung dienen, wie Sie aus Ihrer beruflichen Erfahrung wissen. »Masse statt Klasse« funktioniert im Business-to-Business-Bereich jedoch nur, wenn sich beide Seiten ohnehin lange persönlich kennen und deswegen schon Vertrauen da ist. Blocken Sie sich also für jede Stellenausschreibung mindestens je drei bis fünf Stunden an zwei Tagen! Lassen Sie sich dabei jeweils mindestens 30 Minuten Zeit zwischen dem Interpretieren einer Stellenanzeige, der Vorbereitung Ihrer Bewerbungsunterlagen und dem konkreten Ausformulieren sowie mindestens eine Nacht zwischen dem Fertigstellen der Bewerbung und dem Absenden bzw. Hochladen (mehr dazu folgt). Verkürzen Sie die Zeit nicht, falls Ihnen »etwas dazwischenkommt«. Behandeln Sie diese Aufgabe wie einen professionellen Geschäftstermin, der fix als Teil Ihrer Arbeitszeit im Kalender eingetragen ist – denn erfolgreich Bewerben ist genau das!

Wie Kunden beim Betreten eines exklusiven Modefachgeschäfts möchte auch Ihr Gegenüber individuell angesprochen und gemäß seinem Körpermaß und persönlichen Geschmack beraten werden, anstatt mit den Worten »Schauen Sie sich ruhig um!« auf den Wühltisch eines Bekleidungsdiscounters verwiesen zu werden. Hier die richtigen Worte zu finden und Vertrauen aufzubauen braucht seine Zeit, denn Bewerbungen sind eine hochwertige Beratungsleistung. Gerade als älterer Bewerber zeigen Sie auf diese Weise, dass Sie Wertschätzung und Respekt hochhalten sowie für Unwichtiges wenig, hingegen für Wichtiges gerne mehr Zeit investieren.

Hand aufs Herz: Ging es Ihnen auch schon so, dass Sie eine Bewerbung (egal mit welchem Resultat) einige Zeit nach dem Abschicken noch einmal aufgerufen haben und

Ihnen Ungereimtheiten in der Formulierung oder Ähnliches negativ aufgefallen sind? Solcherlei lässt sich nicht krampfhaft in wenigen Minuten beim erstmaligen Verfassen optimieren.

2.3 Jobs für reifere Semester – auch während und nach Corona im Angebot

Viele Wege führen nach Rom – aber nicht alle gleich effizient! Auf der Suche nach einem neuen Arbeitgeber bietet es sich an, einen breiten Mix an Suchstrategien anwenden, statt nur einer einzigen. Viele Bewerber sichten allein die großen Jobbörsen im Internet, Portale von Personalvermittlungsagenturen, Firmenhomepages oder Stellenanzeigen in namhaften Zeitungen bzw. in Fachmagazinen. Hier finden sich öffentlich ausgeschriebene Jobs, auf die sich meist sehr viele gleichzeitig bewerben. Das senkt nicht nur Ihre Chancen wegen der hohen Konkurrenz. Hinzu kommt, dass solche Stellenanzeigen oftmals einer scheinbaren Objektivierung vonseiten der ausschreibenden Institution dienen – sei es, weil formelle Anforderungen aus Ausschreibungsrichtlinien erfüllt sein wollen; sei es, weil das Unternehmen damit indirekt Employer Branding betreibt à la: »Wir expandieren und schreiben Spannendes aus!«. Manchmal sind solche Stellen bereits intern vergeben oder gar nicht existent. Das soll Sie nicht von einer Bewerbung abhalten. Es soll Sie nur sensibilisieren und anregen, (auch) andere Strategien zu verfolgen.

Wenn Sie als ungeeignet für eine Position erscheinen, hilft das berühmte »Vitamin B« nur bedingt. Personaler arbeiten trotz des hohen Drucks durchweg professionell und lassen sich nicht von gut gemeinten Empfehlungen anderer dahingehend beeinflussen, dass eine Präferenz für die Stelle schon vorgegeben sei. Dass man bei Skandalen in Politik und Presse dazu neigt, wenn eine Person in der Kritik steht oder man selbst etwas nicht bekommen hat, dies auf ein bestehendes Näheverhältnis zurückzuführen, ist menschlich verständlich – die Regel ist es nicht. Zwar wird fast jeder dritte Job heute über Kontakte vergeben, was sich leicht nachvollziehen lässt. Wenn Sie am Wochenende mit Zahnschmerzen aufwachen, freuen Sie sich auch über den unkomplizierten Tipp einer vertrauenswürdigen Person, die einen günstigen und sympathischen Kieferchirurgen aus eigener Erfahrung anempfiehlt. Dadurch allein verschafft er sich jedoch ebenso wenig nachhaltige Aufträge wie Sie sich einen guten Job.

Beim Bewerben ist es ähnlich wie bei einem Investment-Portfolio: Streuen Sie maximal, um unüberblickbare Risiken möglichst klein und Ihren Möglichkeitsraum möglichst groß zu halten. Damit sind keine konturlosen Massenbewerbungen nach dem Motto »Suche Job – mache alles!« gemeint. Vielmehr sollten Sie sich auf den feinen (und manchmal kleinen) Bereich fokussieren, in den Sie hineinwollen, diesen aber mit allen zur Verfügung stehenden Tools beackern. Neben den klassischen Jobbörsen –

offline wie online – sowie über Initiativbewerbungen stehen Ihnen als älterer Bewerber dafür auch speziellere Plattformen zur Verfügung.

Der springende Punkt !

Gerade in Zeiten des Corona-Lockdowns und danach hört man oft, dass weniger offene Stellen zur Verfügung stünden und die Besetzungsmaschinerie erst wieder langsam und vorsichtig in Gang käme. Das mag branchenspezifisch zutreffen – eine Entschuldigung für eine gedrosselte Bewerbungsaktivität ist es nicht. »Durch Corona habe ich meinen Job verloren!« ist eine berechtigte Aussage – falls sie stimmt. Der Satz »Wegen Corona finde ich keinen Job!« ist nur richtig, wenn Einstellung und Umgang mit der Situation suboptimal sind (siehe Kapitel 1.2).

Bewerben ist mehr als Online-Bögen befüllen, Annoncen durchstöbern oder Lebensläufe optimieren. Gegenüber Ihren engeren Bekannten und Freunden sollten Sie offen erwähnen, dass Sie sich in beruflicher Veränderung befinden und in welcher Branche Sie einen Job suchen. Scheuen Sie sich nicht, dies offen und mehrfach direkt anzusprechen! Weder ist das eine Schande, noch merkt sich jeder immer sogleich, was Sie einmal gesagt haben. In Hinblick auf alle anderen Menschen gehört zum erfolgreichen Bewerben vor allem ein kontinuierliches Netzwerken. Das funktioniert leicht und kostengünstig zum Teil auch online. Gerade in der aktuellen Lage, in der viele Personalverantwortliche im Homeoffice sind, Networking-Events online abgehalten werden und Menschen mehr Zeit im Internet verbringen (müssen), ist dies für Sie eine nutzbare Chance.

2.4 Netzwerken – offline und online Beziehungen knüpfen statt nur Kontakte pflegen

Ein Vorteil Ihrer vorangeschrittenen Lebenszeit ist, dass Sie inzwischen viele Menschen aus unterschiedlichen Bereichen kennengelernt haben – selbst wenn sie nicht regelmäßig mit allen Verbindung aufnehmen. Sie haben auch die Lebenserfahrung, Ihre Kontakte in ein Netzwerk einzuordnen und zu gewichten. Netzwerken wird gerne mit lässigem Kaffee-Klüngeln, unseriöser Dampfplauderei oder geheimem Postenschachern assoziiert – lesen wir in der Tagespresse und hören wir von Bekannten doch allzu häufig, wie jemand vermeintlich unter der Hand einen Job ergattern konnte. Dagegen verwehren sich viele innerlich mit dem Argument, eine neue Stelle lieber kraft der eigenen Kompetenzen in einem objektivierten Auswahlprozess erkämpfen zu wollen.

Dazu zweierlei: Erstens gibt es diesen »objektivierten« Auswahlprozess nicht – und das ist auch gut so! Und zweitens würde niemand jemanden nur deswegen weiterempfehlen oder gar einstellen, weil eine Person aus dem Netzwerk dies befürwortet oder weil er einen falsch verstandenen Freundschaftsdienst erbringen möchte. Wer als Besetzungsverantwortlicher so handelt, macht nicht nur seinen eigenen Job schlecht – schließlich weiß man dann nie, ob man tatsächlich den besten Kandidaten für die Stelle gefunden hat. Zudem würde alle Inkompetenz des neuen Stelleninhabers auf die für die Einstellung zuständige Person zurückfallen. Es müssten die Kosten für eine womöglich neue Ausschreibung aufgebracht werden, zusätzlich zu dem unschönen Anschein, für solche Praktiken generell empfänglich zu sein.

Netzwerken nicht erst im Job, sondern bereits bei der Suche danach kann nicht die Hard Facts ersetzen, ob Sie für eine Stelle geeignet sind oder nicht. Lassen Sie solche Gedanken falscher Bescheidenheit à la »Steht mir der Job überhaupt zu, nur weil mich wer kennt?« gar nicht erst aufkommen, sondern sehen Sie Netzwerken als das, was es ist: eine Unterstützung, eine Möglichkeit, schneller mit jemandem ins Gespräch zu kommen, und eine Chance, Vertrauen aufzubauen zu Menschen, die Ihnen sonst fernstehen. Zeitverschwendung ist es hingegen, wenn Sie Netzwerken als losen Smalltalk oder nettes Plaudern betrachten, dafür haben Sie schließlich Freunde und Bekannte. Tatsächlich bedeutet Netzwerken, systematisch Kontakte aufzubauen, zu pflegen und gegebenenfalls zu reaktivieren.

Die eigene Netzwerk-Landkarte abbilden

Fertigen Sie eine Landkarte Ihres momentanen Netzwerks an. Trennen Sie bewusst nicht zwischen beruflich und privat, Nutzen und Spaß oder sinnvoll und vermeintlich sinnlos. Nehmen Sie darin alle Ihre sozialen Interaktionen auf, die in einem nicht rein spontanen Rahmen, etwa bei zufälligen Treffen, stattfinden. Unabhängig von Mitgliederanzahl, zeitlicher Dauer oder formaler Struktur gehört dazu die digitale WhatsApp-Gruppe, Familienangehörige oder Kumpels, mit denen Sie einmal jährlich einen Angelausflug unternehmen.

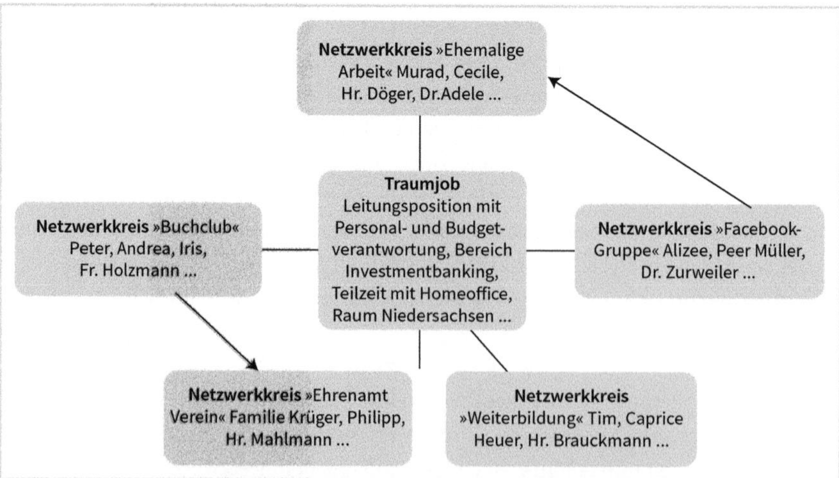

Abb. 2: Beispiel einer Netzwerklandkarte

Showtime

Digitales Extra

Zeichnen Sie Ihr Netzwerk auf

Blättern Sie dazu Ihren Kalender durch und brainstormen Sie zunächst auf ein Schmierblatt, was im letzten Jahr los war. Mit wem haben Sie sich regelmäßig getroffen und welche Zusammenkünfte sind zukünftig geplant? Stöbern Sie auch in Social Media (zum Beispiel auf Ihrem Xing- oder LinkedIn-Profil) oder in Ihrem E-Mail-Postfach. Clustern Sie auf einem DIN-A3-Blatt oder digital Ihre Kontakte in etwa fünf bis zehn Kreisen, denen Sie jeweils einen Titel geben, zum Beispiel »Fußball-Verein« oder »ehemalige Klassenkameraden«. Schreiben Sie dann die wichtigsten dazugehörigen Kontakte hinein. Diese bilden die Knotenpunkte Ihrer Netzwerk-Landkarte. Oft tauchen Personen, zum Beispiel enge Freunde, in mehreren Kreisen auf. Das ist zum Beispiel der Fall, wenn Sie sich mit beruflichen Kollegen nach Feierabend privat zum Musizieren treffen. Zeichnen Sie inhaltlich verwandte Kreise möglichst nah beieinander ein und verbinden diejenigen mit einer Linie, die in direkter Beziehung zueinanderstehen. Wie bei einem selbst geknüpften Teppich entstehen Zwischenräume, Laufmaschen und selten ein einheitliches Muster.

Bei einigen Menschen werden Sie sich fragen, was sie für Ihren neuen Job bringen sollen oder ob es nicht schon viel zu lange her und der Kontakt inzwischen eingeschlafen ist. Im Zweifel gilt hierbei zunächst: Masse vor Klasse – jeden, der in Betracht kommt, nehmen Sie erst einmal mit auf!

Im nächsten Schritt geht es daran, Ihre Kontakte zu bewerten und sie auf Ihr Vorhaben auszurichten. Eine Person, die Sie aus dem alten Job kennen, aus dem Sie aber unbedingt herauswollen, mag ein wertvoller Teil Ihres Netzwerks bleiben – für Ihr jetziges Vorhaben aber bringt sie vermutlich wenig. Viele schreiben, sprechen oder rufen in der Situation beruflicher Veränderung alle Personen an, die sie kennen. Das führt oft dazu, dass die Betreffenden bereits lächeln oder die Augen rollen, wenn Ihr Name fällt. »Ach, hat er dir auch erzählt, dass er dringend etwas Neues sucht?« Das ist nicht der Eindruck, den Sie im Netzwerk hinterlassen möchten – auch nicht für später.

Im Vergleich zur Gießkannen-Methode – Sie schütten Ihr Bedürfnis über alle aus – ist das Leuchtturm-Prinzip nicht nur würdevoller. Es ist vor allem effizienter: Bei sinnstiften Kontakten besteht ein Bezug zu Ihrem Vorhaben, und Ihnen ist deshalb bewusst, warum Sie auf genau diese Menschen zugehen. Sie können ihnen auch deutlich machen, was genau Sie erwarten, warum Sie sich an diese Person wenden oder was Sie brauchen. Es geht also darum, bisherige Kontakte neu zu bewerten bzw. diese zu revernetzen.

Der Wert eines Netzwerks liegt darin, dass es sich nicht um ein Adressbuch mit Einzelkontakten handelt, sondern um ein Gesamtgebilde, das mit jeder Verbindung straffer und wirkmächtiger wird. Setzen Sie daher nicht nur sich mit anderen in Beziehung, sondern bringen Sie auch andere miteinander in Austausch. Dann erst schöpfen Sie das volle Netzwerkpotenzial dahingehend aus, dass andere das Gleiche für Sie tun werden – oft ohne, dass Sie damit rechnen.

Digitales Extra

Showtime

Knüpfen Sie Ihren Netzwerkteppich neu
Gehen Sie nun Kontakt für Kontakt durch und schreiben Sie bei denen, die Sie als sinnstiftend für Ihr Bewerbungsvorhaben ansehen, zwei bis drei Stichwörter auf, warum Sie das so sehen. Wer zum Beispiel arbeitet in einem für Sie spannenden Unternehmen? Wer könnte Ihnen aufgrund bestimmter Erfahrungen weiterhelfen? Wer ist in einem anderen Netzwerk, aus dem Sie Informationen gebrauchen könnten (etwa aus einer Branche, in die Sie hineinwollen)? Fragen Sie sich zuerst, was diese Menschen für Sie tun könnten, und dann drehen Sie den Spieß um: Was könnten Sie für sie tun, wen könnten Sie mit wem sinnvoll vernetzen und wem etwas Gutes tun?

Wenn Ihnen bei dem ein oder anderen Kontakt nichts einfällt, machen Sie Folgendes: Wählen Sie aus jedem Ihrer Netzwerkknoten (Kreise) zwei Personen aus und schreiben Sie jeweils den Titel des Kreises und den Namen auf eine Karteikarte, hinzu kommen die aus Ihrer Sicht wichtigsten persönlichen Eigenschaften. Das kann beispielsweise der Beruf sein, woher Sie die Person kennen und was Sie Positives mit ihr verbinden. Erstellen Sie insgesamt maximal 25 Karten, mischen Sie diese durcheinander und legen Sie sie willkürlich gezogen in fünf Fünferreihen untereinander. Überlegen Sie, was die direkt aneinander liegenden Personen jeweils miteinander zu tun haben und wie Sie sie miteinander verbinden könnten, um Ihr Netzwerk auszubauen und verstärkt zu nutzen. Oder Sie werfen alle Karten wild durcheinander und bitten einen Menschen Ihres Vertrauens, den Sie nicht auf einer Karte stehen haben, diese für Sie zu sortieren. Lassen Sie die Person neue Vernetzungen rein assoziativ anhand Ihrer Informationen auf den Karten bilden und besprechen Sie dies im Anschluss. Vernetzungsideen sind per se niemals abwegig; Zusammenarbeit entsteht oft (nur) dadurch, dass jemand eine erste verrückte Idee auf den Tisch bringt.

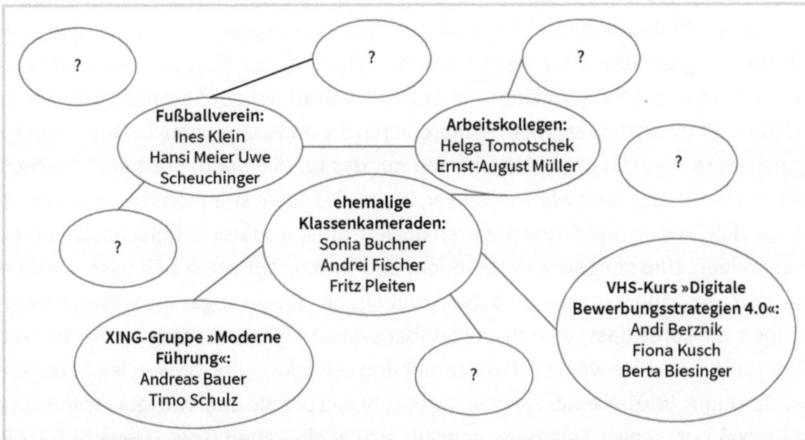

Abb. 3: Der neue Netzwerkteppich

Abschließend geht es um aktive Netzwerkerweiterung: Welche Unternehmen oder Geschäftspartner hätten Sie am liebsten? Von welchen lesen Sie ständig im Netz und welchen folgen Sie schon in Social Media? Welche wurden Ihnen empfohlen (womöglich von Bekannten, die dort arbeiten)? Bei der Auswahl spielen vor allem zwei Gesichtspunkte eine Rolle. Erstens: Welche Menschen sind bereits dort, wo Sie hinwollen? Diese sollen vornehmlich der Inspiration dienen. Sie können nicht nur viel aus deren Erfahrung lernen, sondern vielleicht auch einmal in deren Fußstapfen treten. Zweitens: Welche Menschen verfolgen ähnliche Ziele wie Sie? Diese Kontakte eignen sich vor allem zur Konspiration: Mit ihnen tauschen Sie sich über Best Practices, Lessons Learned und aktuelle Herausforderungen aus, ohne sie als potenzielle Konkurrenz zu bewerten.

Viele Ratschläge, wie sich ein Netzwerk aktiv erweitern lässt, zielen auf extravertierte Personen ab, obwohl diese gerade einmal ein Drittel aller Menschen ausmachen. Während »Intros« eher (reflektierend) denken, bevor sie sprechen, formen »Extros« oft (verbalisierend) erst ihre Gedanken, indem sie sprechen. »Intros« fokussieren in Gesprächen gerne einmal in die Tiefe, während »Extros« expansiver in die thematische Breite streuen. »Intros« tanken die meiste Kraft aus dem Alleinsein mit sich selbst, während »Extros« zugeschrieben wird, Kraft aus der Gesellschaft mit anderen zu schöpfen. Introvertierte Menschen gelten oft als verschlossen, in sich gekehrt und wenig kontaktfreudig. Daher wird (fälschlicherweise) angenommen, extrovertierte Menschen »eigneten« sich eher für das Netzwerken, was sich auch in gut gemeinten Tipps widerspiegelt wie »Gehen Sie direkt auf möglichst viele Menschen zu!« oder »Seien Sie aufdringlich, um aus der Masse herauszuragen!«.

Viele introvertierte Menschen empfinden diesen Ansatz als zu direkt oder aufdringlich. Für sie fühlen sich solche Ratschläge als anstrengend, nach Spam oder schnellen Haustürgeschäfte an. Zählen Sie sich auch zu dieser Gruppe, kann Netzwerken für Sie ebenso gut funktionieren – aber anders: Statt auf der Stehparty wahllos Ihren Tischnachbarn anzuquatschen, recherchieren Sie im Voraus, wen Sie auf einem Event gezielt worauf ansprechen wollen – und nur das tun Sie dann. Statt ein Päckchen Visitenkarten auszuteilen wie Werbeflyer, fragen Sie einen spannenden neuen Kontakt, ob Sie sich Namen und Firma notieren dürfen, um ihn später in Ruhe noch einmal anzuschreiben. Und statt spontan eloquent und spritzig auftreten zu müssen, trainieren Sie zu Hause eine einfache Selbstvorstellung, bis Sie sie sogar im Schlaf auswendig können. Sie sollte (fast) überall anwendbar sein und berücksichtigen, dass Ihr Gegenüber typischerweise wenig Zeit mitbringt und seine Aufmerksamkeit leicht abgelenkt werden kann. Wie bei einer Fahrt im Fahrstuhl, bei der Sie unerwartet eine interessante Person nur wenige Sekunden ganz für sich allein haben (sog. »Elevator Pitching«) und nicht wissen, wann sie wieder aussteigt oder jemand anderes zusteigt.

Digitales Extra

Showtime

Kreieren Sie Ihren Elevator Pitch nach der AIDA-Formel

Schreiben Sie in wörtlicher Rede Ihren persönlichen Elevator Pitch auf, der langsam gesprochen deutlich unter zwei Minuten dauert. Wie bei einer Pressemitteilung sollte das Wichtigste gleich zu Beginn kommen und das weniger Wichtige dann folgen, sofern der Zuhörer noch Zeit und Aufmerksamkeit hat. Schließlich kann Ihr Elevator Pitch jederzeit von außen unterbrochen werden, zum Beispiel wenn die Person unerwartet einen Bekannten trifft oder eine dringende Nachricht auf dem Handy erhält. Um Ihren Elevator Pitch einfach zu strukturieren, beachten Sie die Prinzipien der Werbewirkung in der Dialogführung (»AIDA-Formel«).

Erzeugen Sie zunächst Aufmerksamkeit (»**a**-ttention«): Sagen Sie Ihren Namen und etwas, was Sie beruflich gerne machen oder gut können. Danach wecken Sie Interesse (»**i**-nterest«) durch Ihr ganz persönliches Alleinstellungsmerkmal, zum Beispiel eine besondere Studienkombination, einen exotischen Job im Ausland oder eine innovative Idee, die Sie gerade weiterentwickeln. Als Nächstes lösen Sie ein Verlangen bei Ihrem Gegenüber aus nachzufragen (»**d**-esire«). Was könnte es an Ihnen fesselnd finden, was ihm persönlich gefallen haben oder gar von Nutzen sein? Vielleicht wickelt die Firma Ihres Gegenübers gerade im jeweiligen Bereich Projekte ab oder es hat ähnliche persönliche Erfahrungen gemacht wie Sie. Zuletzt leiten Sie eine Handlung ein (»**a**-ction«), durch die Sie voneinander lernen oder einen konkreten Mehrwert austauschen können. Regen Sie dazu zum Beispiel ein persönliches Treffen an, schlagen Sie eine Social-Media-Vernetzung vor oder bieten Sie an, sich später bei der Person per E-Mail zu melden.

Wollte sich der Autor bei Ihnen nach diesem einfachen Muster vorstellen, könnte ein Elevator Pitch so aussehen:

1. Guten Tag, ich heiße René Merten. Ich habe ein Trainingsinstitut in Wien gegründet und verbinde Projektmanagement mit Persönlichkeitsentwicklung.
2. Ich liebe es, Hochschulabsolventen bei ihrem Weg in den nächsten Lebens- und Karriereabschnitt zu beraten und deren persönliches Potenzial herauszukitzeln.
3. Sind Sie gerade auf Jobsuche? Womöglich interessiert Sie ein kostenloses Mentoring-Angebot von mir.
4. Vielleicht sehen wir uns nach dieser Veranstaltung auf einen Kaffee oder Sie haben Lust, einen der Blogposts auf meiner Website zu kommentieren.

Je nachdem, ob, wann oder womit Ihr Gegenüber einsteigt, können sich Reihenfolge und Umfang Ihrer Standardvorstellung ändern, etwa wenn jemand etwas Bestimmtes fragt oder eine Gemeinsamkeit feststellt, bei der Sie sogleich einhaken können.

Zur Inspiration stehen Ihnen drei weitere beispielhafte Elevator Pitches für verschiedene Branchen als digitales Extra bereit.

Letztlich hilft ein Elevator Pitch Ihnen auch dabei zu reflektieren, wie Sie sich pointiert darstellen möchten und was »in Ihre Auslage« soll. Reflexion sowie Vor- und Nachbereitung beim Netzwerken sind klassische Stärken von »Intros«. Tragen Sie Ihren Elevator Pitch zur Übung einem engen Vertrauten vor, der Ihnen vor allem dazu Feedback geben kann, ob er Ihre Persönlichkeit im Gesagten wiedererkennt – nur dann ist Ihr Pitch authentisch und kann andere überzeugen! Letztlich hängt das eng damit zusammen, wie Sie in der konkreten Situation durch Ihr Handeln wahrgenommen werden.

Das Netzwerken bewusst angehen

Vor einem Zusammentreffen definieren Sie stets ein konkretes Mindestziel, das Sie erreichen möchten, zum Beispiel »Bis eine Stunde nach dem offiziellen Teil geblieben!«, »Mit mindestens zwei fremden Personen ins Gespräch gekommen!« oder »Eine Wortmeldung vor dem Podium abgegeben!«. Setzen Sie sich zu Anfang kleinere Ziele, um sich langsam von Mal zu Mal steigern zu können. Informieren Sie sich über die Zielgruppe, die bei diesem spezifischen Netzwerk-Event zugegen sein wird. Was interessiert sie wohl und wie »tickt« sie? Melden Sie sich frühzeitig an, tragen Sie den Termin fix im Kalender ein und erzählen Sie möglichst vielen Menschen in Ihrem Umfeld davon. Einige werden Sie vielleicht begleiten wollen, andere zumindest später danach fragen. Das hilft Ihnen, nicht im letzten Moment abzusagen und Verbindlichkeit gegenüber dem Netzwerkevent zu generieren.

Wärmen Sie Ihre Networking-Muskulatur auf, indem Sie sich Ihren Elevator Pitch laut vorsagen. Stellen Sie sich vor, wie Sie nun in die Rolle einer starken Persönlichkeit schlüpfen, und führen Sie sich vor Augen, welche Charaktereigenschaften diese hat, die nun auf Sie übergehen. Sie können auch ein starkes Tier oder eine vorbildhafte Romanfigur wählen. Erzeugen Sie für sich eine positive Stimmung unmittelbar vor Beginn dadurch, dass Sie sich fragen, was Sie auf jeden Fall von der Veranstaltung haben, selbst wenn alles andere nicht wie gewünscht funktionieren sollte (zum Beispiel hören Sie einen interessanten Vortrag, genießen ein leckeres Gratis-Buffet, sehen einen Freund wieder oder freuen sich auf ein privates Treffen unmittelbar im Anschluss).

Kommen Sie nicht abgehetzt an der Location an, sondern planen Sie etwas Pufferzeit ein. Atmen Sie mehrmals tief ein und aus, bevor Sie hineingehen, um Ihren Blutdruck zu senken. Dazu setzen Sie die Bauchatmung ein (das Zwerchfell hebt sich), nicht die Brustatmung. Falls Ihre Stimmung gerade an einem Tiefpunkt ist, wird man dies bei der Konversation bemerken. In solchen Fällen begeben Sie sich kurz vor Beginn an einen ruhigen Ort, zum Beispiel die Toilette, und grinsen etwa eine Minute lang durchgehend! Dadurch drückt die Lachmuskulatur rund um den Mund auf einen Gesichtsnerv, der Signale an Ihr Hirn sendet und Sie nachweislich in bessere Stimmung versetzt.

Sorgen Sie zum Abschluss des Netzwerk-Events dafür, dass Sie Ihrem Gesprächspartner im Gedächtnis bleiben, auch wenn er noch mit vielen anderen interessanten Menschen außer Ihnen gesprochen hat. Machen Sie ihm ein Kompliment, das nichts Großes beinhaltet, aber ehrlich gemeint ist: »Was für eine angenehme Stimme Sie haben!«, »Ein lustiger Stift, den Sie da benutzen!« oder einfach »Danke für die interessante Unterhaltung!«. Wenn Sie sich verabschieden, nennen Sie stets den Namen Ihres Gegenübers und stellen einen Gesprächsbezug her, um das Ganze abzurunden: »Herr Müller, die Unterhaltung über … hat mich gefreut!« Oder: »Frau Dr. Maier, viel Erfolg noch bei …!« Wenn Sie sich bei der betreffenden Person ein bis zwei Wochen später in Erinnerung rufen wollen, bieten Sie ihr einen konkreten Mehrwert an, statt nur auf das Netzwerk-Event zu verweisen: »Ich fand Ihren Gedanken zum … spannend. Was halten Sie davon, Ihre Idee in Richtung … weiterzuentwickeln?«, »Ihr Projekt … ist mir im Gedächtnis geblieben. Vielleicht kann ich Sie mit … unterstützen?« oder »Zum Thema … habe ich eine spannende Online-Ressource/einen interessanten Kontakt für Sie gefunden: …!«.

!

Special

Nehmen Sie sich immer wieder Zeit, um darüber zu reflektieren, was Ihnen beim letzten Netzwerken gelungen vorkam, was Sie hätten besser machen können und was Sie beim nächsten Mal gegebenenfalls ausprobieren möchten. Auch wenn nicht alles perfekt geklappt hat, begreifen Sie dies als Lernchance und Ihr eigenes Feedback als Geschenk an sich selbst. Sie können Ihre Erfahrungen auch stichwortartig in einem Netzwerk-Tagebuch festhalten, das niemand außer Ihnen lesen darf. Wenn Sie nach einigen Wochen darin blättern, werden Sie eine erstaunliche Lernkurve bei sich feststellen!

Worauf es beim Netzwerken ankommt, lässt sich am Beispiel des Konfuzianismus am einfachsten verdeutlichen: Dort steht das Denken in persönlichen Beziehungen im Vordergrund, von dessen Wirken kaum eine persönliche oder geschäftliche Entscheidung unbeeinflusst bleibt (»Guanxi«). Netzwerken findet danach immer zwischen Personen statt und nicht zwischen Positionen oder Unternehmen. Auch ein Generaldirektor möchte von Ihnen als Mensch angesprochen werden – trotz Ihres Respekts vor seiner Stellung. Deswegen sprechen Sie mit ihm wie mit jedem anderen über etwas Normales wie Kleidung, Essen oder ein Fachthema.

Beim Netzwerken können Sie sehr wohl erwähnen, dass Sie gerade beruflich verfügbar sind oder sich neu ausrichten. Ist Ihnen Ihr Gesprächspartner schon länger bekannt oder haben Sie ihn besser kennengelernt, können Sie ihn nach seinem persönlichen Rat fragen, wie er Ihre Situation einschätzt oder ob er branchenspezifische Tipps hat. Die meisten Menschen freuen sich, wenn Sie nach Ihrer Meinung gefragt werden und helfen können. Netzwerken beinhaltet aber niemals die direkte Bitte, Ihr Hauptproblem zu lösen – Fragen wie »Haben Sie gerade etwas jobmäßig für mich?« sind ein No-Go. Das bringt Sie in eine unterwürfige Bettelstellung und Ihr Gegenüber in eine negative Rechtfertigungssituation, sollte es gerade nichts anbieten können. Bei Guanxi sollte keiner sein Gesicht verlieren. Netzwerken funktioniert reziprok, das heißt wechsel-, nicht gegenseitig. Beide Seiten schenken sich etwas, ohne auf den äquivalenten Tauschwert zu achten: Aufmerksamkeit, eine gute Unterhaltung, Sympathie, Informationen oder Ideen. Manchmal geben Sie etwas und bekommen zunächst nichts zurück. Betrachten Sie Netzwerken nicht wie ein Konto, auf das eingezahlt wird, sondern als eine sich langfristig ausbalancierende Investition in der Form von Geben und Nehmen. Gute Netzwerker kalkulieren nicht mit dem Rechenschieber, welche Gefallen Sie wem wann getan haben. Vielmehr erzeugen sie beim Gegenüber das Gefühl, willkommen zu sein, und die Lust, bei nächster Gelegenheit uneigennützig an Sie zu denken und Ihnen Gutes tun zu wollen. Das sprichwörtliche Vitamin B – jemand erweist Ihnen für eine Gegenleistung einen direkten Gefallen – hat mit Netzwerken nichts zu tun.

Das eigene Netzwerk-Event auf die Beine stellen

Statt als Gast Netzwerk-Events zu besuchen (Online-Messen, Webinare, Lesungen, Tagungen, Stehempfänge etc.), können Sie Ihre eigenen Veranstaltungen kreieren – mit dem Vorteil, dass Sie ansagen, was dort passiert! Wenn Sie als »Intro« nicht gerne ins kalte Wasser fremder Events springen, können Sie beispielsweise Lese- und Diskussionsgruppen gründen, die sich zu einem fachlichen Jour fixe treffen. Oder Sie rufen einen Kaffee-Stammtisch ins Leben, der sich einmal monatlich zusammenfindet, mit inhaltlich ähnlich Interessierten. In einem solchen Rahmen fällt es erfahrungsgemäß sehr viel leichter, ungezwungener auch über persönliche Themen zu reden, zum Beispiel über Arbeitslosigkeit oder Job-Möglichkeiten.

Einen Co-Working-Space zu nutzen kann Sie ebenfalls unkompliziert mit Gleichgesinnten in Kontakt bringen, auch wenn diese neue Arbeitsform ursprünglich zur Vernetzung von Freiberuflern, Start-ups oder Digitalnomaden gedacht war. Das können Sie über einen kommerziellen Anbieter tun, bei dem Sie sich einen Arbeitsplatz in einem großen, offenen Raum buchen. Da die Schreibtische direkt neben anderen liegen und die Zuordnung oft wechselt, lernt man schnell viele Menschen in einem Arbeitskontext kennen. Oder Sie gehen in die dortig meist angeschlossene Cafeteria, wo sie unkompliziert mit anderen Menschen ins Gespräch kommen können.

Verfügen Sie über ein großes Wohn- oder Arbeitszimmer, können Sie andere zu sich einladen (»Hoffice«). Sprechen Sie ausgewählte Personen an, mit Ihnen gemeinsam den Raum zu nutzen, jedoch jeder für seine beruflichen Zwecke. Während zum Beispiel eine Person ein Projekt plant, kann eine zweite Bewerbungen schreiben und eine dritte in Social-Media-Selbstmarketing betreiben. Wichtig ist, dass es sich tatsächlich um professionelles Netzwerken und nicht um eine freundschaftliche Zusammenkunft handelt. Geben Sie dabei den Zeitplan vor, wann und wie lange in Ihren vier Wänden gearbeitet wird, und machen Sie klar, wie Sie sich den Ablauf vorstellen. Meist stellen sich alle zu Beginn kurz vor und erzählen von ihren aktuellen Vorhaben, damit jeder etwas über die anderen erfährt. Dann arbeitet jeder konzentriert für sich allein, bis am Ende noch einmal alle kurz zusammenkommen, um über den Tag zu berichten und sich gegenseitig zu motivieren. Das Ganze kann auch online über eine Video-Konferenz stattfinden, die Sie moderieren (»Co-Working«).

Wollen Sie ein größeres Netzwerk-Event organisieren, ohne viel Zeit und Geld zu investieren, eignen sich Unkonferenzen als offene Lern- und Wissensumgebungen (»Barcamps«). Barcamping hat sich ursprünglich als Gegenbewegung zu den starren Konferenzen entwickelt, bei denen meist wenige hochgestellte Personen das Setting vorgeben, Einladungen aussprechen und ein hierarchisches Gefälle zwischen Keynote-Speakern, Podiumsteilnehmern und dem Auditorium besteht. Anders beim Barcamping: Hier geben Sie ein Thema vor und jeder muss etwas Inhaltliches beitragen, wenn er dabei sein will – auch Sie selbst! Das kann ein Kurzvortrag sein, ein Erfahrungsbericht, ein Anwendungsbeispiel, eine Mini-Präsentation oder ein Angebot, eine Kleingruppen-Diskussion zu einem bestimmten Aspekt zu moderieren.

Erst am Veranstaltungstag pitchen alle Anwesenden kurz ihr vorbereitetes Mitbringsel und stimmen demokratisch darüber ab, was die Mehrheit am Interessantesten findet (»Open-Space-Methode«). Dann erst wird gemeinschaftlich der Inhalt für das Barcamp festgelegt, wobei alle partizipativ eingebunden sind. Da es rein passive Zuhörer nicht gibt, ist meist nicht nur die Stimmung viel dynamischer. Vielmehr tragen auch alle gleichgestellt dazu bei, dass es eine spannende Veranstaltung wird (»Teilgeber«). Arbeiten mehrere Gruppen parallel, präsentieren sie gegen Ende den anderen im Plenum ihre Ergebnisse.

Showtime

Organisieren Sie ein Barcamp
Bilden Sie mit zwei bis drei anderen ein Organisationsteam für ein Barcamp und legen Sie ein aktuelles Thema fest. Das sollte Sie alle nicht nur beruflich interessieren, sondern Sie sollten sich einigermaßen firm darin fühlen, ohne sich erst lange einlesen zu müssen, zum Beispiel: »Entwicklungen der Internationalisierung im Dienstleistungsumfeld«, »Aktuelle Tendenzen im Umweltbereich« oder »Homeoffice in der Post-Coronazeit«. Brainstormen Sie gemeinsam, wer in Ihrem Umfeld das spannend finden könnte, damit eine möglichst starke Mischung an Teilgebern herauskommt.

Überlegen Sie dann, wie lang Ihr Barcamp dauern und wann es stattfinden soll, und erstellen Sie dazu einen groben Zeitplan. Beispiel: Event mit 15 Personen an einem halben Tag an einem Wochenende mit je zwei parallelen Workshop-Panels. Legen Sie im Organisationsteam fest, wer welche Aufgaben übernimmt, wobei stets so wenig Aufwand wie möglich entstehen sollte. Beispiele: Statt teurer Hochglanzbroschüren oder Flyer entwirft jemand einen kurzen Einladungstext und verteilt diesen über Social Media. Anstelle von Hightech-Equipment besorgt jemand einige Stifte und Papierblöcke, ein Flipchart oder eine Pinnwand sowie ein Notebook zur Dokumentation vor Ort. Und statt einer repräsentativen Konferenzhalle mietet jemand günstig zwei abtrennbare Zimmer in einem lokalen Gasthaus an, dafür erheben Sie einen geringen Selbstkostenbeitrag der Anwesenden im einstelligen Eurobereich. Auch gibt es mittlerweile zahlreiche Gratis-Tools, um eine solche Veranstaltung komplett online abzuhalten (»Digital Barcamping«).

Nach einem selbst organisierten Barcamp werden Sie nicht nur ein erlebnisreiches Netzwerk-Event so gestaltet haben, wie Sie es möchten. Sondern Sie werden Neues erfahren und viele neue Menschen kennengelernt haben.

2.5 Sich öffentlich zeigen – working out loud!

Es ist angenehmer, sich finden zu lassen, statt (nur) zu suchen. Das bedeutet nicht, sich gemütlich zurückzulehnen und auf einen Anruf wie diesen zu warten: »Hey, fangen Sie doch morgen Ihren Traumjob mit einem Spitzengehalt an!« Vielmehr machen Sie sich zunutze, dass viele Unternehmen, potenzielle Geschäftspartner und Headhunter aktiv nach guten Leuten Ausschau halten. Also hängen Sie Ihr Fähnchen in den Wind, damit man es auch von der Weite flattern sieht!

Sichtbar in Social Media
Hauchen Sie Ihrer virtuellen Präsenz auf Xing oder LinkedIn dadurch Leben ein, dass Sie Social Media nicht als Online-Nachschlagewerk für Ihr Berufsleben nutzen, sondern dazu,

wozu es gedacht ist: für Interaktion mit anderen potenziell Interessierten! Achten Sie also zum einen darauf, dass Ihr Profil zwar die Berufserfahrung der letzten zehn Jahre und die höchsten und aktuellen (Weiter-)Bildungsaktivitäten enthält. Zum anderen sollte Ihre Profilzeile einen Slogan enthalten, der treffend darüber Auskunft gibt, welchen Mehrwert Sie mitbringen, zum Beispiel: »Ich perfektioniere Ihre Logistik und mache Prozesse effizient!« oder: »Lassen Sie uns gemeinsam erfolgreiche Projekte anstoßen!«. Einen Hinweis, der andere direkt mit der Nase auf Ihre Arbeitssuche stößt, etwa »offen für Jobangebote«, »in beruflicher Veränderung« oder »auf der Suche nach einer neuen Position«, lassen Sie weg – denn damit haftet Ihr momentaner Zustand wie ein Stigma an Ihrem Profil! Ihre Netzwerkkontakte sollen weder mitleidig Ihre berufliche Situation interpretieren, noch sind sie als Freunde zu betrachten, die Sie und Ihre persönliche Situation verstehen.

Werden Sie lieber inhaltlich aktiv: Posten oder verlinken Sie regelmäßig wöchentlich mindestens einmal etwas in Ihrem Profil, statt nur die Beiträge anderer zu liken oder zu teilen. Werden Sie Mitglied in beruflich für Sie relevanten Themengruppen und diskutieren Sie dort mit. Noch mehr Gesicht zeigen Sie, wenn Sie eine eigene Gruppe gründen und moderieren. Neben Kostenneutralität ist mit solchen Aktivitäten ein weiterer Vorteil verbunden: Sie tragen gleichzeitig Fach- wie Moderationskompetenz nach außen. Auch bleiben Sie inhaltlich auf dem neuesten Stand und können sich als Experte darstellen, selbst wenn Sie gerade keine formelle Jobposition in diesem Feld bekleiden.

Zuletzt hat es auch motivationale Aspekte, nicht nur den halben Tag funktional im Bewerbungsmarathon zu schwitzen, sondern einfach mal etwas Interessantes zu posten oder zu kommentieren, in Austausch zu kommen und/oder etwas Neues zu lernen. Sorgen Sie dafür, dass Ihre Social-Media-Profile die Dynamik, die Sie selbst in den neuen Beruf einbringen wollen, durch Ihre Frequenz und Aktivität verkörpern. Statt kurze Kommentare oder stichwortartige Posts anzubringen, investieren Sie einmal monatlich 1,5 Stunden Zeit, um einen längeren Fachbeitrag für Ihren beruflichen Bereich zu erstellen. Strukturieren Sie diesen mit Zwischenüberschriften, recherchieren Sie Quellen dazu und gestalten Sie ihn mit Gratis-Bildern einer Foto-Plattform grafisch ansprechend. Hierbei ist wichtig, dass Sie ausreichend Zeit einplanen, um im Anschluss auf die Posts anderer zu reagieren. Grundsätzlich verdient jeder Kommentar und jede Frage eine Erwiderung, gerade wenn es um Kritisches geht oder aus Ihrer Sicht gar Unzutreffendes oder Überzogenes – man nimmt Sie wahr, und das ist super!

!

Der springende Punkt

Bedenken Sie, dass Sie auch im Job mit ungeduldigen Vorgesetzten, ungerechtfertigten Kundenbeschwerden oder einem schwierigen Umfeld umgehen. Zeigen Sie bereits vorab, dass Relationship-Management für Sie kein Fremdwort ist. Anmerkungen wie »Danke für Ihren interessanten Kommentar« oder »Eine spannende Sichtweise – darf ich Sie auf diese Quelle hinweisen: …?« sollten Sie keine große Überwindung kosten und Kommentierungen spätestens am darauffolgenden Tag beantwortet werden.

Da ein Mindestmaß an Web-Kompetenzen mittlerweile in jedem Geschäftsfeld notwendig und zu Recht erwartet wird, demonstrieren Sie diese doch gleich jetzt: Nutzen Sie die Möglichkeit, eine Webvisitenkarte mit einem kleinen Blog aufzusetzen. Mit einem vorgefertigten Gratis-Webdesign sowie einem intuitiv zu befüllenden Content-Management-System arbeiten Sie sich schnell ein – bei minimalem Kosten- und Betreuungsaufwand. Neben den bereits genannten Vorteilen kommt in diesem Fall hinzu: Sie sind nicht an die Vorgaben und die Logik eines bestimmten Social-Media-Providers gebunden, sondern entscheiden selbst, was Sie in welchem Format online stellen. Kommen Sie aus dem künstlerisch-grafischen Bereich, wird Ihre Website bildbezogener sein. Treibt es Sie beruflich in Richtung Sprache und Kommunikation, werden Sie sich dort eher textlastig präsentieren.

Entscheidend ist, dass sich auf Ihrer Seite immer wieder etwas bewegt und sie gepflegt wird. Das sorgt nicht nur für Spaß beim Ausprobieren und digitale Lerneffekte, sondern kann Ihnen auch eine Aufgabe und eine zeitliche Struktur geben – zum Beispiel, indem Sie dafür an einem Vormittag eine halbe Stunde als Routine einplanen. Einfacher machen Sie es sich, indem Sie Ihre Fachbeiträge für Social Media zuerst auf Ihrer Website veröffentlichen. Da Sie mit Ihrem eigenen Content arbeiten, können Sie diesen anschließend problemlos in Social Media teilen, jederzeit bearbeiten oder auch wieder löschen. Die großen Internet-Suchmaschinen finden dann direkt Ihre Website statt den Umweg über die Social-Media-Plattformen zu gehen, das heißt, Ihre virtuelle Reichweite vergrößert sich. Sie können zudem in Kurzbewerbungen auf diese Internetpräsenz verweisen oder gleich auf ausgewählte Unterseiten verlinken, die beispielsweise ein für die Bewerbung relevantes Projekt präsentieren oder einen zur Ausschreibung passenden Blogpost beinhalten.

Der Weg über die Personalvermittlungsagenturen

Nehmen Sie auch Kontakt zu Personalvermittlern auf, die vor allem größere und spezialisierte Unternehmen vermehrt nutzen, um den Recruiting-Prozess auszugliedern und an Fachexperten zu delegieren. Da die Vermittler nicht erst nach passenden Bewerbern suchen, wenn eine Stelle vakant wird, sondern gerne mit ihrem Netzwerk punkten wollen, kann es für Sie vorteilhaft sein, sich vorab in deren Pool aufnehmen zu lassen. Manchmal werden Stellen gar nicht öffentlich ausgeschrieben, sondern direkt über Personalvermittlungsagenturen vergeben – noch eine Möglichkeit für Sie, berücksichtigt zu werden.

Der springende Punkt **!**

Dieser Schritt auf dem Weg zum Job darf Sie kein Geld kosten! Seriöse Personalvermittler sehen sich als Schnittstelle zwischen Bewerber und Unternehmen und leben davon, dass Firmen sie auf Provisionsbasis dafür bezahlen, die richtige Person für eine bestimmte Stelle zu finden. An Ihnen ist es, Ihre Bewerbungsdaten aktuell zu halten. Werden Sie dann angesprochen, sollten Sie in den Bewerberpool aufgenommen werden, ohne vorab »Vermittlungsgebühren« entrichten zu müssen.

> **!** **Special**
>
> Personalvermittlungsagenturen gehen gelegentlich so vor, dass sie eine bestimmte Person besonders schmackhaft machen wollen und andere lediglich mit vorschlagen, um die Qualifikationen des Favoriten herauszustreichen. Das kann Ihnen auch innerhalb eines Unternehmens passieren, deshalb die Empfehlung: Falls Sie diese Vermutung hegen, fragen Sie konkret nach.

Oftmals sind Personalvermittlungsagenturen auf bestimmte Branchen spezialisiert und stehen mit vielen HR-Abteilungen in ständigem Austausch, sie haben Zugang zu zahlreichen Direktkontakten und verfügen über ein weit gefächertes Netzwerk. Da eine Personalvermittlungsagentur ein (finanzielles) Eigeninteresse daran hat, dass »ihre« Bewerber für ausgeschriebene Job in Betracht gezogen werden, sollte sie Ihnen helfen und Sie durch den Bewerbungsprozess begleiten.

Plattformen speziell für ältere Jobsuchende, beispielsweise der »Bundesverband Initiative 50Plus« oder Talente-Marktplätze für Senior-Experten wie »WisR«, können Sie vernetzungstechnisch unterstützen, selbst wenn Sie dort nicht direkt Ihren Traumjob ergattern, indem Sie dort öffentlich sichtbar werden. Der Besuch von Job- und Karriere-Messen bzw. Recruiting-Events gezielt für ältere Bewerber mit Berufserfahrung wie »job40plus« dient demselben Zweck – egal ob vor Ort oder online.

2.5.1 Öffentliche Stellenausschreibungen – die anspruchsvollen Klassiker

Wir alle kennen das Phänomen: Wenn die Fußballweltmeisterschaft läuft oder der politische Wahlkampf startet, werden plötzlich Millionen Menschen zu Coaches mit Tipps zur Mannschaftsaufstellung oder zu Sozialexperten, was die gesellschaftliche Verteilungsgerechtigkeit angeht. Grundlage für das alles ist oft ein Zeitungsinterview, eine kurze TV-Sequenz, ein Plakat oder ein Internet-Video. Wir analysieren, interpretieren und kommentieren gerne – und dies nicht immer schlechter als die sogenannten Fachleute.

Bei Stellenanzeigen hingegen scheint es differenzierter zu sein: Sie werden gerne wie medizinische Diagnosen oder Kochrezepte verstanden, mit wissenschaftlich exakt bestimmter oder langzeiterprobter Datenbasis, die nicht angezweifelt werden darf. Dem darin gezeichneten Bild einer Jobposition wird dann versucht, möglichst nahe zu kommen, was oft unmöglich ist. Die Passgenauigkeit, von der bei Bewerbungen oftmals die Rede ist, meint Sie als Person bezogen auf die Stelle, nicht Ihre Bewerbung bezogen auf die Stellenausschreibung! Die Anzeige ist eine Bekundung, mit der das

Unternehmen die perfekte Wunschbesetzung für einen bestimmten Arbeitsplatz zu skizzieren versucht. In der Praxis aber findet sich die gewünschte eierlegende Wollmilchsau erstens nicht immer eins zu eins wieder, sprich: Der perfekte Kandidat erfüllt selten alle niedergeschriebenen Eigenschaften. Zudem existieren viele ungeschriebene Anforderungen, bei denen Sie punkten können.

Das liegt daran, dass Stellenausschreibungen gerne für weitere kommunikative Zwecke genutzt werden: Das Unternehmen stellt sich nach außen positiv dar oder zeigt der Konkurrenz, mit welchen wundervollen Stellen es (vermeintlich) am Markt expandiert. Auch kochen meist mehrere Köche am Ausschreibungsgericht mit, ohne sich beim Würzen abzustimmen. Die Kommunikationsabteilung gibt bestimmte Floskeln vor, die standardisiert in jeder Bewerbung vorkommen sollen, um Employer Branding zu betreiben. Hingegen achtet die Rechtsabteilung darauf, dass mit keiner verwendeten Formulierung gegen Gesetze verstoßen wird. Die Personalabteilung versucht, möglichst unterschiedliche Begriffe zu verwenden, um die eigenen Ausschreibungen voneinander abzugrenzen und nur die Personen anzusprechen, an die sich die Anzeige richten soll. Und die künftigen Vorgesetzten packen allerlei Fachtermini in den Text hinein, um den Aufgabenbereich möglichst detailliert abzubilden. Eine Stellenausschreibung ist also meist schon ein Kompromiss und kein kommunikatives Gesamtwerk aus einem Guss.

An erster Stelle steht daher die Herausforderung, das Wesen oder die Grundaussage der Ausschreibung zu erfassen – beides kommt manchmal recht unscheinbar daher: Von Teamfähigkeit und Flexibilität ist die Rede, Kommunikation und Organisation seien zentrale Aufgaben, was mit Gestaltungsfreiheit und einer tollen Atmosphäre belohnt werde. Erwarten Sie das alles nicht von jedem Job? Wie finden Sie also heraus, ob es sich für Sie lohnt, eine Bewerbung in Erwägung zu ziehen?

Wenn Ihnen eine interessante Ausschreibung unterkommt: Schauen Sie sich zuerst die ausgeschriebene Stelle im Unternehmenskontext an. Wo würden Sie diese im derzeitigen Organigramm oder in der Projektorganisation verorten? Was wären vermutlich Ihre direkten Kollegen in der jeweiligen Organisationseinheit? Wenn Sie die Aufgabenbeschreibung lesen: Mit welchen anderen Organisationseinheiten innerhalb des Unternehmens und mit welchen Kunden außerhalb würden Sie am häufigsten zusammenarbeiten? Seien Sie dabei so formulierungskritisch, wie Sie es bei einer Hochglanzanzeige für eine teure Ferienreise auch wären: »Naturbelassener Strand« kann auch einen kantigen Lavafelsen auf einer Vulkaninsel beschreiben! Schauen Sie sich einmal die folgende Stellenanzeige an.

LEITER/IN KOMMUNIKATION

Wir suchen zum sofortigen Eintritt eine führungsstarke und überzeugend auftretende Persönlichkeit (m/w/d). Idealerweise hat sie auch wirtschaftliche Berufserfahrung bei größeren Organisationen oder bei Kommunikationsagenturen auf Geschäftsführungsebene sammeln können. Die Person sieht eine wesentliche Aufgabe darin, täglich Menschen zu informieren, aktiv zu beraten und zu überzeugen.

Aufgabenprofil

Fachlich verfügen Sie über eine hohe kommunikationsstrategische Ausrichtung, die die Aufgabe von Kommunikation in erster Linie in der Erreichung von messbaren Wirkungszielen sieht. Sie haben dies aus der beruflichen Erfahrung heraus auch so gelebt.

Des Weiteren haben Sie Erfahrung in der integrierten, interdisziplinären Anwendung der verschiedenen Kommunikationsdisziplinen (PR, Werbung, Multichannel-Content-Management, Presse- und Publikationswesen) sowie zumindest ein State-of-the-Art-Verständnis für Digitalkommunikation.

Kaufmännisches Wissen, zu dem neben der Kalkulation kommunikativer Use-Cases auch die Planung und das Controlling von Budgets einer größeren zentralen Organisationseinheit gehören, wird vorausgesetzt. Sie können Zielvorgaben setzen und einhalten, wobei die Orientierung an Kennzahlen eine grundlegende Rolle spielt. Die kaufmännischen Skills sollen auch das Interesse an der Beobachtung von Preisentwicklungen von relevanten Produkten und Dienstleistungen der gesamten Kommunikationsbranche auf allen analogen und digitalen Kanälen umfassen.

Digitale Innovationsfreude: Sie verfügen über Interesse an der Entwicklung von am Markt verkaufbaren digitalen Produkten. Insofern sollten Sie auch neuen agilen Managementmethoden wie Design-Thinking, Co-Creation mit Partnern etc. gegenüber aufgeschlossen sein und solche Prozesse aktiv anstoßen.

In der Leitungsfunktion verstehen Sie es auch, das eigene Team weiterzuentwickeln. Stärken der eigenen Mitarbeiter und Mitarbeiterinnen erkennen und fördern gehört zu den weiteren Schlüsselaufgaben dieser Führungsfunktion.

Weitere Qualifikationen/Ausbildung

- Abgeschlossenes Studium der Publizistik- und Kommunikationswissenschaften
- Starkes Interesse an gesellschaftspolitischen Themen
- Ausgezeichnete Kommunikationsfähigkeit und kultiviertes Auftreten
- Rasche Auffassungsgabe und Strukturiertheit im Arbeitsablauf
- Hohe Lösungskompetenz und Abstraktionsfähigkeit
- Team- und Kontaktfreudigkeit
- Perfektes Deutsch (Wort und Schrift) sowie beruflich notwendige Englischkenntnisse
- Ausgezeichnete Mac- und Windows-Fertigkeiten
- ...

Eine »hohe kommunikationsstrategische Ausrichtung« wie im Beispiel könnte bedeuten, dass Sie Ihre Kommunikation stets der strikten Unternehmensstrategie anzupassen haben. Oder auch heißen, dass Sie selbst die Kommunikationsstrategie mit ausbilden. Eine »führungsstarke und überzeugend auftretende Persönlichkeit« könnte implizieren, dass viele Konflikte bewältigt und heterogene Mitarbeiter gesteuert werden wollen. Womöglich bezieht es sich aber auch auf die verbindliche Vorgabe bestimmter Inhalte oder die Diskussionsbereitschaft mit einem skeptischen Gegenüber. Ob die Menschen, die »täglich aktiv beraten« werden würden, dies wollen, brauchen oder diesbezüglich erst »aktiviert« werden müssen, ist ebenso nicht eindeutig.

Wenn allgemein zum Beispiel die Rede davon ist, dass es darum geht, bestimmte Abteilungen, Gremien oder Vorgesetzte zu »entlasten« oder diesen »zuzuarbeiten«, könnte das bedeuten, dass Sie an dieser Stelle für administrative Aufgaben auf Anweisung eingesetzt werden, etwa Terminvereinbarungen, Reiseorganisation sowie die Vorbereitung und Protokollierung von Meetings. Es könnte aber ebenso sein, dass Sie viel Eigenverantwortung bei der Ausgestaltung dieser Aufgaben besitzen. Formulierungen wie »flexibel« hinterfragen Sie dahingehend, ob es vielleicht fixe Arbeitszeiten, Gleitzeit und womöglich vorgegebene Betriebsurlaube gibt, vielleicht ist auch eine agile, flache Arbeitshierarchie gemeint. Bei der Anforderung »belastbar« überlegen Sie, mit welchen Strapazen oder Beanspruchungen Sie rechnen können: fordernde Kunden, unterschiedliche Abteilungskulturen im Unternehmen, ein hohes Informationsaufkommen, eine anstrengende Reisetätigkeit, ein stark überbürdeter Vorgesetzter? Steht in der Anzeige etwas wie »allgemein-organisatorische Tätigkeiten«, »erste Ansprechperson nach außen« oder »Sie halten das Büro zusammen«? Dann kann das je nach Stelle heißen, dass ein »Mädchen für alles« gesucht wird oder jemand, der als verantwortungsvolle Kommunikationsdrehscheibe dient.

Special !

Sie sind bei so mancher Interpretation unsicher oder finden Formulierungen, die jeweils auch das genaue Gegenteil bedeuten könnten? Wunderbar! Das ist der beste Ansatzpunkt, kritisch bei der angegebenen Kontaktperson anzurufen (mehr dazu folgt).

Eine Stellenausschreibung sollte Ihnen zumindest indirekt über folgende Punkte Auskunft geben:

- Unternehmen, Branche und Geschäftsfeld,
- Unternehmenswerte und Arbeitskultur,
- Position und organisatorische Eingruppierung in der Firma,
- Aufgaben und Verantwortungen,
- persönlich und fachliche Anforderungen und Kriterien, nach denen diese beurteilt werden,
- Arbeitsort, -zeiten und -dauer,
- Vergütung und deren Bestandteile sowie
- Inhalte und Form der Bewerbung.

!

Showtime

Analysieren Sie Stellenanzeigen

Markieren Sie in einer Ausschreibung, die Sie anspricht, alle Textteile, die interpretations- oder ausfüllungsbedürftig sind, mit einem Fragezeichen. Versuchen Sie, auf Grundlage Ihrer Branchenerfahrung, der Internetpräsenz des Unternehmens und womöglich mit Hilfe einer vertrauten Person, die nicht aus der Branche kommt, diese Formulierungen mit Leben zu füllen. Notieren Sie stichwortartig alles, was Ihnen dazu einfällt.
Stellen Sie sich dann vor, Sie wären Personalverantwortlicher in diesem Unternehmen und müssten einem neuen Vorgesetzten mit einfachen, aber direkten Worten in einer E-Mail erklären, wen Sie für die offene Stelle suchen und um welchen Job es sich handelt. Verfassen Sie den (fiktiven) E-Mail-Text in ganzen Sätzen möglichst so, dass keine Rückfragen mehr nötig wären. Nehmen Sie in einem nächsten Schritt Ihren E-Mail-Text wieder auseinander. Schreiben Sie sich stichwortartig zu den wichtigsten Anforderungen Ihres E-Mails dazu, was Sie mitbringen und warum Sie für die Position geeignet sind, aber auch, welche Aspekte Sie weniger gut erfüllen oder schlicht nicht gutheißen. Sind Sie immer noch der Meinung, die ausgeschriebene Stelle könnte etwas für Sie sein? Dann ran an die Bewerbung!

2.5.2 Initiativbewerbungen – Schuss ins Leere oder Volltreffer?

Eigeninitiative zu zeigen wird von Jobsuchenden vorausgesetzt – und das ist auch richtig. Viele staatliche Betreuungsstellen und Bewerbungscoaches ziehen daraus den fehlerhaften Schluss: Initiative + Bewerbung = Initiativbewerbung! Wenn der Autor gelegentlich zweistellige Initiativbewerbungen pro Woche zählt, die ihm Coachees voller Stolz zeigen, stellt sich die Frage des Ressourceneinsatzes. Auch der Tag von Bewerbern hat nur 24 Stunden und jede Bewerbung, jeder Geschäftsbrief und jeder Infoanruf kostet Vorbereitung, Durchführung, Dokumentation und Nachbereitung.

Bei Initiativbewerbungen kommt noch hinzu, dass es in 99,9 % der Fälle die gewünschte Position (noch) gar nicht gibt. Sprich: Sie trachten danach, den verantwortlichen Personaler nicht nur von sich als Person zu überzeugen (wie bei jeder Bewerbung), sondern wollen ihn zusätzlich zur Einsicht bewegen, dass die Schaffung der dazugehörigen Stelle zu Unrecht unterblieben und dringend nachgeholt werden solle – als jemand, der typischerweise wenig Einblick in die internen Personalstrukturen des Unternehmens hat. Das alles kann gelingen und man kann auch mit einem Schuss ins Blaue zufällig ins Schwarze treffen. Tatsächlich tendiert der Return on Investment bei Initiativbewerbungen gefühlt gegen null, und das aus gutem Grund: Gemeinhin wird intern gut überlegt, welche Positionen neu besetzt oder neu geschaffen werden sollen. Bei diesen Überlegungen werden Informationen zugrunde gelegt, auf die Sie als Externer meist weder Zugriff haben noch korrekt in den Unternehmenskontext einordnen können.

In Internetforen und manchen Bewerbungsratgebern finden sich Hinweise, dass Initiativbewerbungen in jedem Unternehmen gerne gesehen seien. Mag dies auch manch frustriertem Bewerber Mut machen, der (vermeintlich) keine passenden Stellenausschreibungen findet. Die Erfahrungen des Autors sowie zahlreiche Gespräche mit Personalern bestätigen dies so pauschal nicht. Zuletzt Genannte gehen gerade bei gefragten Unternehmen und/oder in begehrten Aufgabenbereichen in Initiativbewerbungen regelrecht unter – und das neben den regulären Bewerbungen für die Jobs, die auf jeden Fall besetzt werden müssen. Recruiting folgt einem oft sehr engen Zeitplan, weshalb die Muße schwindet, selbst positiv aufgefallene Initiativbewerbungen »auf Halde zu legen«. Auch die gern gelesene Rückmeldung, es sei derzeit keine Position verfügbar, man wolle aber die Bewerberdaten sehr gerne für die Zukunft in der Hinterhand behalten, mag kurzfristig für gute Stimmung sorgen – aber sehr ertragreich ist das nicht.

Beackern Sie also nur Felder mit fruchtbarem Boden. Initiative zu zeigen ist nicht per se gut, sondern kommt manchmal eher aktionistisch daher. Investieren Sie Ihre kostbare Zeit hauptsächlich in ausgeschriebene Stellen (die es zumindest sehr wahrscheinlich gibt), in die Schärfung Ihres Profils und Ihrer beruflichen Ziele, in das Netzwerken, Ihre Weiterbildung etc. Empfohlen sei an dieser Stelle ein Anteil von weit unter 10 % an Initiativbewerbungen bezogen auf Ihre gesamten (informellen wie formellen) Bewerbungsaktivitäten. Und das nur dann, wenn es konkrete Hinweise auf passende Entwicklungen bzw. Veränderungen in einem Unternehmen gibt.

Das Potenzial für Initiativbewerbungen eruieren

Falls Sie zum Beispiel eine Insider-Info aus einer Firma von einem Bekannten haben, der dort arbeitet oder jemanden kennt, kann eine Initiativbewerbung sinnvoll sein. Falls etwa bald eine Querschnittsabteilung neu zusammengestellt, eine neue Außenstelle errichtet oder eine neue Produktlinie eröffnet werden soll, bewerben Sie sich mit Hinweis auf die Quelle bzw. Auskunftsperson. Ähnliches gilt, falls Sie auf der Unternehmenswebsite oder in veröffentlichten Strategiepapieren oder Leitlinien sehen, dass eine größere Umstrukturierung im Gange ist oder gerade neue Projekte beauftragt wurden. Auch wenn Ihre Folgerung als Außenstehender nicht immer zutreffend sein mag, haben Sie Achtsamkeit bezüglich der konkreten Unternehmensentwicklung gezeigt.

Falls eine Mehrzahl an Positionen ausgeschrieben ist, Sie aber auf keine ganz, sondern nur auf einige teilweise passen, kann eine Initiativbewerbung ebenso angebracht sein. In diesem Fall beziehen Sie sich direkt auf die ausgeschriebenen Stellen und machen deutlich, wie und warum Sie mehrere Aufgaben in einer Position bündeln können und wollen. Das sollte stets ein inhaltlicher Grund sein, zum Beispiel eine Synergie zwischen Kompetenzen, und nicht einer, der allein in Ihrer Person begründet liegt.

Vielleicht ist es auch so, dass Sie sehr auf bestimmte Branchen oder Positionen spezialisiert sind, die generell nur in einem kleinen Netzwerk vergeben werden. Wenn

Sie Experte für Luft- und Raumfahrttechnik, internationaler Opernsänger oder hochdotierter Demografie-Fachmann sind und in diesem exklusiven Bereich bleiben wollen, finden Sie Ihren Job vermutlich nicht per Stellenausschreibung – allenfalls sehr vereinzelt. Dann ist Netzwerken umso wichtiger (siehe Kapitel 2.4) und eine Initiativbewerbung an eine Weltraumorganisation, eine großes Musiktheaterhaus oder ein Demografie-Forschungsinstitut zumindest vielversprechend.

Falls Sie nicht ausschließlich angestellt in einer Firma sein wollen, sondern auf (teil-) selbstständiger Basis mit Unternehmen zusammenarbeiten möchten (»B2B«), kann eine Initiativbewerbung mit fließendem Übergang zu Ihrer unternehmerischen Akquise-Tätigkeit Sinn haben: etwa als freier Übersetzer bei einem Dolmetscherbüro, als selbstständiger Webdesigner bei einer Online-Marketingagentur oder als Trainer für Erwachsenberatung bei einer Weiterbildungsinstitution auf Honorarnotenbasis. Ähnliches gilt, wenn Sie Teil einer stark projektbasierten, agilen Community werden wollen oder es bereits sind, wie etwa in der Start-up-Szene oder im Kulturmanagement, wo sich beispielsweise eine Bewerbung lohnen kann, bevor größere jährliche Kunst-Events stattfinden.

!

Special

Sie sind sich unsicher, ob eine Initiativbewerbung Potenzial hat? Anstatt mit diesem Gefühl eine unausgegorene Initiativbewerbung zusammenzuzimmern, rufen Sie bei der zuständigen HR-Abteilung an und fragen Sie ganz direkt, ob es Sinn hat oder nicht (dazu gleich mehr)! Das zeigt zum einen Professionalität, weil Sie weder Ihre eigene Zeit noch die der Personalverantwortlichen verschwenden. Zum anderen gibt es Ihnen mentale Bestärkung, wenn jemand nach einer kurzen telefonischen Selbstpräsentation sagt: »Ja, bitte bewerben Sie sich!«

Sinnvoll die Initiative ergreifen

Initiativ- werden fälschlicherweise auch als Blindbewerbungen bezeichnet. Das trifft insofern zu, als die Informationen mangels formeller Ausschreibung und zuständiger Ansprechperson meist verschwommener anmuten als sonst. Ein Schuss mit der Schrotflinte in den Nebel hinein verspricht im Vergleich zu klassischen Bewerbungen hier aber noch weniger Erfolg. Viele Bewerber denken, dass bei Initiativbewerbungen ein möglichst allgemein gehaltener Text die Chancen erhöhe. Sei es, weil man ansonsten eine womöglich zur Besetzung in Betracht gezogene Position knapp verfehlt; sei es, weil damit dem Personaler mehr Möglichkeiten offenstehen, die passende Position für den Bewerber auszusuchen.

Um es deutlich zu sagen: Wenn Ihre Initiativbewerbung überzeugt – das heißt: ein konkretes, scharfes Bild erzeugt –, wird es eine Position für Sie geben. Wenn nicht, wird kein Personaler der Welt sich die Mühe machen oder sich die Zeit nehmen, etwas ursprünglich nicht Vorgesehenes eigens für Sie zu »basteln«. Die meisten Initiativbewerbungen scheitern daran, dass sie den Personaler darin bestärken, dass es richtig war, keine weitere Stelle auszuschreiben – weil nicht klar wird, auf welcher Position Sie für das Unternehmen welchen Nutzen zu bringen gedenken! Noch mehr als bei klassischen Bewerbungen gilt daher: Verschicken Sie keine allgemeinen Standardrundschreiben und treten Sie nicht mit einem bunten Bauchladen an Kompetenzen auf den Job-Marktplatz.

Showtime

Kreieren Sie Ihren eigenen Initiativjob
Überlegen Sie sich stattdessen, wie eine (fiktive) Stellenausschreibung zu Ihrer Initiativbewerbung aussehen könnte. Wie würde die Position bezeichnet werden? Wo wäre sie im Unternehmen organisatorisch angesiedelt? Welche Berufserfahrung und welche Kernkompetenzen wären als Must-have vorausgesetzt, welche als Nice-to-have? Welche Bewerbungsunterlagen würden dafür auf welchem Weg gefordert werden? Und welchen Mehrwert würde die Schaffung einer solchen Stelle für das Unternehmen bringen?

Sehen Sie sich Struktur, Aufbau und Format von Stellenausschreibungen im Internet der Firma an, bei der Sie sich initiativ bewerben wollen, oder die von Firmen aus derselben Branche. Basteln Sie daraus einen möglichst authentischen Ausschreibungstext, der so als Anzeige veröffentlicht werden könnte. Zeigen Sie Ihre Ausschreibung jemanden und fragen Sie, ob etwas fehlt oder auffällig daran anmutet (ohne den Fake-Charakter zu erwähnen). Lassen Sie die Ausschreibung sodann drei Tage ruhen und fertigen Sie erst im Anschluss Ihre Initiativbewerbung daraufhin an.

Mit einer Initiativbewerbung die Aufmerksamkeit von Personalverantwortlichen zu erregen ist ähnlich schwierig, wie in der Fankurve eines Baseballstadions einzeln wahrgenommen zu werden. Die Fans dort malen sich in Vereinsfarben die Gesichter an, tragen bunte Hüte und grelle Schals, haben laute Tröten und Rasseln bei sich. Wenn die Fernsehkamera schnell darüberschwenkt – an wen würden Sie sich später noch erinnern?

Showtime

Spice up your application
Da Sie bei Initiativbewerbungen (zumeist) nicht im Wettbewerb mit anderen um die gleiche Stelle stehen, dürfen Sie tendenziell – je nach Ton der Branche – etwas frecher und zugespitzter in den Formulierungen sein als bei klassischen Bewerbungen. So können Sie gezielt einen Punkt der (fiktiven) Stellenausschreibung für Ihre Initiativbewerbung aufgreifen, den Sie nicht oder nur schwach erfüllen. Gehen Sie zum Beispiel davon aus, dass ein Qualitätstechniker unter anderem

auch Prüfabläufe und Qualitätsprozesse dokumentiert, könnte dies so umgesetzt werden: »Umfassende Dokumentation? – Ist nicht meins! Aber ehrlich: Kommt es Ihnen nur darauf an oder wollen Sie, dass ich Ihre Qualität nachhaltig steigere und alle dabei mitnehme? Dann bin ich goldrichtig für Sie!« Sie können ebenso mit der natürlichen Neugierde der Menschen spielen, die etwas Ungewöhnliches lesen und die Auflösung wissen wollen (»Curiosity Gap«). Gehen Sie dabei davon aus, was auch Sie – bezogen auf Ihre Initiativbewerbung – zum Weiterlesen animieren würde. Das könnte ein kleiner Informationsschnipsel gleich auf der ersten Seite sein, etwa wenn Sie sich für eine Teamleitung in einer gerade stark von Umstrukturierung betroffenen Firma bewerben wollen: »Wissen Sie, wie ich ein heillos verunsichertes Team arbeitsfähig mache?«

Würzen Sie Ihre Initiativbewerbung gern mit etwas Provokantem, einem Kuriosum oder einem Eyecatcher wie »Sie sind immer noch von Strom abhängig? – Das kann ich nicht beeinflussen, aber wie Sie Ihre elektrischen Geräte effektiv auslasten, das schon. Gestatten, Ihr neuer Facility-Manager!«, »Moderne Luftreiniger sollen gegen Viren helfen, aber ich bringe frischen Wind in Ihr Unternehmen!« oder »Sind das wirklich alles Cashcows in Ihrem Online-Produktportfolio? – Als Ihr neuer Chief Cowboy würde ich gerne den Reitstall Ihrer Vertriebsranch ausmisten!«.

Viele Unternehmen schreiben blumig auf Ihren Websites, dass Initiativbewerbungen stets willkommen seien und man sich – sollte keine der angeführten Stellenausschreibungen passen – gerne bewerben könne. Das kommuniziert ein Firmen-Mindset von »Wir stellen ein und schaffen Jobs!« und »Wir entwickeln uns ständig weiter!«. Die Realität im Personalwesen hingegen schaut oft so aus, dass die HR-Abteilungen kaum Ressourcen dafür haben, selbst die notwendigen (ausgeschriebenen) Neu- und Nachbesetzungen zu organisieren. Kennen Sie das, wenn Ihr Handy klingelt und Ihnen jemand aus heiterem Himmel erklärt, warum Sie dessen kommerzielle Dienstleistung brauchen? Oder eine E-Mail eintrifft, die Ihnen nahelegt, sofort zugreifen zu müssen bei Produkten, an die Sie nicht einmal im Traum gedacht hatten? So oder so ähnlich mag es manchen Personalern gehen, die sich belästigt fühlen von Initiativbewerbungen. Was hilft? Statt nur das Gefühl hervorzurufen, Sie wollen einen gut bezahlten Job haben (natürlich wollen Sie das!), den es zudem noch gar nicht gibt, machen Sie dem Empfänger Ihrer Bewerbung zunächst eine Freude. Menschen finden es gut, wenn sie etwas geschenkt bekommen.

Showtime

Verteilen Sie Ideengeschenke

Fügen Sie Ihrer Initiativbewerbung inhaltlich mindestens eine neue Idee hinzu, die Sie dem Unternehmen schenken, zum Beispiel: »Wieso erweitern Sie nicht Ihren Markt in … – Mit meiner Sales-Erfahrung durch jahrelange Aufenthalte dort kenne ich entsprechende Kaufgewohnheiten wie die Konkurrenz!« oder »Wie ich sehe, arbeiten Sie intern mit E-Mails, die manchmal sicherlich ein hohes Aufkommen erreichen können – Ich helfe Ihrer Teamkommunikation dabei, auf einen sicheren und effizienteren Instant-Messaging-Dienst umzurüsten!«.

Wie Sie zu einem passenden Einfall kommen? Fragen Sie sich, was in der ins Auge gefassten Firma womöglich fehlt, das Sie beisteuern können. Schmücken Sie Ihre Idee aus, indem Sie sich gedanklich in Ihren zukünftigen Job versetzen und so tun, als hätten Sie just einen internen Projektauftrag zur Umsetzung für eine korrespondierende Aufgabe erhalten. Wie würden Sie die Projektidee in wenigen Sätzen den anderen Kollegen skizzieren? Beispiele: Wenn Sie sich im Marketing bewerben, könnten dies einige Eckdaten einer innovativen Werbestrategie sein, in künstlerisch-kreativen Bereichen ein Design-Vorentwurf oder als Vertriebsspezialist die Schwerpunkte einer neuen Verkaufskampagne. Garnieren Sie Ihr Geschenk jeweils mit ein, zwei Sätzen, wie Sie gerade auf diese Idee gekommen sind und was Ihre dahinterliegenden Annahmen als Außenstehender waren. Auch wenn es selten so sein wird, dass Ihre Vorschläge eins zu eins übernommen werden können, haben Sie sich in Unternehmensinterna hineingedacht und Initiative mit einem ersten Mehrwert gezeigt.

Anders als aus Effizienzgründen bei klassischen Bewerbungen sollten Sie für Initiativbewerbungen keine Textbausteine, Vorlagen oder Muster einer schon bestehenden Version verwenden. Fangen Sie stattdessen bei null an: Wenn Sie sich auf eher stilvollem Parkett bewerben, etwa bei einer Beraterkanzlei, einem Einrichtungshaus für gehobene Ansprüche oder einer altehrwürdigen Akademie, könnten Sie beispielsweise eine printmediale Bewerbung auf edlem Briefpapier erwägen. Wenn Ihr Initiativjob mehr in Richtung Kommunikation geht, etwa als PR-Manager oder persönlicher Referent, erregt ein knackiges Bewerbungsvideo oder eine Bewerbungswebvisitenkarte (zum Beispiel als Unterseite Ihrer Website, siehe oben) nicht nur mehr Aufmerksamkeit, sondern drückt zugleich eine in diesem Bereich wichtige Kernkompetenz aus, über die Sie verfügen. Und im künstlerisch-innovativen Kontext, zum Beispiel als künstlerischer Berater, oder im Design-Management könnten Sie weggehen vom klassischen Anschreiben mit text- und aufzählungslastigem Lebenslauf und stattdessen mit Bildern, selbst erstellten Grafiken und Farbeffekten punkten.

Befindet sich ein kleineres Unternehmen für Ihre Initiativbewerbung in Ihrer räumlichen Nähe? Dann können Sie auch spontan persönlich vorsprechen und so Gesicht zeigen. In jedem Fall gilt: Die Initiativbewerbung ist wie die Eiswein-Spezialität aus gefrorenen Trauben zu beurteilen: Die bis in den Hochwinter am Rebstock belassenen Früchte werden, wenn es keine anhaltenden Grade unter −7 °C gibt, niemals geerntet und daher vorab als Verlust einkalkuliert, um nicht enttäuscht zu werden. Gelingt es jedoch, die Ernte einzufahren, erzielt man ein höchst seltenes und hochgeschätztes Ergebnis.

2.6 Umsetzung der Strategie – die Jobsuche als Projekt angehen

Die beste Strategie bringt wenig, wenn keine darauf abgestimmte Implementierung erfolgt. Empfinden Sie Bewerben als Routinetätigkeit, die Sie von der Pike auf studiert, gelernt und jahrelang hauptberuflich gemacht haben? Die meisten tun das nicht. Bewerben ist meist neuartig, mit Unsicherheiten behaftet und auf zeitliche Begrenzung angelegt. Obwohl es durchaus auch der Selbstfindung dient, steht als Endergebnis der passende Job im Vordergrund. Damit erfüllt Ihr Vorhaben die allgemein anerkannten Kriterien für eine Projektdefinition. Wieso also nicht projektorientiert an die Sache herangehen? Gerade im Bewerbungsprozess kann es oft sehr fordernd sein, mit vielen parallelen Stellenausschreibungen, dem Netzwerken, zahlreichen Behördengängen, einer womöglich angespannten finanziellen Situation sowie der psychischen Herausforderung, mit dem (sowohl selbst als auch gesellschaftlich auferlegten) Bewerbungsdruck umzugehen. Projektmanagement vermindert nicht die Kompliziertheit der Situation, sondern hilft lediglich, deren Komplexität zu reduzieren.

Bei komplizierten Sachverhalten sind viele Faktoren und Möglichkeiten, zudem klare Regeln und Wirkungen zu beachten, etwa bei einer Steuererklärung oder einem Schachspiel. Theoretisch könnten Sie jede steuerrechtliche Vorschrift studieren und die Stellung der Figuren auf dem Brett analysieren, wenn Sie nur genug investieren. Bei komplexen Vorhaben wie dem Bewerben hingegen sind die Rahmenbedingungen anders: Es spielen so viele unbekannte und in Wechselwirkung stehende Faktoren mit hinein, dass es theoretisch unmöglich ist vorherzusagen, wann welcher Job ausgeschrieben wird, warum Sie oder warum Sie nicht zum Jobinterview eingeladen werden oder weswegen die sprichwörtliche »Chemie« bei einem Unternehmen einfach nicht stimmt. Machen Sie sich klar, dass Sie eine solch hochkomplexe Situation niemals komplett beherrschen können und eine langwierige, unergiebige Jobsuche nicht mit einem Verschulden Ihrerseits zu tun haben muss. Wenn Sie Ihr Vorhaben als Projekt angehen, können Sie es immer noch nicht eindeutig analysieren, aber besser steuern.

Das Bewerbungsprojekt strukturieren

Erfolgreiches Projektmanagement lebt vor allem von Struktur, Zeit und Kommunikation. Mit Struktur ist vor allem eine zielgerichtete Unterteilung in wichtige Zwischenergebnisse gemeint, die Sie während der Bewerbungs-Performance erbringen. Zeit beschreibt hier das persönliche Zeitmanagement, das darin besteht, die selbst gesetzten Deadlines einzuhalten und einen Ablauf festzulegen, nach dem die Aufgaben erledigt werden. Und zum Aspekt Kommunikation gehört, dass Sie Ihr Bewerbungsprojekt sich selbst gegenüber erklären und die erforderliche Unterstützung klar artikulieren können.

Setzen Sie sich in einem ersten Schritt ein Zeitziel, bis wann Sie einen passenden Job gefunden haben wollen. Eine Überlegung dazu könnte sein, ob Sie sich Vollzeit auf Jobsuche begeben oder gegebenenfalls die Zeit für eine Weiterbildung nutzen, Betreuungspflichten wahrnehmen, sich einen längeren Urlaub gönnen, ehrenamtliche Aufgaben übernehmen, sich einem lang gehegten Traum widmen etc. Eine andere, wie lange Sie mit Ihren finanziellen Rücklagen auskommen oder welche Erfahrungswerte Sie aus Ihrer (gerade mehr oder weniger nachgefragten) Branche haben. In jedem Fall sollten Sie beachten, dass ältere, berufserfahrene Akademiker zwar durchschnittlich länger im Job verweilen als jüngere, dafür aber auch etwas mehr Zeit für die Suche brauchen. Setzen Sie daher Ihr Zeitziel realistischerweise nicht unter einem Dreivierteljahr bis zu anderthalb Jahren an. Wenn Sie jetzt denken »Mein Ziel ist aber, so schnell wie möglich!«, widerspricht das dem nicht. Das Zeitziel soll Sie nur vor Ungeduld ebenso bewahren, zudem davor, nach wenigen Monaten voller Enthusiasmus schon völlig ausgepowert zu sein. Auch wenn Sie wenig Einfluss darauf haben, wie sich der Jobmarkt entwickelt oder wie lange die Recruiting-Verfahren jeweils dauern, hilft das Zeitziel Ihnen, den Weg dorthin fokussierter zu planen.

Showtime

Digitales Extra

Erstellen Sie eine Mindmap für Ihr Projekt

Gehen Sie bei Ihren Überlegungen (noch) nicht von Tätigkeiten oder To-dos aus, sondern stellen Sie sich zunächst konkrete Zwischenergebnisse vor, die notwendig sind, um Ihr Zeitziel zu erreichen. Eine einfache Gedankenlandkarte (»Mindmap«) kann helfen, diese strukturiert zu entwickeln: Zeichnen Sie dazu in die Mitte eines großen DIN-A4-Blattes oder eines virtuellen Whiteboards einen Gegenstand, eine Figur oder ein Symbol – etwas, das Ihren Traumjob am besten versinnbildlicht. Streben Sie beispielsweise einen Quereinstieg als Regisseur an, könnte dies eine Synchronkappe sein, für Finanzexperten ein Dollarzeichen oder für Softwareentwickler eine halbe Programmierzeile. Ordnen Sie in einem Kreis drum herum etwa fünf bis sechs Begriffe für die größeren Ergebnisbereiche an und verbinden Sie diese jeweils mit der Mitte, indem Sie eine Linie ziehen. Infrage kommen etwa »Weiterbildungen«, »Jobsuche«, »Netzwerken«, »Bewerbungsunterlagen«, »Beratungen« oder »Jobinterviews«. Von jeder Kategorie ausgehend stellen sie um diese herum die größeren Zwischenergebnisse dar, zum Beispiel für die Kategorie »Jobsuche« diese: »durchsuchte Internet-Jobbörsen«, »gekaufte Fachzeitungen«, »gescreente Personalvermittlungsplattformen« usw.

Untergliedern Sie größere Zwischenergebnisse wiederum in kleinere, bei »durchsuchte Internet-Jobbörsen« zum Beispiel in die, die sie regelmäßig kontaktieren, die auf Ihre Branche(n) spezialisiert sind oder für die Sie eine Benachrichtigungsfunktion eingerichtet haben. Ihre Gedankenkarte wächst so vom Allgemeinen zum Besonderen und nutzt als kognitive Technik die Kraft der Assoziation, um ein komplexes Thema vernetzt zu entwickeln. Da sie sich immer weiter von innen nach außen verästelt, verringert sich die Gefahr, etwas zu übersehen oder zu vergessen. Ihre fertige Gedankenlandkarte sollte drei bis fünf Gliederungsebenen mit maximal 30 bis 50 Zwischenergebnissen aufweisen. Ansonsten wird sie unübersichtlich und erfüllt nicht mehr den Zweck, die Komplexität Ihres Projekts zu reduzieren.

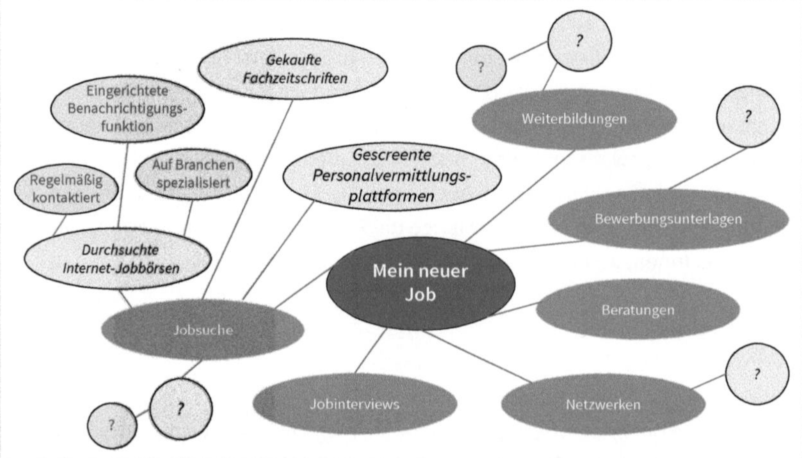

Abb. 4: Beispiel für eine Projekt-Mindmap

Legen Sie dann für Ihr Vorhaben im Voraus fest, welche Zwischenergebnisse jeweils bis zum Monatsende erreicht sein sollen. Manche werden öfter oder immer wieder vorkommen, einige zusätzlich eine Menge oder Anzahl beinhalten. Seien Sie hier ruhig ambitioniert in dem Sinn, dass Sie rückblickend am Monatsende zu sich selbst sagen könnten: »Sehr gut – wirklich gut gemacht!« Formulieren Sie so konkret, dass jede dritte Person die Zielerreichung ohne Interpretationsspielraum messen könnte, zum Beispiel so:

- »vollständig befülltes LinkedIn- und Xing-Profil samt je zwei Gruppen mit mindestens zwei selbst geposteten Beiträgen über 100 Wörter«,
- »Masterlebenslauf up to date«,
- »drei besuchte Offline- und vier besuchte Online-Events zum Vernetzen und mindestens zehn hinzugewonnene Kontakte«,
- »zwei Einladungen zu Jobinterviews und zu einem Assessment-Center«,
- »fünf schriftliche verschickte Bewerbungen«,
- »zwei absolvierte Online-Weiterbildungen im Bereich …«,
- »drei wahrgenommene Karriere-Coachings«.

Zu Beginn werden Sie vielleicht so manches aus diesem Ratgeber ausprobieren, Ihre Unterlagen auf den neuesten Stand bringen oder Hilfreiches einmalig einrichten. Planen Sie deshalb für die ersten Monate ruhig weniger Output an schriftlichen versendeten Bewerbungen. Finden Ihre Aktivitäten in den Sommerferien oder in Zeiten mit vielen Feiertagen statt, werden Sie ebenso weniger Zwischenergebnisse zu verzeichnen haben.

Das Bewerbungsprojekt zeitlich eintakten

Ein Blick auf die Gedankenlandkarte macht oft erst bewusst, wie viel Bewerbungsleistung notwendig ist, um ans Ziel zu gelangen. Damit Sie sich nicht verzetteln und an tausend kleinen Baustellen gleichzeitig arbeiten, brechen Sie Ihre monatlichen Zwischenergebnisse nun auf eine typische Bewerbungswoche herunter.

Special !

Machen Sie aus Ihren monatlichen Zwischenergebnissen kleinere Arbeitspakete, die Sie sich über die Aufgabenfunktion in Ihren Kalender eintragen. Sie können dafür ebenso gut eine Taskmanagement-Software nutzen. In Freifelder für Bemerkungen können Sie jeweils ergänzende Informationen aufnehmen, etwa:

- Tipps für Sie selbst, worauf besonders zu achten ist (zum Beispiel eine ruhige Umgebung, um konzentriert zu formulieren),
- Herausforderungen, die Sie sehen (zum Beispiel den richtigen Dresscode für ein Jobinterview herausfinden),
- besonderes Equipment (zum Beispiel einen stabilen WLAN-Zugang für die Internetrecherche oder ein Headset für die Online-Netzwerkveranstaltung),
- Menschen, die Sie unterstützen könnten (zum Beispiel in einem virtuellen Coworking mit anderen Jobsuchenden oder bei einem Karriere-Coaching).

Sind Sie eher jemand, der gerne an mehreren unterschiedlichen Aufgaben parallel arbeitet (»Mosaikstil«), können Sie sich selbst mit kurzen, abwechslungsreichen Arbeitsphasen motivieren. Dieses Vorgehen birgt jedoch den Nachteil, dass Sie lange Zeit jeweils nur Teile von Aufgaben erledigen, sich immer wieder selbst unterbrechen und das Zwischenergebnis erst nach dem letzten zugehörigen Arbeitspaket vorliegt. Sind Sie hingegen eher jemand, der gebündelt abarbeitet (»Blockstil«), sorgen Sie für lange ungestörte Arbeitsphasen, bis ein Zwischenergebnis vorliegt, zum Beispiel so: »Bewerbungen schreiben montags 9.00 bis 13.00 Uhr und dienstags 13.00 bis 17.00 Uhr« oder »Social Media freitags 8.00 bis 10.00 Uhr«. Manche Menschen richten sich bestimmte (Halb-)Tage nach Inhalten ein, etwa Bewerbungstage, Recherchetage, Netzwerktage, Vorbereitungstage etc. Dem Vorteil solch fokussierter Abarbeitung stehen die Nachteile entgegen, dass es manchmal herausfordernd sein kann, die Motivation durchgehend hochzuhalten, nicht dem Perfektionismus zu erliegen und die vorhandene Zeit dennoch ganz zu verbrauchen, obwohl das Zwischenergebnis bereits gut genug vorliegt.

! **Der springende Punkt**

Denken Sie beim persönlichen Zeitmanagement daran, nicht alles »auf Kante zu nähen«, sondern stets einen zeitlichen Puffer von mindestens 15 bis 20 % einzuplanen. Manches dauert doch länger als gedacht, es kommen neue Anforderungen oder Erkenntnisse hinzu oder man ist gerade körperlich oder psychisch im absoluten Leistungstief.

Takten Sie am Ende jeder Bewerbungswoche mindestens eine halbe Stunde für die zeitliche Planung der kommenden Woche ein:

- Soll diese genauso wie die vorherige ablaufen?
- Hat sich Ihre bisherige zeitliche Taktung als zu lang oder zu kurz erwiesen?
- Ist die Aufteilung der Arbeitspakte weiterhin zweckmäßig?
- Liegt etwas außer der Reihe an?
- Passen Räumlichkeiten und Tools?

Ihre Wochenplanung wird sich so langsam einspielen und immer effizienter werden. Bewährt hat es sich auch, am Ende jeder Bewerbungswoche mindestens eine halbe Stunde für eine persönliche Retrospektive einzuplanen, um inhaltlich kurz darüber zu reflektieren, wie Ihre Bewerbungsperformance zuletzt gelaufen ist:

- Welche Bewerbungsunterlagen haben gut funktioniert, welche nicht?
- Passen mein Traumjob und meine Bewerbungsstrategie noch zusammen?
- Können alle Zwischenergebnisse des laufenden Monats und das Zeitziel am Ende erreicht werden oder sollte etwas angeglichen werden?
- Worauf darf ich besonders stolz sein, weil ich eine Herausforderung super gemeistert habe?
- Was hat mich in der vergangenen Woche positiv überrascht?
- Womit belohne ich mich und bedanke mich wertschätzend bei mir selbst?

Bei der persönlichen Retrospektive geht es darum, Ihren Bewerbungsprozess zu optimieren, nicht darum, sich zu ärgern oder sich selbst die Schuld für etwas zu geben, was hätte besser funktionieren können. Es hilft, die eigenen Erkenntnisse zu reflektieren und stichwortartig zu dokumentieren. Benutzen Sie dazu ein kleines (printmediales oder digitales) Projekttagebuchs, in das Sie auch Besonderheiten oder ad hoc auftretende Hindernisse festhalten können, damit solche Eindrücke nicht verloren gehen.

Die interne und die externe Kommunikation für Ihr Bewerbungsprojekt

Zu erfolgreichen Bewerbungsprojekten gehört allerdings mehr, als sich selbst zu guter Performance anzuhalten und die erforderlichen Schritte zeitlich diszipliniert durchzuziehen. Gelungene Kommunikation entscheidet auch hier öfter, als man denkt, und zwar die mit anderen Menschen und die mit sich selbst.

Showtime

Wechseln Sie die Seiten
Wenn Sie angesprochen werden auf Ihre Arbeitssuche oder anderen davon erzählen: Wie geht es Ihnen dabei? Empfinden Sie es als Makel, keinen Job zu haben, fällt es Ihnen schwer, dies zum Thema zu machen, und gar einen guten Freund um einen Gefallen oder einen Bekannten um eine Idee zu bitten? Überlegen Sie sich in solchen Momenten, wie Sie über jemanden in Ihrer Situation denken würden. Wäre Ihr primärer Impuls, diesen Menschen zu verurteilen, auszulachen oder zu bemitleiden? Wieso sollte dies dann Ihr Gegenüber tun? Vermutlich wäre Ihr erster Gedanke, wie man helfen könnte und aus dem tollen Potenzial der anderen Person etwas machen könnte.

Wenn kommunikative Situationen anstehen, in denen es um Ihre Jobsuche geht und um alles, was damit zusammenhängt, können Sie sich vorab einstimmen:

- Versetzen Sie sich in Ihr wohlwollendes Gegenüber und wechseln somit kurz die Seiten.
- Führen Sie sich vor Augen, wie (oft) Sie vielleicht Ihrem Gegenüber schon geholfen haben.
- Denken Sie darüber nach, was Sie sich von dieser Person gerade am meisten wünschen und was für Sie hilfreich wäre, um dies aktiv zu artikulieren.
- Rufen Sie sich förderliche Äußerungen in Erinnerung, die Sie in ähnlichen Situationen schon einmal gehört haben.
- Lesen Sie sich Eintragungen aus Ihrem Projekttagebuch laut vor: Was hat in den letzten beiden Wochen super funktioniert?

Projekte sind immer auch Veränderungen mit inhärenten Chancen – selbst wenn Sie sie nicht immer direkt sehen oder dies subjektiv nicht so empfinden. Gibt es Momente, in denen Sie dieses blöde Bewerben einfach nur zum ... wünschen, Ihnen die positive Selbstdarstellung zum Hals heraushängt und der kundenzentrierte Zugang das Gefühl hervorruft, sich bei anderen anzubiedern? Gut so! Gelungene Kommunikation mit sich und anderen bedeutet nicht, immer perfekte Eloquenz zu vermitteln, tough nach außen zu wirken und vor positiver Energie zu strahlen. Es bedeutet, damit umzugehen, was ist, etwas zu verbessern und vor allem ehrlich mit sich selbst zu sein!

Wenn Sie sich wiederholt dabei ertappen, Ihr Bewerbungsprojekt oder Ihre Bewerbungsperformance abzuwerten oder mit negativen Attributen zu versehen, können fehlende Freundlichkeit mit sich selbst und ein absentes Bewusstsein für die eigenen Nöte Gründe sein. Wenn jemand sich bei uns ausheult, uns sein Leid klagt oder sich über etwas aufregt, neigen wir mitmenschlich meist dazu, Verständnis für den Gemütszustand unseres Gegenübers aufzubringen – auch wenn wir womöglich anders über die Sachlage denken. Bei uns selbst jedoch legen wir gerade in herausfordernden Zeiten eher strenge Maßstäbe an à la »Wieso habe ich nicht frühzeitig ...?«, »Da habe ich mich extrem schwach angestellt!« oder »Das hätte ich viel besser machen sollen!«. Die Kunst des Genießens und der eigenen Wertschätzung kann man durch bestimmte Meditationen, Übungen und Rituale erlernen, um achtsames Selbstmitgefühl im Alltag zu kompensieren (»Mindful Self-Compassion«). Manchmal kann es auch helfen, nur richtig laut einmal das böse »S-Wort« zu rufen, um danach durchatmen, über sich selbst zu lachen und sich wieder seinem eigentlichen Gedanken widmen zu können.

3 Ihre Investition für Ihre berufliche Zukunft

Ihre Bewerbungsstrategie ist ausgetüftelt, Sie sind mental gestärkt und haben Ihr Bewerbungsvorhaben in eine Projektstruktur gegossen. Nun geht's ans Eingemachte: die konkrete Umsetzung! Auch hier steht Ihnen eine Bandbreite an Tools zur Verfügung, Lebenslauf und Motivationsschreiben sind nur zwei der klassischen. Bei diesen wie auch allen anderen liegt der Fokus im Folgenden nicht nur auf Ihrer besonderen Situation als erfahrener Bewerber, sondern ebenso auf den häufigsten Fehlern, die es zu vermeiden gilt. Dann klappt's auch bestimmt mit Ihrer Bewerbung!

3.1 Telefonische Intervention – wichtige Informationen für die schriftliche Bewerbung sammeln

Über 90 % reagieren auf eine Stellenausschreibung, indem sie sich sogleich schriftlich bewerben. Doch selbst wenn Schriftlichkeit ausdrücklich gefordert wird, heißt das nicht, dass Sie sich nur darauf beschränken müssen. Viele Bewerber rufen allenfalls vorher an, wenn ihnen eine wesentliche Information für die schriftliche Bewerbung fehlt. Diesen Anruf sehen die meisten als eher lästiges »Vorab-Telefonat«, das der eigentlichen Bewerbung vorausgeht – dementsprechend verläuft die Kommunikation leider oft. Alle anderen empfinden einen vorherigen Anruf als viel Aufwand oder die Angst ist gar zu groß, schon frühzeitig einen schlechten Eindruck zu hinterlassen. Wenn Sie jedoch beispielsweise beim Netzwerken auf einer Veranstaltung aufgrund Ihres professionellen Eindrucks einen Bewerbungskontakt bekommen, kann das mündliche Gespräch bereits den Ausschlag für eine spätere Jobzusage gegeben haben. Dies nicht bereits als integrativen Teil Ihrer Bewerbung anzusehen wäre absurd.

Ja, ein Telefonat ersetzt keine geforderte schriftliche Bewerbung, kann diese jedoch stark fördern. Wieso also nicht die Scheu davor ablegen und den Anruf als generell ersten Schritt im Bewerbungsprozess sehen? In das mündliche Jobinterview trauen Sie sich schließlich auch hinein, oder? Macht das weniger Angst, weil Sie bereits auserwählt und damit innerlich bestärkt wurden? Oder weil das Interview stark durch den Personaler strukturiert und geführt wird?

Die Anrufmotivation stimulieren

Falls ein solcher Anruf Sie Überwindung kostet, sollten Sie ihn zu Ihrem Standardvorgehen bei allen Bewerbungen deklarieren! Üben Sie solche Telefonate zunächst mit Stelleninseraten, die nicht Ihre Traumjobkriterien erfüllen oder bei denen Sie sich denken, dass Sie die Minimalanforderungen nicht erfüllen. Die Hürde, hier etwas auszuprobieren, ist niedriger und die Gefahr, gar etwas zu vermasseln, vernachlässigbar.

! **Special**

Falls Sie sich innerlich wehren, konkretisieren Sie Ihre Besorgnis dadurch, dass Sie sich nur für einen Moment die schlimmsten Situationen vor Augen führen, die realistischerweise auftreten könnten (»Worst-Case-Szenarien«): Ihr Gesprächspartner fragt dreimal dasselbe nach und versteht nicht, was Sie sagen? Sie bekommen eine Gegenfrage, wissen partout keine Antwort und das Gespräch gerät unangenehm ins Stocken? Spielen Sie dies in einem geschützten Rahmen durch und notieren Sie sich vorab eine gute Antwort, gerne zusammen mit guten Bekannten.

Wenn Ihre Zurückhaltung darin gründet, dass sie befürchten, ins Stottern zu geraten und sich zu verhaspeln, hilft eine gute Vorbereitung zum Beispiel dadurch, sich eine Fragenliste zum Abhaken zu erstellen, sich während des Gesprächs daran entlangzuhangeln und zusätzlich den eigenen Einstiegssatz vor dem Spiegel einzuüben. Haben Sie hingegen Angst, die wichtigen Infos nicht korrekt zu verstehen und zu behalten, hilft stichwortartiges Mitschreiben auf einem Zettel, den Sie samt Stift bereitlegen, zudem gelegentliches Paraphrasieren der Aussagen Ihres Gesprächspartners (»Ich habe es so verstanden, dass ...«) sowie schlichtes Nachfragen (»Sehe ich das richtig, wie ...?«). Liegt Ihre Furcht darin begründet, die andere Person zu stören? Der Gedanke, lästig zu sein oder anderen die Zeit stehlen, ist ein Glaubenssatz in Ihrem Kopf. Die meisten Stellenausschreibungen verweisen auf eine Kontaktperson mit Durchwahlnummer, sie ist also zuständig und rechnet mit Ihrem Anruf. Machen Sie sich klar, dass Sie ein Anrufangebot annehmen und es um die Ressourcen für Ihr Bewerbungsprojekt geht. Und selbst wenn niemand in der Anzeige angegeben ist, haben Sie das Recht, sich über die Rahmenbedingungen zu informieren und abzuklopfen, um welchen potenziellen Geschäftspartner es sich hier handelt.

Sie sind besorgt, schroff zurückgewiesen oder abgewimmelt werden? Meist schallt es aus dem Wald so heraus, wie man hineinruft. Leiten Sie das Gespräch deshalb sogleich in eine konstruktive Richtung, zum Beispiel mit einem freundlichen »Guten Tag Herr ..., ich hoffe ich störe nicht bei etwas Wichtigem?« oder ein »Frau ..., ich grüße Sie! Sind Sie die korrekte Ansprechpartnerin für die Stellenausschreibung ...?«. Freundlichkeiten wie ein Lächeln selbst unter Unbekannten wird zumeist erwidert – testen Sie das einmal in der U-Bahn! Zwar sieht Ihr Gesprächspartner Sie am Telefon nicht, nimmt aber trotzdem nonverbale Signale wahr. Nachweislich wirkt sich ein Lächeln auf unsere Intonation und die Wortwahl aus, weswegen es am Telefon durchaus »gehört« wird – Selbiges gilt für genervtes Augenrollen oder das gelangweilte Schnuteziehen.

Um die Gefahr einer Störung weiter zu minimieren, sollten Sie montagvormittags und freitagnachmittags ebenso wenig anrufen wie kurz vor der Mittagspause ab 11.30 Uhr oder kurz vor Feierabend ab 16.30 Uhr. Zu diesen Zeiten haben Recruiter typischerweise anderes zu tun. Greifen Sie am besten am Dienstag oder Donnerstag zwischen

10.00 und 11.00 Uhr zum Hörer. Legen Sie diese Zeit für Ihre Telefonate zu den Bewerbungen in Ihrer Projektplanung fest (siehe Kapitel 2.6), um sich nicht selbst bei der Prokrastination ertappen zu müssen.

Der springende Punkt !

Für Sie als älteren Bewerber – mit mehr Gesprächsroutine als jüngere sie vorweisen können – sollte die telefonische Intervention mit ein wenig Übung kein Problem darstellen. Tatsächlich betonen Recruiter, dass die Wahrscheinlichkeit, zu einem Jobinterview eingeladen zu werden, steigt, wenn ein Bewerber durch seinen Anruf bereits Proaktivität, Motivation und Kontaktstärke gezeigt hat. Falls Sie gar den späteren Interviewer an den Draht bekommen, wird zudem eine zwischenmenschliche Beziehung etabliert, die durch eine schriftlich-einseitige Kommunikation allein nicht entsteht.

Das Telefonieren kann primär zum Beziehungsaufbau genutzt werden, hat aber weitere positive Effekte: Wenn eine Stellenannonce schwammig formuliert und stark interpretationsbedürftig ist, können Sie vorab fehlende Infos einholen und sammeln damit wichtiges Rohmaterial, um den Schwerpunkt der schriftlichen Bewerbung zu gestalten. Zudem erhalten Sie selbst einen ersten Eindruck von Ihrem potenziellen Geschäftspartner und seiner internen Personalorganisation. Hat man Sie respektvoll behandelt und Sie an die richtige Stelle im Haus weitergeleitet? Oder hatten Sie das Gefühl, kurz angebunden behandelt zu werden?

Haben Sie nach dem Telefonat alle Lust verloren, sich auf die Stelle überhaupt noch schriftlich zu bewerben, ist auch dieses Ergebnis gut: Sie brauchen in diesem Fall nicht sinnlos Zeit zu investieren, um die dazu passenden Bewerbungsunterlagen zu erstellen. Wenn nach dem Telefonat aber klar ist, dass Sie eine schriftliche Bewerbung losschicken wollen, wird Sie dies beim Formulieren motivieren. Ein weiteres Plus ist, dass Sie sich bei der schriftlichen Bewerbung formal auf das Telefonat beziehen können, zum Beispiel direkt im Einleitungssatz Ihres Motivationsschreibens (siehe Kapitel 3.4). Das erhöht gerade bei einer großen Masse an Bewerbungen auf eine bestimmte Stelle die Chance, nicht sofort aussortiert zu werden. Vielleicht kann sich der Personalverantwortliche sogar an Sie erinnern oder rechnet zumindest damit, von der Person, mit der Sie gesprochen haben, einen entsprechenden Hinweis zu bekommen – wenn diese nicht bereits einen positiven mündlichen Eindruck zurückgemeldet hat.

Ihre Anrufe managen

Und schon kann es losgehen: Gehen Sie an einen ungestörten Ort und legen Sie Stift und Papier bereit. Rufen Sie Ihren Lebenslauf sowie die Stellenausschreibung auf (so es eine gibt) und überfliegen Sie beides nochmals kurz. Halten Sie Ihren Terminkalender geöffnet und stellen Sie ein Glas Wasser bereit, falls es zwischendrin im Hals kratzt. Führen Sie das Gespräch in dem Outfit, das Sie auch zum Jobinterview vor Ort anziehen würden – statt im Sitzen am besten stehend. Dadurch wirkt nicht nur die

Stimme dynamischer und kräftiger; auch kann man leichter Arme und Beine bewegen und damit Nervosität abbauen. Stellen Sie sich mit Ihrem eingeübten Einstiegssatz vor und bitten Sie darum, einige kurze Nachfragen zur Stellenausschreibung stellen zu dürfen. Fragen Sie auch, ob es gerade zeitlich passt oder wann Sie gegebenenfalls später nochmals anrufen dürfen.

Inhaltlich können Sie mit der Frage einsteigen, ob das Stellenangebot noch aktuell ist, verknüpft damit, dass Sie sehr interessiert an dem Job sind. Bei ausgeschriebenen Vollzeitstellen kann es beispielsweise sein, dass Sie wissen wollen, ob sich eine Bewerbung als Teilzeitkraft lohnt. Sollten Sie eine Mindestanforderung nur knapp erfüllen, könnten Sie erfragen, ob dies mit anderen Zusatzqualifikationen ausgeglichen werden kann, die Sie bieten. Bei vagen Formulierungen wie »sehr gute Englischkenntnisse« (wie gut?), »allfällige Reisebereitschaft« (wie oft und wohin?) oder »vielfältige Aufgabenbereiche« (welche zum Beispiel?) können Sie um Konkretisierung ersuchen. Auch Fragen zur Vertriebsstruktur, beispielsweise bei einem Job als Verkaufsmanager, oder der organisatorischen Zuordnung einer Position in einer Firmenaußenstelle können gestellt werden. Außerdem sind Fragen nach dem Grund der Ausschreibung zulässig, etwa ob die Stelle neu geschaffen wurde oder ob es sich um eine Nachfolge handelt.

Halten Sie Ihre Sätze kurz und das Gespräch bei unter zehn Minuten mit nicht mehr als drei bis fünf Fragen inklusive Nachfragen. Das Telefonat soll nicht das spätere Jobinterview vorwegnehmen oder gar ersetzen! Beachten Sie, dass Gestik, Mimik und das Wissen über die Gesprächskultur Ihres Gegenübers typischerweise fehlen. Ein gegenseitiges, flüssiges Ergänzen von Sätzen etwa wird hier nicht funktionieren, sodass Sie die andere Person besser stets vollständig ausreden lassen und eine kleine Gesprächspause abwarten. Ein »Danke, ich verstehe!«, »Oh, alles klar!« oder auch »Das klingt interessant!« nach jeder Antwort zollt dem Gesprächspartner ebenso Respekt wie ein abschließender Dank für die Zeit und die Auskünfte am Ende des Telefonats. Sollten Sie weiterhin Lust auf eine schriftliche Bewerbung haben, beenden Sie das Gespräch zum Beispiel so: »Jetzt kenne ich mich aus. Freuen Sie sich auf meine baldige Bewerbung!« Oder: »Das hört sich für mich nach einer spannenden Sache an. Darf ich mich umgehend schriftlich bei Ihnen bewerben?«

Auch wenn Sie keine konkrete brennende Sachfrage haben, ist so ein Anruf vorteilhaft, denn er zeugt von Engagement und hebt Sie aus der Masse hervor. Sie müssen dazu kein Genie im Telefonmarketing oder ein eloquenter Call-Center-Mitarbeiter sein. Mit nur wenig Übung ist der Effekt der telefonischen Intervention bei vergleichsweise geringer Investition groß: eine kurze Gesprächsvorbereitung, wenige Minuten Telefonzeit und gegebenenfalls eine minimale Telefongebühr. Und mit jedem Telefonat werden Sie sehr schnell besser!

Der springende Punkt

!

Mitunter kann es vorkommen, dass ein Recruiter dieselbe Idee hat und sich bei Ihnen meldet. Geschieht dies mit Terminvereinbarung, gilt das oben Genannte sinngemäß. Ruft er unangemeldet an, führen Sie das Telefonat nur, wenn Sie sich in einer störungsfreien Umgebung befinden, in positiver Bewerbungsstimmung sind und Zugriff auf die Eckdaten Ihrer Bewerbung haben. In allen anderen Fällen bedanken Sie sich professionell für die Initiative und bekräftigen Sie, dass Sie gerne telefonieren möchten – jedoch nicht jetzt. Sie brauchen dafür keinen Grund zu nennen, sondern sollten sogleich einen späteren Telefontermin anbieten, auf den Sie sich ausreichend vorbereiten können, das kann bereits in einer Stunde sein!

Bei großer Entfernung zwischen Ihnen und dem Unternehmen oder wenn es organisatorisch bzw. gesundheitspolitisch nicht möglich ist, ein Bewerbungsgespräch vor Ort zu führen, wird manchmal ein Video-Interview vorgeschaltet oder es ersetzt das Jobinterview ganz. Hier gelten ähnliche Regeln wie beim Aufnehmen eines Bewerbungsvideos (siehe Kapitel 3.3.3). Die technische Vorbereitung ist wichtig, da es keine Testläufe gibt, sondern meist nur einen Live-Call. Zum Gewährleisten einer stabilen Internetverbindung testen Sie vorher, wie hoch Ihre aktuelle Bandbreite ist, was nicht nur von Ihrem Internetprovider, sondern auch davon abhängt, wie viele Menschen in Ihrer Umgebung gerade zu dieser Zeit gleichzeitig online sind. Stellen Sie eine Download-Geschwindigkeit von mindestens 10 Mbit pro Sekunde sicher, indem Sie alle anderen »Internetsauger« wie Ihr Smartphone oder laufende Online-Anwendungen im Hintergrund für diesen Zeitraum ausstellen. Falls notwendig, können Sie ein LAN-Kabel anstelle des WLAN verwenden oder einen Signalverstärker einsetzen.

Benutzen Sie ein Headset und eine HD-Kamera, um für einen störungsfreien und rauschunterdrückenden Ton sowie ein gestochen scharfes Bild zu sorgen. Überprüfen Sie die Ihnen mitgeteilte Plattform zum Online-Conferencing mithilfe eines gratis Testzugangs vorab, um sich über die Grundfunktionen wie Geräusch- und Kameraeinstellung, das Anordnen mehrerer Fenster oder das Teilen des Bildschirms zum Aufrufen einer Präsentation oder eines anderen Dokuments zu informieren. Zwar sind die meisten Funktionen von Programm zu Programm ähnlich, doch lässt sich ein Verklicken oder das langwierige Suchen eines woanders angeordneten Buttons im stressbeladenen Video-Interview so vermeiden. Wählen Sie sich zusätzlich einige Minuten vorher ein, um Ton, Bild, Sitzposition und Hintergrund zu checken.

3.2 Der klassische Lebenslauf für Silver Ager – Hard Facts in Maßen

Sie hatten mit Sicherheit ein bewegtes Berufsleben mit tollen Momenten und bemerkenswerten Ereignissen. Ob dies in Ihrem professionellen Lebenslauf der Erwähnung wert ist, hängt von der jeweiligen Stelle ab, auf die Sie sich bewerben. Ein Lebenslauf zeigt weder Ihr Berufsleben im Zeitraffer auf und fungiert daher nicht als Zusammenfassung Ihrer beruflichen Lebensgeschichte. Noch ist es eine Berufsbiografie, in der jedes Scheitern und jeder Bruch als dramaturgische Weiterentwicklung des Arbeitshelden aufbereitet wird und jeder Misserfolg sich »lohnt«, um die persönliche Weiterentwicklung voranzutreiben wie in einem Roman. Vielmehr gleicht ein professioneller Lebenslauf einer Schaufensterauslage: Die für die Frühjahrskollektion sieht anders aus als die für den Herbst, der Weihnachtsschmuck unterscheidet sich von den Osterprodukten. Nicht alles, was Sie in Ihrem Arbeitsleben erfahren haben, muss in Ihrem Lebenslauf sichtbar sein.

Warum? Weil dieser Teil der Bewerbung dem Personaler einen ersten Eindruck vermitteln und dessen Aufmerksamkeit erregen soll. Er möchte sich zügig einen Überblick verschaffen, ob Sie überhaupt für die ausgeschriebene Stelle in Betracht kommen. Um es ganz direkt zu formulieren: Ihre Person oder Ihr Berufsleben interessieren ihn zu diesem anfänglichen Zeitpunkt überhaupt nicht! Wenn der Lebenslauf nicht überzeugt, werden Sie sich niemals näher kennenlernen und weitere Fragen nach Ihrem Berufsleben stellen sich erst gar nicht. Bereiten Sie Ihre Schaufensterauslage daher so auf, dass der Recruiter Ihren Laden betritt und das Türglöckchen bimmelt – nicht mehr, aber auch nicht weniger!

3.2.1 Vom Master- zum individualisierten Lebenslauf

Oft werden Lebensläufe mit der Begründung allgemein und wenig stellenbezogen gehalten, weil dies der (vermeintliche) Ort ist, um die beruflichen Fakten zu sich selbst darzustellen. Der Lebenslauf sei deswegen statisch, da sich die Tatsachen aus der Vergangenheit schwerlich von Bewerbung zu Bewerbung änderten. Doch das stimmt lediglich für eine Sache (so Sie nicht geheiratet oder sich scheiden lassen haben): für Ihren Namen. Alles andere gehört individuell auf den Prüfstand! Aus einem bunten Leben einen bunten Lebenslauf zu machen, verkennt Sinn dieses Kommunikationstools. Den Platz für stellenbezogene Individualisierungen auf ein Anschreiben verlegen zu wollen oder gar erst ins Jobinterview ist aus vielerlei Gesichtspunkten heraus nicht sinnvoll: Viele Personaler lesen die Anschreiben gar nicht, weil diese oftmals unzureichend gemacht sind und sie keinen schlechten ersten Eindruck gewinnen möchten, der alles Weitere überlagert. Überdies wollen sie aus Zeitgründen meist direkt die Hard Facts erfassen, denn danach können sie viele Bewerber als ungeeignet aussortieren, was den gefühlten Stapel an Bewerbungen merklich reduziert.

Für Berufseinsteiger ist es schwieriger, den Lebenslauf gleichzeitig schlüssig, konsistent und auf die ausgeschriebene Stelle bezogen zu formulieren, da er noch wenig »Futter« enthält. Sie hingegen haben den Vorteil, eine breite Palette an Berufen,

Aus- und Weiterbildungen sowie Positionen und Tätigkeiten mitzubringen, um nur das jeweils Wichtige zu akzentuieren.

Den eigenen Masterlebenslauf kreieren

Erstellen Sie zuerst einen Masterlebenslauf, der alle Ihre wichtigsten beruflichen Stationen und Ausbildungen umfasst. Dieser wird einige Seiten umfassen und viel zu lang zum Verschicken sein. Er dient Ihnen als vollständiger und vorstrukturierter Pool an Inhalten, die Sie je nach ausgeschriebener Stelle zusammenkürzen oder anpassen können.

Special !

Wenn Sie unterschiedliche Branchen abdecken oder sich darin bewerben wollen, empfiehlt es sich, für jeden Bereich einen eigenen Masterlebenslauf zu erstellen. Je nach Feedback oder Weiterentwicklungen in der Branche werden Sie diese Varianten dann auch unterschiedlich pflegen. Zum Beispiel werden in einem IT-lastigen Masterlebenslauf öfter Tools aktualisiert und neue Weiterbildungen ergänzt werden müssen, um zu zeigen, dass Sie am Puls der Zeit sind. In einem auf Marketing zugeschnittenen Masterlebenslauf werden Sie sich eher auf die Kundenbedürfnisse oder die Entwicklungen der Preis- und Produktpolitik in der jeweiligen Branche beziehen, um zu verdeutlichen, dass Sie den aktuellen Markt verstehen.

Da sich der Masterlebenslauf aus Ihrem Berufsleben speist, besteht die Gefahr, dass er einseitig bestimmte Punkte zu oft erwähnt oder über- bzw. unterbetont. Branchenübergreifend gelten folgende Punkte generell als am wichtigsten, wenn es um die Neubesetzung von Jobs geht:

- Kommunikation, um unterschiedliche Menschen in unterschiedlichen Situationen zu bedienen,
- Selbst- und Zeitmanagement, um mit Stress, Priorisierungen und Belastungen umgehen zu können,
- Lösungsorientierung, um Änderungsmöglichkeiten zu entdecken und Potenziale zu nutzen, anstatt Problemsuche zu betreiben,
- Führung, um Prozesse zu steuern, Mitarbeiter zu motivieren und Entscheidungen zu treffen,
- Lernen, um sich selbst ständig weiterzuentwickeln, den Veränderungen anzupassen und auch andere anzuleiten,
- Organisation, um Struktur, Planung und das große Ganze zu erfassen,
- Techniken, um die gemeinsame Produktion und Kommunikation effizient zu gestalten (zum Beispiel Online-Tools, Maschinennutzung, Informationstechnologie und Medieneinsatz),
- Kreativität, um unkonventionelle Ideen zu generieren und Innovationen mit zu entwickeln.

Prüfen Sie Ihren Masterlebenslauf daraufhin, ob diese Punkte allesamt berücksichtigt sind – als Teil einer Jobposition aus der beruflichen Vergangenheit, über eine Aus- oder Weiterbildung, durch eine persönliche Job-Erfahrung etc. Dabei achten Sie darauf, dass jeder Aspekt mindestens zweimal ausdrücklich aufscheint, das heißt wörtlich. Die Punkte sollten nicht nur indirekt zu erkennen sein, wenn man zum Beispiel Ihre Dienstzeugnisse, Projektberichte oder das Curriculum eines Studiums dazu querliest. Diese Mühe machen sich Personaler nicht; zum einen wegen der Zeit, zum anderen, weil es gerade Ihre zentrale Bewerbungsleistung darstellt, unmittelbar mit Ihren eigenen Worten zu überzeugen statt wie in einer wissenschaftlichen Abhandlung mit Fußnoten, Quellen und Weiterverweisungen. Typischerweise sind Sie für den Personalverantwortlichen ein Fremder, der Sie nie in einem Job erlebt hat und nicht ansatzweise erahnen kann, was für Sie und Ihre Freunde naturgemäß mit Ihrer Person verbunden ist.

Ein guter Lebenslauf ist reduziert und auf das Erreichen seines Kommunikationsziels hin ausgerichtet. Da situationsangemessene Kommunikation – egal ob im Kundenverkehr, im Mitarbeiterkonfliktgespräch oder im Projektteam – praktisch für jeden Job Relevanz hat, dient er immer auch als erste Arbeitsprobe. Als Ihr kommunikativer Adressat möchte der Personalverantwortliche schnell erfassen können, ob es sich lohnt, sich näher mit Ihnen zu beschäftigen. Für eine übliche Bewerbung nimmt er sich im Durchschnitt erfahrungsgemäß maximal ein bis zwei Minuten Zeit – vor allem wenn Hunderte von Unterlagen vor ihm liegen.

Das Ziel hinter dem Lebenslauf ist also nicht, dass der Personaler Sie kennen- und schätzen lernt, sondern dass Sie ihm helfen, eine einzige Frage zu beantworten: Gehören Sie zu den fünf bis zehn Kandidaten, die in die engere Wahl kommen und zu einem Assessment-Center oder einem Jobinterview eingeladen werden? Falls nicht, werden Sie nach dem K.o.-System aussortiert und der Bewerbungsstapel wird aus Sicht des Personalers kleiner. Helfen Sie ihm zunächst nur dabei, diese eine Frage zu beantworten, um weiter im Spiel zu bleiben!

Minimal- und Maximalprinzip abgleichen

Die Situation ähnelt derjenigen, wenn am Hauptbahnhof jemand verschwitzt und wild um sich schauend auf Sie zu gerannt kommt und Sie hektisch fragt, ob ein bestimmter Zug an diesem Gleis abfährt oder nicht. Sie können nun seinen edlen Hartschalenkoffer bewundernd erwähnen, nach seinem Reiseziel fragen oder eine Bemerkung über die Unzumutbarkeit dauernder Gleisänderungen bei der Bahn machen – allein es hilft ihm nicht! Er ist offenkundig in Eile, gestresst und will dringend seinen Zug erreichen.

In ähnlicher Situation ist meist der Personalverantwortliche. Geben Sie ihm die Infos, die er braucht, um entscheiden zu können, dann gibt er Ihnen die Infos, die Sie brauchen, um den Job einschätzen zu können. Deshalb sollte ein Lebenslauf so übersichtlich, leicht und prägnant zu lesen sein, dass sich auch nach hundert weiteren

Lebensläufen der Personalverantwortliche noch an einzelne Punkte aus Ihrem erinnert. Der Lebenslauf wird selten beim ersten Mal vollständig sinnerfassend gelesen – vielmehr screent der Personalverantwortliche ihn in der kurzen Zeit lediglich nach maßgeblich zwei Gesichtspunkten:

- Ist genug da, damit Sie auf die Stelle passen könnten, oder fehlt eine notwendige Grundvoraussetzung ganz (Minimalprinzip)?
- Was gibt es stellenbezogen Besonderes an Ihnen, das andere Bewerber nicht oder nicht in der gleichen Form haben (Maximalprinzip)?

Showtime

Prüfen Sie genau, ob Sie zur Stelle passen

Gleichen Sie Ihren Masterlebenslauf daraufhin ab, ob er dem Minimalprinzip entspricht. Erfüllen Sie die Mindestqualifikationen der Stelle? Diese sind oft ausdrücklich durch Formulierungen wie »Der Kandidat muss jedenfalls …«, »Zwingend erforderlich ist zumindest…« oder »Wir setzen voraus, dass …« gekennzeichnet. Zudem ist das Stellenprofil häufig in eine dafür eigene Kategorie unterteilt mit Überschriften oder Klammerzusätzen wie »Mindestanforderung«, »Must-have« oder »Musskriterium«. Eine Mindestqualifikation kann sich ferner aus dem Kontext heraus ergeben. So werden Sie als künftiger Chefchirurg eines Unfallkrankenhauses ein medizinisches Studium samt Praxis in diesem Bereich benötigen, ob dies ausdrücklich aufgeführt ist oder nicht. Ebenso werden Sie ohne ein Business-Netzwerk nicht als Senior Consultant neu in eine Beratungsagentur einsteigen können, da erwartet wird, dass Sie ein solches mitbringen.

Der springende Punkt !

Schauen Sie sich an dieser Stelle nochmals die Paraphrasierung Ihrer Stellenausschreibung an (siehe Kapitel 2.5.1). Kommen Sie zu dem Schluss, dass eine der Mindestqualifikationen fehlt, schreiben Sie sich stichwortartig auf, warum Sie sich trotzdem kompetent genug fühlen, den ausgeschriebenen Job erfolgreich zu machen. Schätzen Sie aufgrund Ihrer Erfahrung in genau diesem Bereich die Mindestqualifikation als weniger wichtig ein? Können Sie eine andere Mindestqualifikation überproportional nachweisen, sodass die fehlende Ihrer Meinung nach in den Hintergrund tritt? Auch an dieser Stelle geht es nicht darum, sich selbst passend zurechtzubiegen oder sich gar in eine innere Debatte darüber zu begeben, ob die Stellenausschreibung ungenau anmutet. Vielmehr geht es um eine Reflexion, ob Sie diese Position (nur) subjektiv sehr gerne haben möchten oder auch objektiv argumentierbar dafür geeignet sind – beides muss kumulativ vorliegen!

Sehr oft führt die Beschäftigung mit diesen Aspekten dazu, dass eine Stelle doch nicht mehr so attraktiv erscheint. Das ist der Fall, wenn es zum Beispiel darum geht, was

Sie alles nachlernen müssten, um die ein oder andere Mindestqualifikation ansatzweise zu erfüllen. Oder wenn Sie sich fragen, welche zu erledigenden Aufgaben damit zusammenhängen, die Sie bewusst bisher nie übernehmen wollten, weil Sie andere berufliche Wege vorgezogen haben. Falls Sie zu dem Schluss kommen, dass noch zu viel fehlt, ist das ein deutliches Zeichen, sich nicht zu bewerben. Erstens kommen Sie nicht in die Zwickmühle, sich unauthentisch als jemand profilieren zu müssen, der Sie nicht sind. Und zweitens sparen der Personalverantwortliche und Sie Zeit, die Sie in realistische Bewerbungschancen investieren können.

Falls Sie zu dem Schluss kommen, dass grundsätzlich alle Mindestqualifikationen vorhanden sind, gleichen Sie sodann Ihren Masterlebenslauf daraufhin ab, ob er dem Maximalprinzip entspricht. Da Sie sich im Wettbewerb mit anderen befinden, rechnen Sie damit, dass sich weitere qualifizierte Personen um eine Stelle bewerben. Ziehen Sie dazu Ihre Vorüberlegungen zur engpass-konzentrierten Strategie nochmals zurate (siehe Kapitel 2.2).

Was ist an Ihnen stellenbezogen besonders im Vergleich zu anderen Bewerbern? Welche Zusatzqualifikationen bringen Sie für die Stelle mit? Auch solche sind oft ausdrücklich mit Formulierungen wie »Überzeugende Kandidaten bringen zusätzlich mit ...«, »Wir freuen uns zudem über ...« oder »Überdies wäre wünschenswert, wenn ...« benannt. Das Stellenprofil kann auch eine dafür eigene Kategorie aufweisen, benannt mit Überschriften oder Klammerzusätzen wie »Zusatzanforderung«, »Nice-to-have« oder »Kann-Kriterium«. Eine Zusatzqualifikation kann sich ebenfalls aus dem Kontext heraus ergeben, zum Beispiel wenn Sie als neuer Leiter der Produktentwicklung ein ähnliches Sortiment bei einer anderen Firma getestet haben oder zufällig in dem Land gearbeitet haben, in dem bald eine Außenstelle aufgebaut werden soll. Bei eher geschlossenen Systemen wie der Kunstbranche oder im öffentlichen Dienst kann auch eine vorausgegangene dortige Tätigkeit als solche als Zusatzqualifikation gelten (»Stallgeruch«). Schauen Sie sich dazu die Paraphrasierung Ihrer Stellenausschreibung nochmals an (siehe Kapitel 2.5.1). Notieren Sie stichwortartig, welche Zusatzqualifikation Sie bei sich sehen und was daran Sie von anderen Bewerbern positiv abgrenzen könnte.

Die beiden Stichwortsammlungen im Zusammenhang mit den Mindest- und den Zusatzqualifikationen benötigen Sie später unter anderem für den Lebenslauf und das Motivationsschreiben.

Bauen Sie Ihren Lebenslauf übersichtlich auf

Der typische Lebenslauf enthält mindestens drei Themenblöcke in folgender Reihenfolge aufbereitet: »Persönliche Daten«, »Berufstätigkeit« (praktische Erfahrungen) und »Bildungsaktivitäten« (theoretische Inhalte). Der Übersichtlichkeit halber stellen Sie die beiden umfangreichsten Blöcke Berufstätigkeit und Bildungsaktivitäten in

Tabellenform dergestalt dar, dass die Zeitkomponenten circa ein Drittel links auf der Seite einnehmen und die Inhaltskomponenten circa zwei Drittel rechts. Geben Sie den Zeitraum der Tätigkeiten in Monaten und Jahren an, damit der Personalverantwortliche schnell relevante Berufspraxis und gegebenenfalls tarifvertraglich anrechenbare Arbeitszeiten zusammenzählen kann. Das folgende Beispiel zeigt, wie es gehen kann.

! Digitales Extra

Beispiel

April 2013–heute	**Abteilungsleiter strategischer Einkauf bei der SIEMENS AG, Niederlassung Hamburg** • Eigenverantwortliche Budgetkompetenz p. a.: 120.000 EUR • Führung von 23 Mitarbeiter/innen • Projektleitung firmenintern zur Einsparung von 12 % Einkaufskosten
April 2005–März 2013	**Stellvertretender Leiter Logistik bei der KAUFLAND GmbH, Zentrale Neckarsulm** • Einheitliches Business-Process-Reengineering für alle Filialen aufgesetzt • Konzernbeauftragter für die Bereiche Lager und Tourenplanung
Januar 2001–Januar 2005	**Junior Consultant für Supply-Chain-Management bei PROTEMA GmbH, Stuttgart** • Aufbau von Produktions- und Logistiknetzwerken für europäische Großkunden

Inhaltlich interessiert den Personaler das zeitlich Naheliegende gemeinhin mehr als weiter Entferntes. Zum einen möchte er sehen, ob die Stelle, für die Sie sich bewerben, eine kontinuierliche Fortsetzung oder einen Bruch in Ihrer Erwerbskarriere bedeutet. Zum anderen will er sehen, ob Sie »up to date« sind und aktuell Kontakte oder Berufspraxis vorweisen können, sodass Sie nicht erst wieder »eingelernt« werden müssen. Dasselbe gilt für Bildungsaktivitäten, zumal einige eine geringe Halbwertszeit aufweisen, zum Beispiel im digitalen Bereich oder im Steuerrecht. Beginnen Sie daher pro Block in invers-chronologischer Reihenfolge mit der aktuell ausgeübten Tätigkeit und noch laufenden Bildungsaktivität, darauf folgt die davor zuletzt ausgeübte Tätigkeit bzw. abgeschlossene Bildungsaktivität usw.

Viele Bewerber wollen besondere Originalität dadurch demonstrieren, dass sie von der etablierten Lebenslaufstruktur abweichen, zum Beispiel indem sie abwechselnd die Zeit- und Inhaltskomponenten links und rechts vertauschen oder auf geschwungene Linien à la Friedensreich Hundertwasser statt auf tabellarische Schlichtheit setzen. Das mag das Auge erfrischen und für Abwechslung sorgen. Doch es führt nicht dazu, dass Ihr Lebenslauf genauer gelesen wird. Wenn die Übersichtlichkeit verloren geht, hat das den gegenteiligen Effekt. Die visuell schnell zugängliche Hierarchie eines wie oben angelegten Lebenslaufs hilft, in den ersten Sekunden auf den Namen sowie die aktuelle oder letzte Position und den dazugehörigen Arbeitgeber zu schauen. Erst danach wandern die Augen des Personalers zu Zeiträumen und den vorherigen Jobs, anschließend dann zu den Bildungsaktivitäten. Folgt der Lebenslauf einem »kreativeren« Aufbau, wird er entweder falsch oder schlecht erfasst bzw. oft gar nicht zu Ende gelesen.

3.2.2 Themenblock »Persönliche Daten« – die kleine, aber feine Auswahl

Gemeinhin werden auf der ersten Seite oben rechts ein klitzekleines Foto und oben links daneben der Vor-, Zu- und gegebenenfalls Geburtsname, die Kontaktdaten (Postadresse, Telefonnummer, E-Mail), Geburtsdatum und -ort, der Familienstand, die Anzahl der Kinder, oft auch die Religionszugehörigkeit, die Staatsangehörigkeit und die Eltern platziert. Hand aufs Herz: Wann haben Sie zuletzt jemandem postalisch einen wichtigen Geschäftsbrief geschrieben? Wann war es wichtig für Sie, wie jemand mit Mädchennamen hieß oder ob er zwei und nicht drei Kinder hat? Wann haben Sie eine Sachentscheidung danach getroffen, wo jemand geboren wurde oder an welchem Tag genau? – Eben! Deswegen vergessen Sie dieses bürokratische Datenmonster mit dem Flair einer Verbrecherkarteikarte und nutzen Sie den wenigen Platz für das Wesentliche: Geben Sie dem Personaler genau die Infos, die dazu beitragen, nur seine eine Frage zu beantworten.

Die erste Seite für den ersten Eindruck
Für fast alles gibt es eine zweite Chance im Leben – nicht aber für den ersten Eindruck! Gehen Sie also direkt hinein in die Bewerbung: Lassen Sie Deck- oder Umschlagblätter weg und setzen Sie ein von einem Fotografen arrangiertes Foto auf Ihre erste Seite! Auch wenn Sie begeisterter Hobbyfotograf sind, eine Unzahl Instagram-Follower haben oder sich mit Fotobearbeitung auskennen: Ein Personaler checkt mit einem Blick, ob er ein professionelles Foto vor sich hat oder ein zurechtgezimmertes. Zuletzt Genanntes bezeugt mitnichten Lässigkeit, sondern löst den Eindruck fehlender Ernsthaftigkeit für den Business-Kontext aus, in dem Sie sich mit Ihrer Bewerbung bewegen. Professionelle Bewerbungsfotos können mittlerweile günstig einmal erstellt und danach digital weiterverwendet werden. Ein Verzicht darauf hieße Sparen am falschen Ende. Ein laienhaftes Bild kommt meist als mangelnde Wertschätzung an.

Das Foto sollte nicht älter als zwei bis drei Jahre sowie in Farbe sein und Sie in einer Kleidung zeigen, die dem Berufsalltag der neuen Stelle entspricht. Bauen Sie es nicht klein und seitlich an den Rand gequetscht ein, sondern groß (mindestens ein Viertel der Blattfläche) und mittig in das obere Drittel des Blatts. »Ein Bild sagt mehr als tausend Worte«, heißt es zu Recht in der Werbebranche. Bilder sind von Plakaten, unterschiedlichsten Gegenständen, aus dem Internet und dem Journalismus nicht mehr wegzudenken, denn die meisten Menschen sind stark ausgeprägte visuelle Typen.

Nicht nur nehmen wir circa 80 % aller Informationen über die Augen wahr. Die Verarbeitung der Information erfolgt visuell ungleich schneller. Damit ist diese Gestaltung der ersten Seite bestens auf die Situation des Personalers zugeschnitten. Beim reinen Lesen von Text behalten wir im Schnitt gerade einmal 20 % der Informationen im Gedächtnis.

Der springende Punkt !

Eine Bewerbung fungiert als Werbung (für Sie). Mit einem Foto strahlen Sie – ohne hochkomplizierte Erläuterungen – Kompetenz und Sympathie aus. Beide Aspekte sind zentral für eine gelungene Bewerbung.

Schreiben Sie über das Bild lediglich Ihren Namen ohne Titel oder akademische Grade und lassen Sie alle anderen Kontaktdaten weg! Schließlich muss der Lebenslauf bereits in die Hände des Personalers gelangt sein. Dass Sie keine 25 mehr sind, sieht er auf dem Bild und anhand der folgenden Darstellung Ihrer beruflichen Entwicklung – ob Sie 53 oder 56 sind, darf und wird keine signifikante Rolle spielen. Wenn er mit Ihnen Kontakt aufnehmen möchte, kann er dies über die Adresse Ihrer E-Mail-Bewerbung tun oder über die eingegebenen Daten bei einer Online-Bewerbung auf einer Recruiting-Plattform, er kann mit einem Klick Ihre Social-Media-Profile ansehen und Kontaktdaten dem beiliegenden Motivationsschreiben entnehmen (siehe Kapitel 3.4). Kurz gesagt: Für dieses Kommunikationstool sind Kontaktdaten irrelevant. Lenken Sie die Augen des Personalverantwortlichen in den ersten Sekunden besser auf Sie als Person!

Geben Sie unterhalb des Fotos die angestrebte Tätigkeit an, für die Sie sich bewerben. Zum einen wecken Sie damit sofort die Assoziation eines individualisierten, auf die Stelle zugeschnittenen Lebenslaufs von Beginn an. Zum anderen bringen Sie Ihren Namen mit der Position in eine Verbindung. Zusammen mit dem mittigen Foto ist daher die Kernaussage der ersten Seite: »Sehen Sie her, das ist mein Job!« Statt die angestrebte Tätigkeit wörtlich aus einer Ausschreibung zu zitieren, bringen Sie diese in eine Form, die zu Ihrem Foto passt, zum Beispiel: »Ein PR-Referent mit Charme!«, »Gestatten, Ihr neuer Brand-Manager!« oder »Ich werde Ihre Rechtsabteilung leiten!«.

Zuletzt fügen Sie unterhalb der angestrebten Tätigkeit ein kleines Kästchen mit einem prägnanten Statement, einem Motto oder einem Zitat ein, das Ihre Arbeitseinstellung für diesen konkreten Job auf den Punkt bringt, zum Beispiel »Kundenbeziehung bedeutet für mich, Vertrauen zu schaffen!«, falls Sie sich auf eine Stelle im Stakeholder-Management bewerben, »Großes zu leisten heißt, das zu lieben, was man tut! (Steve Jobs)«, wenn es etwa um eine stark idealistische Position geht, oder »... damit Du Spuren hinterlässt und nicht nur Staub! (Antoine de Saint-Exupéry)« für eine Bewerbung im Innovationsmanagement. Das folgende Beispiel zeigt, wie es gehen kann.

Digitales Extra

Beispiel

MAX MUSTERMANN

(FOTO)

Darf ich mich vorstellen?
Ihr künftiger Marketing-Direktor!

»Marketing ist kein Kostenfaktor,
sondern ein Investment.«
Seth Godin

Im Journalismus gilt der Lehrsatz »Bild schlägt Text« und aus der Wahrnehmungspsychologie weiß man, dass Bilder von Gesichtern Priorität genießen, was die Aufmerksamkeit betrifft. Setzen Sie daher ein Gesamtbild von sich in den Kopf des Personalers, anstatt ihn mit Fakten vollstopfen zu wollen! Die meisten Personaler sind Generalisten, weswegen sie fachlich selten en détail beurteilen können, wie relevant welche Ihrer Zusatzkenntnisse oder Spezialweiterbildungen für den Job sind. Es genügt daher, dass Sie den Gesamtzusammenhang vermitteln, das »Big Picture«, damit sich beim Personaler zum Beispiel der Eindruck verfestigt: »Das ist ein innovativer Mensch«, »Der hat Ahnung von Technik« oder »Hier sehe ich eine Führungspersönlichkeit« – unabhängig davon, an welchen Kriterien er das festmacht. Dies erfordert ein gesundes Selbstbewusstsein, das nicht mit reinem Show-Effekt zu verwechseln oder mit ausgefallener Selbstdarstellung gleichsetzbar ist! Vor allem Recruiter sind nicht nur psychologisch geschult, um solche Manöver sofort zu durchschauen. Sie verfügen auch über die entsprechende Menschenkenntnis und Erfahrung, um Überheblichkeiten schnell zu entlarven.

Showtime

Bringen Sie den Masterlebenslauf auf den Punkt
Sie haben ein stimmiges Bild von sich vor Augen? Dann nehmen Sie nun Ihre Stichwortsammlungen bezogen auf das Minimal- und das Maximalprinzip zur Hand, die Sie zuvor erstellt haben. Passen Sie anhand Ihrer Einträge und des Bildes, das Sie vor Augen haben, Ihren Masterlebenslauf auf die Stelle hin an, für die Sie sich bewerben, und kürzen Sie ihn auf circa drei DIN-A4-Seiten herunter. Stellen Sie sich dabei vor, dass Sie wie ein Journalist eine strenge Vorgabe zum maximalen Platz für den Text auf dem Cover einer Zeitschrift bekommen haben. Wird dieser auch nur minimal überschritten, passt das ganze Layout nicht und die Ausgabe kann nicht fristgerecht gedruckt werden! Setzen Sie sich daher ein Limit von höchstens 600 Wörtern oder 4.500 Zeichen (inklusive Leerzeichen, ablesbar über die automatische Zählung im Textverarbeitungsprogramm). Falls Sie es leicht überschreiten, ist das nicht schlimm. Wichtig ist, sich von vorneherein selbst zu beschränken, damit Sie nicht ins Schwafeln kommen, sondern pointiert Ihre Kernaussagen transportieren.

Arbeiten Sie nicht mit ganzen Aussagesätzen, sondern knackigen Bulletpoints, die nie über mehr als zwei Zeilen gehen. Vermeiden Sie Abkürzungen, Fachvokabular und Klammerzusätze – entweder etwas ist wichtig, dann schreiben Sie es vollständig aus, ohne es in Klammern oder hinter Formeln zu verstecken wie eine Fußnote, oder Sie lassen es weg! Folgen Sie den sich anschließenden Ausführungen zu den Themenblöcken im Lebenslauf und behalten Sie dabei stets das Bild in Gedanken, das Sie von sich vermitteln wollen.

3.2.3 Themenblock »Berufstätigkeit« – wider den Vollständigkeitsmythos

In diesen Bereich gehören nur jene Tätigkeiten, die einen Bezug zu der Stelle erkennen lassen, für die Sie sich bewerben. Das können Aufgaben in der gleichen Branche sein, eine ähnliche Jobposition, zum Teil verwandte Zuständigkeiten oder indirekt etwas, das Sie für die gewünschte Position mitbringen. Vielleicht haben Sie gelernt, ein großes Team zu führen? Dann spielt es keine Rolle, wenn der vorherige Job inhaltlich nichts mit dem potenziell zukünftigen zu tun hat – schreiben Sie in diesem Fall die Führungserfahrung auf, um dem Personaler die Verbindung zwischen beiden Stellen aufzuzeigen! Ansonsten fragt er sich, weshalb er etwas lesen muss, was nichts mit der ausgeschriebenen Stelle zu tun hat und ihm daher nicht hilft, seine zentrale Frage zu beantworten. Es kann auch sein, dass Sie zuvor zum Beispiel mit herausfordernden Kunden oder in einem sehr dynamischen Umfeld gearbeitet haben. Wenn dies auch im künftigen Job gefragt ist, nehmen Sie diese Erfahrung stichwortartig in einen Bulletpoint auf.

Sich selbst realistisch in Szene setzen

Bei Selbstbeschreibungen, insbesondere bei Jobtiteln, neigen viele dazu, betont leise und zurückhaltend aufzutreten. Gerade Frauen und älteren Menschen wurde zum Teil regelrecht eingeimpft, dass es unhöflich sei, sich selbst zu loben oder die eigenen Ergebnisse gut zu finden, oder gar unfair zu behaupten, man selbst habe etwas allein oder hauptverantwortlich erreicht. Das mag in einer Situation angebracht sein, wenn man eine Teamleistung als solche herausstreichen möchte, oder um in einer mündlichen Kommunikation gezielt einem anwesenden Kollegen vor allen Lob zu zollen. Doch wenn der Personaler den schriftlichen Lebenslauf vor sich liegen hat, kann er nicht direkt bei Ihnen nachfragen. Und auch Ihre ehemaligen Kollegen haben nichts davon, wenn Sie sich bei Ihrer Bewerbung zurückhalten.

Nur Ihre Mitbewerber freuen sich über solche Unaufdringlichkeit. Bescheidenheit ist hier keine Zier, sondern sogar hinderlich. Dass Sie als Teil einer Organisation – einer Firma, in einer Abteilung, in einem Projektteam – selten etwas ganz allein auf sich gestellt zu verantworten hatten oder es nur auf Sie selbst ankam, ist im heutigen Arbeitsleben normal und wird vom Recruiter einkalkuliert. Alles andere machen Sie bitte nicht unnötig kleiner!

Showtime

Formulieren Sie selbstbewusst

Vermeiden Sie Positionsbeschreibungen, die Ihre berufliche Tätigkeit unnötig minimieren, zum Beispiel »Assistenz«, »Sekretariat«, »Hilfskraft«, »Praktikant«, »Traineeship« etc. Wer den Lebenslauf nur schnell überfliegt, hat dann nicht das Bild einer verantwortungsvollen Führungskraft, eines erfahrenen Koordinators oder eines selbstständigen Experten vor Augen. Falls Ihnen keine besseren Bezeichnungen einfallen, wählen sie eine neutrale Variante wie »Referent«, »Mitarbeiter« oder »... -Manager«. Sie sind nicht verpflichtet, die exakte Bezeichnung der vorherigen Position aus Ihrem Arbeitszeugnis abzuschreiben oder von der ehemaligen Firmen-Homepage oder Ihrem Büroschild zu kopieren – solange Sie nicht lügen! Wenn Sie in der Sache projektorientiert gearbeitet haben, spielt es keine Rolle, ob Sie formal als »Projektmanager« tätig waren oder nicht. Stand etwa wegen der unternehmensinternen Gehaltspolitik nicht »Leiter« oder »Head of ...« auf Ihrer Visitenkarte und Sie trugen trotzdem Führungsverantwortung, dürfen Sie die auch in Ihrer Jobposition benennen. Der Recruiter ist umgekehrt auch nicht an irgendwelchen firmeninternen Fantasietiteln interessiert, sondern daran, was Sie wirklich geleistet haben.

Vermeiden Sie Zusätze wie »ehrenamtlich«, »Teilzeit«, »halbtags« oder »berufs-« bzw. »studienbegleitend«, da sie ebenfalls Ihre inhaltliche Aussage klein machen. Ob Sie etwas unbezahlt, als geringfügig Beschäftigter, auf Werkvertragsbasis, über die Honorarnoten einzeln abgerechnet, teilselbstständig oder vollversicherungspflichtig angestellt erarbeitet haben, interessiert möglicherweise das Finanzamt und die Sozialversicherungskasse – den Personaler geht das erstmal nichts an. Wenn Sie belegen können, dass Sie eine wichtige Kompetenz für die ausgeschriebene Stelle bei einer vorherigen Tätigkeit eingesetzt haben (und sei es im Rahmen eines unbezahlten Teilzeitpraktikums), ist es egal, in welches Rechtsverhältnis diese eingebettet war.

Führen Sie bei der Jobposition die Firma, die Institution oder die Organisation auf, für die Sie bzw. mit der Sie zusammengearbeitet haben. Falls noch existent, verlinken Sie auf die aktuelle Internetpräsenz, zum Beispiel auf die Firmen-Homepage, eine Projektseite oder eine Wissenschaftsdatenbank. Lassen Sie Tätigkeiten, die staatlicherseits verpflichtend alle machen müssen, darunter Wehr-, Zivil- oder Ersatzdienste, weg – es sei denn, sie spielen eine direkte Rolle für die ausgeschriebene Stelle, etwa für eine Bewerbung beim Bundesamt für Wehrtechnik oder bei einem Pflegedienst.

Berufliche Stationen mit Leben füllen

Bevor Sie sich ans Formulieren machen, überfliegen Sie nochmals die Website sowie sonstige Dokumente wie öffentlich einsehbare Geschäftsberichte, Werbung oder Projektdarstellungen des Unternehmens. Anders als beim Interpretieren der Stellenausschreibung geht es nun stärker darum, Sprachstil, Duktus und Wording zu inhalieren. Der Köder muss dem Fisch und nicht dem Angler schmecken, was vor allem für Ihre Bewerbungssprache gilt. Deswegen verwenden Sie möglichst Wörter und Begriffe der Firma anstatt Ihre – selbst wenn inhaltlich das Gleiche gemeint ist. Sprache ist Kulturträger, formt Gruppen und grenzt sie gegeneinander ab, weshalb Sie mit einer gemeinsamen Sprache zeigen: »Ich fühle mich zu euch gehörig!«

Für jede Jobposition wählen Sie maximal drei Inhalte, mit denen Sie auf den Punkt bringen, welche Relevanz die jeweilige Stelle für die künftige hat. Innerhalb einer Tätigkeitsbeschreibung gilt, dass Sie das Wichtigste für den neuen Job in die oberen Bulletpoints fassen und das Unwichtigste nach hinten stellen. Wählen Sie die Reihenfolge nicht danach, was im damaligen Job zentral war. Wenn Sie beispielsweise als Vertriebsleiter vor allem dafür verantwortlich zeichneten, die Produkte und Dienstleistungen möglichst gewinnbringend an den Kunden zu bringen, mag das bedeutsam für Ihren damaligen Arbeitgeber gewesen sein. Für eine künftige Stelle etwa als Changemanager einer Omni-Channel-Organisation sind vermutlich die Schnittstellenfunktion und die Koordination von Mitarbeiterleistungen entscheidender. Selbst wenn dies nur einen kleineren Teil Ihrer vormaligen Tätigkeit ausgemacht hat, zeigen Sie damit, dass Sie die Anforderungen der neuen Stelle verstanden haben. Sollte der Personaler wissen wollen, was Sie zuvor in welcher Ausprägung gemacht haben, erfährt er das aus Ihren Arbeitszeugnissen oder auf Rückfrage, nicht aus dem Lebenslauf.

Wenn Sie länger als fünf Jahre in demselben Unternehmen tätig waren, empfiehlt es sich, entweder innerhalb der Position einen Bulletpoint der beruflichen Weiterentwicklung zu widmen, zum Beispiel »erst Onboarding neuer Lehrlinge, dann Betreuung und Weiterentwicklung des gesamten Onboarding-Programms«. Oder Sie stellen dies in Form unterschiedlicher Jobs dar, auch wenn dann zweimal der gleiche Arbeitgeber nacheinander erscheint. So vermeiden Sie, dass der Eindruck von Stillstand oder einer beruflichen Sackgasse entsteht. Wenn Sie eine Führungsposition, Personal- und Budgetverantwortung sowie alleinige Entscheidungsbefugnisse innehatten, ist dies ebenfalls einen Bulletpoint wert, gegebenenfalls mit Hinweis auf die Anzahl der untergebenen Mitarbeiter, den Budgetrahmen sowie die Entscheidungsfelder.

Showtime

Beschreiben Sie, was Sie erreicht haben
Vermeiden Sie allgemeine, nichtssagende oder selbstverständliche Zuschreibungen wie »Organisation«, »Administration«, »Kommunikation«, »Koordination«, »Management« etc., denn letztlich enthält jeder Job diese Komponenten. Über sie erfährt der Personaler nicht nur nicht, was Sie konkret gemacht haben, sondern das Gesagte hebt Sie auch nicht von anderen Bewerbern ab. Stellen Sie sich stattdessen vor, welche konkreten Jobsituationen bisher besonders herausfordernd, spannend oder erfolgreich waren. Wenn jemand Sie zu der Zeit beobachtet hätte, was hätte er wahrgenommen? Was ist Ihnen aus mehreren Jahren in Erinnerung geblieben? Was haben Sie konkret wie und mit wem getan? Statt »Organisation der Abschluss-Events« bringt es womöglich die Formulierung »Auswahl des Eventausrichters, Erstellung des Veranstaltungskonzepts, Einteilung der Aufbau-Mannschaft« auf den Punkt und statt »Kommunikation mit Stakeholdern« vielleicht »Betreuung Social-Media-Auftritt, Beschwerden zufriedenstellend lösen, Kunden-Reports aufbereiten«.

Gehen Sie weg von reinen Aufgabenzuschreibungen oder Tätigkeiten hin zur Darstellung gemeisterter Herausforderungen oder erzielter, messbarer Erfolge. Schreiben Sie statt »zuständig für Akquise« besser »75 gewonnene Neukunden«, anstelle von »Personalentwicklung« lieber »Führungskräfteprogramm inhouse gestaltet« oder als Ersatz für »abteilungsinternes Konfliktmanagement« eher »Arbeitskultur und Teamspirit etabliert«. Um solche Formulierungen zu finden, fragen Sie sich, was Ihnen bei Ihrer Arbeit besonders gut gelungen ist oder welche Probleme Sie (vielleicht zusammen mit anderen) bewältigt haben. Wovon würden Sie einem guten Freund, den Sie nach langer Zeit wiedersehen, stolz erzählen?

Alles Erreichte sollte ebenfalls einen direkten Bezug zur neuen Stelle haben. Damit erkennt der Personalverantwortliche zum einen die Leistung, die Sie in dem künftigen Unternehmen erbringen werden, denn für das bloße Erfüllen von Tätigkeiten oder das Abarbeiten von Aufgaben bezahlt heutzutage niemand mehr Gehalt. Zum anderen sieht er Sie vor allem vor seinem inneren Auge in einer konkreten Situation etwas erschaffen und kann dieses Bild auf die neue Position übertragen. Damit erbringen Sie eine wesentliche Bewerbungsleistung: Sie verringern den Abstand zwischen Ihnen und dem neuen Job!

Da Sie ohnehin platztechnisch nicht alles aus den alten Jobs auflisten können, lassen Sie Formulierungen wie »unter anderem«, »hauptsächlich«, »zum Teil«, »insbesondere«, »viel(-fältige)«, »mehrere«, »schwerpunktmäßig« etc. weg. Dass drei Bulletpoints nicht den ganzen Job wiedergeben können, weiß der Personalverantwortliche aus eigener Erfahrung. Es gilt hier das Pars-pro-Toto-Prinzip: Nehmen Sie eine konkrete Aufgabe, eine Jobsituation oder einen Erfolg als Beispiel, um Größeres zu zeigen, etwa »eigenverantwortliche Abwicklung der wissenschaftlichen Jahrestagung (3 Tage, 1.500 Personen aus 54 Ländern, 8.000 EUR Budget)«. Daraus lässt sich ohne Weiteres ableiten, dass Sie auch eine Konferenz mit 3.000 Menschen oder mehrere kleine sinnvoll durchführen können (und dies vielleicht auch gemacht haben), ohne dass Sie alles aufzählen müssen. Mit »Relaunch der Firmen-Homepage betreut« wird klar, dass Sie für Aufgaben im Zusammenhang mit SEO-Themen, Webdesign, Sichtbarkeit und Customer Journey zumindest ein Grundverständnis mitbringen, auch wenn Sie diese Aspekte nie direkt operativ bearbeitet haben.

Der Umgang mit Zwischenstopps und Umwegen

Ein zu »bunter« Lebenslauf oder einer ohne erkennbaren »roten Faden« ist nur dann ein solcher, wenn Sie die Farbmischung nicht abgestimmt bzw. die Kordel nicht gespannt und verknüpft haben. Niemand außer Ihnen hat dafür so viel wunderbares Rohmaterial zur Verfügung. Gleiches gilt für (mutmaßliche) Lücken im Lebenslauf durch Arbeitssuche, eine längere Krankheit oder Unebenheiten wie ein abgebrochenes Studium oder ein sehr kurzer Zwischenjob, nur um Geld zu verdienen, oder weil nach der Probezeit wieder Schluss war. All dies passiert, ist menschlich und zeigt etwas – es liegt bei Ihnen, wie Sie es konnotieren. Da Sie auch in Zwischenzeiten sicher etwas getan haben, weist Ihr Lebenslauf keine Lücke auf, die »kreativ geschlossen« werden sollte, wie oft geraten wird. Wichtig ist allein, dass Sie nicht auf die Rechtfertigungsebene rutschen, egal ob Sie die betreffende Zeit genossen oder als unschön in Erinnerung haben. Stehen sie dazu, in welcher Situation Sie waren, aber legen Sie dar, was Sie – bezogen auf den Job – daraus gemacht oder zumindest gelernt haben!

Showtime

Zeichnen Sie Umwege und Zwischenstopps nach

Selbst die längere Betreuung von Familienangehörigen, eine berufliche Umorientierung oder eine längere Auszeit vom Job müssen Sie keineswegs verstecken, denn solche Phasen können von einer gesunden Work-Life-Integration zeugen.

> Ein Punkt wie »berufliche Reflexion und Neupositionierung« verträgt zumindest einen konkretisierenden Bulletpoint wie »Vorbereitung auf die unternehmerische Selbstständigkeit«, »Bildungsberatung in Anspruch genommen« oder »Recherche der Jobmöglichkeiten im Ausland«. Einträge wie »Kindererziehung« sollten ebenso kurz ausgeführt werden, beispielsweise so: »Vollzeitbetreuung meines neugeborenen Sohnes« oder »Resilienz- und Zeitmanagementkompetenzen gestärkt«. »Individualreise durch Südamerika« schreit geradezu danach, zu erläutern, was Sie alles gelernt haben – zum Beispiel »Unerwartetes als Chance annehmen« oder »Interkulturalität und Sprachkenntnisse verbessert«.

Grundsätzlich ist Vollständigkeit kein Qualitätsmerkmal für einen Lebenslauf, denn er soll nicht Ihr (berufliches) Leben wie eine Zusammenfassung im Schulunterricht wiedergeben. Falls zwischen zwei Jobs eine Weiterbildungsmaßnahme in Vollzeit lag, ist dies keine Lücke und nichts Begründungswürdiges – der Personalverantwortliche sieht das, wenn er die Zeitachsen beider Blöcke nebeneinanderstellt. Zeitfenster von weniger als sechs Monaten zwischen zwei Jobs sind ebenfalls keine Lücken. Dass Sie mit Ihrer Joberfahrung und einem altersbedingt klareren Fokus auf die Berufswelt nicht sofort jeden Aushilfsjob annehmen, sollte selbstverständlich sein. Ebenso, dass es für Sie quantitativ oft weniger attraktive Jobs am Markt gibt als zum Beispiel für Einsteiger. Da Bewerbungsverfahren auch mal länger dauern, um mehr über die Passgenauigkeit einer Position herauszufinden oder sie herzustellen, ist eine »Wechselzeit« dazwischen normal.

! **Der springende Punkt**

Ihr Lebenslauf ist gut, wenn Sie mit ihm überzeugen, anstatt sich zu rechtfertigen! Statt angebliche Defizite zu kaschieren, führen Sie Ihre Stärken ins Feld. Andernfalls stehen Sie als wenig selbstbewusster Bewerber dar und stoßen den Recruiter auch noch aktiv auf Schwächen. Ihr Lebenslauf ist dennoch keine Prüfung wie ein Schulaufsatz, der auf Fehler abgesucht wird. Der Personaler möchte vor allem positiv einschätzen, ob und wie Sie den neuen Job bewältigen.

3.2.4 Themenblock »Bildungsaktivitäten« – Ihr geballtes Wissen

Was den Aufbau betrifft, gilt das zum Block »Berufstätigkeit« Gesagte sinngemäß. Auch hier werden die wichtigsten Punkte jeweils in invers-chronologischer Reihenfolge dargestellt. Unterscheiden Sie nicht zwischen Studien, Ausbildungen, kurzen Fort- und längeren Weiterbildungen. Mit zunehmendem Alter und angesichts der Tendenz zum Lifelong Learning wird diese Differenzierung immer weniger aussagekräftig. Statt mehrere Blöcke zu stark zu zergliedern, fassen Sie alles Bildungsbezogene unter einen thematischen Block mit der Überschrift »Bildung«, »Aus- und Weiterbildung« oder »Bildungsaktivitäten«. Wichtig ist vor allem, dass Ihre Bereitschaft als älterer Bewerber sichtbar wird, stets weiter dazulernen zu wollen und auf dem neuesten Stand zu bleiben (insbesondere was Digitales angeht).

Nehmen Sie Abschlussnoten, etwa von Studienabschlüssen, nicht in den Lebenslauf auf. Wenn Sie einen Notendurchschnitt von 1,5 hatten oder zu den besten 10 % Ihres Abschlussjahrgangs an der Universität zählten, können Sie stolz auf sich sein – den Personaler interessiert das kaum. Dies betrifft auch die vollständigen Titel wissenschaftlicher Konferenzen oder Ihrer Abschlussarbeiten. Diese folgen oft einer speziellen Logik (Forschungsabgrenzung, Portfolio von Professuren, Fachterminologie etc.), die sich nicht für den Lebenslauf eignet. Weist Ihre Doktorarbeit oder Ihre MBA-Thesis jedoch einen für die ausgeschriebene Stelle inhaltlichen Bezug auf, gehört nicht der Titel, sondern der Inhalt gemäß dem Maximalprinzip (siehe Kapitel 3.2.1) stichwortartig in einen eigenen Bulletpoint.

Lassen Sie Bildungsaktivitäten weg, die staatlicherseits verpflichtend alle machen müssen, etwa eine Volks- oder Grundschulausbildung, und ebenso solche, die nur ein notwendiges Durchgangsstadium darstellen. Wenn Sie ein Studium erfolgreich abgeschlossen haben, wird man davon ausgehen dürfen, dass Sie über eine allgemeine oder fachgebundene Hochschulreife bzw. etwas Äquivalentes verfügen. Dazu noch Abitur, Matura oder Gymnasialabschlüsse aufzuführen bietet keinen Mehrwert, es sei denn, Sie wollen zusätzlich zum Beispiel mit dem Besuch einer besonderen Handelsakademie Ihre Wirtschaftskenntnisse oder durch Erwähnung einer Diplomatenschule Ihre Interkulturalität ins Feld führen.

Auch in diesem Block gehören maximal drei Bulletpoints zu jedem Punkt, in denen Sie auf den Punkt bringen, welche Relevanz für die künftige Stelle gegeben ist. Das Ziel besteht nicht darin, ein ganzes Studien-Curriculum zusammenzufassen oder vordefinierte Learning Outcomes zu benennen. Dass beispielsweise in jedem Physikstudium Mathematik und Mechanik enthalten sind, dass eine Basisweiterbildung zu Wirtschaft unter anderem Marketing und Rechnungswesen beinhaltet und dass ein Geschichtslehrgang sich naturgemäß mit Epochenkunde und historischen Quellen befasst, bedarf keiner Erwähnung. Fragen Sie sich stattdessen, was an Ihrer Bildungstätigkeit Sie von jemand anderem abgrenzt, der genau dieselbe absolviert hat. Das kann ein Auslandssemester an einer Elite-Universität sein, eine Studienspezialisierung, ein zusätzliches Wahlfach oder eine besondere Technik bei einem kommerziellen Bildungsanbieter, etwa eine Projektmanagement-Methode oder eine Programmiersprache. Es kann sich auch um eine Lernerkenntnis handeln, die vordergründig gar nicht Ziel der Bildungstätigkeit war. Vielleicht haben Sie herausgefunden, wie Gruppenarbeit effektiv wird, oder Ihr verstecktes Talent für Konfliktmanagement entdeckt. Sofern diese Fähigkeiten und Eigenschaften wichtig für die ausgeschriebene Position sind, mutet es nebensächlich an, ob Sie sie in einem fachfremden Studium oder anlässlich einer fehlorganisierten privaten Weiterbildung erlernt haben – Hauptsache, Sie besitzen sie!

Falls für Ihre Bildungsaktivität formal ein Hochschulgrad oder ein akademisches Diplom vorgesehen ist, führen Sie dies als Erfolg an, zum Beispiel so: »Abschluss: Magister der Sozialwissenschaften«. Auch hier sollte nicht der (lateinische) Originaltitel der amtlichen Verleihungsurkunde zitiert werden, sondern eine verständliche Bezeichnung oder Übersetzung, die angemessen ist und auch von einem Recruiter verstanden wird, der nicht vom Fach ist. Falls bei Ihrer Bildungsaktivität ein solcher Erfolg vorgesehen gewesen wäre, Sie ihn aber zum Beispiel wegen Studienabbruchs nicht erzielen konnten, ist dies kein Grund, die Bildungsaktivität unerwähnt zu lassen! Gerade bei mehreren (parallelen) Studien kann es sein, dass nicht alle formell abgeschlossen wurden. Wenn Sie beispielsweise nach drei Semestern Medizin eingesehen haben, dass Jura Ihnen mehr liegt, werden die Inhalte aus dieser Zeit dennoch für eine Prüfbehörde von Arzneimitteln oder einer auf Medizinrecht spezialisierten Fachanwaltskanzlei eine Zusatzqualifikation darstellen, die nicht jeder Jurist automatisch mitbringt.

! **Der springende Punkt**

Gerade ältere Bewerber neigen in diesem Themenblock oft unbewusst dazu, mit einer riesigen Anzahl an Fort- und Weiterbildungen aus Ihrem Berufsleben ihre Bildungsaffinität darlegen zu wollen. Allerdings stoßen mehr als fünf Jahre zurückliegende EDV- und IT-Kurse, nicht mehr zeitgemäße Software-Kenntnisse oder Kurzseminare, die mehr als zehn Jahre her sind, den Recruiter indirekt erneut auf das höhere Alter.

Denken Sie beim Erstellen dieses Blocks nicht nur an formal belegbare Bildungssettings, sondern auch an selbst organisiertes, privates oder autodidaktisches Lernen außerhalb einer Institution oder eines vorgegebenen Curriculums (»informelles Lernen«). Das Lesen einschlägiger Fachliteratur oder der regelmäßige Besuch von Vortragsreihen fällt ebenso darunter wie die Absolvierung eines Online-Tutorials, die Organisation eines Bildungszirkels oder die Moderation eines Forums im Internet.

3.2.5 Qualifikationen und Kompetenzen – Akzente setzen

Nicht alles an Bildung lässt sich auf eine konkrete vorangehende Einzelaktivität zurückführen oder formell auf ein Zeugnis drucken. Wir lernen tagtäglich von uns selbst, von anderen Menschen und unserer gesamten Umwelt. Beim Anführen von Qualifikationen und Kompetenzen ohne vorherige Bildungsaktivität ist daher noch mehr eine aussagekräftige Selbsteinschätzung Ihrerseits gefragt.

Bei Sprachkompetenzen etwa sind Zuschreibungen wie »Grundkenntnisse«, »fortgeschritten« oder »sehr gut« wenig sinnvoll. Beim Personalverantwortlichen taucht sofort die Frage auf, was Sie unter diesen subjektiven Wertungen verstehen und in welchen Situationen diese Sprachkompetenz einsetzbar wäre. Nutzen Sie stattdessen anerkannte, objektive Bildungsstandards wie die Sprachniveaus nach den Kompetenzstufen des »Gemeinsamen Europäischen Referenzrahmens« (GER) und fügen Sie jeweils hinzu, worin Ihre Selbsteinschätzung gründet, zum Beispiel »Spanisch B1 (trilingualer Kindergarten und Auslandsstudium Barcelona)« oder »Deutsch B2 (Goethe-Zertifikat und Arbeitssprache für zehn Jahre)«. Nur Ihre Muttersprache(n) führen Sie ohne Einstufung an. Als solche gelten die Sprachen, die Sie von Kindesalter an von Ihren Bezugspersonen erlernt und im Alltag angewandt haben. Diese Sprachsozialisierung ist weit mehr als eine fließende oder verhandlungssichere Sprachkompetenz gemäß der Kompetenzstufe C2.

Was IT-Kompetenzen angeht, kann es sein, dass bereits in der Stellenausschreibung der Umgang mit bestimmten Programmen verlangt oder gewünscht wird. Dass Sie gängige Textverarbeitungs-, Präsentations- und E-Mail-Programme beherrschen, wird niemanden vom Hocker reißen. Führen Sie diese allenfalls auf, wenn Ihnen diese Anforderung in der Anzeige als besonders zentral auffällt. Egal welche IT-Kompetenzen Sie branchen- oder auf die ausgeschriebene Position bezogen anführen: Vermeiden Sie den (altbackenen) Begriff »Elektronische Datenverarbeitung«. Fügen Sie konkrete Programme mit Markennamen und aktueller Ausführung an, zum Beispiel »Adobe Photoshop CC« als Bildbearbeitungsprogramm, »Adobe InDesign CC« als Grafikprogramm, »WordPress 5« als Content-Management-Programm. Auch »Sales Cloud« als Customer-Relationship-Management-System oder »SAP ERP« als Enterprise-Resource-Planning-System gehören hierher, ebenso »IBM DB2« als relationales Datenbanksystem. Da es keine standardisierten Kompetenzzuschreibungen bei IT-Kompetenzen gibt, behelfen Sie sich mit einer kurzen Selbsteinschätzung, zum Beispiel so: »Zehn Jahre berufliche Anwendung« oder »Fortgeschrittenenkurs …«.

Special !

Sie können diese Qualifikationen und Kompetenzen am Ende des Themenblocks »Bildungsaktivitäten« auflisten oder dafür einen eigenen aufmachen. Im letztgenannten Fall übertiteln Sie diesen nicht mit »Zusatzqualifikationen«, »Sonderwissen« und »Spezialkenntnisse«, sondern besser konkret mit »IT-Qualifikation«, »Fremdsprachen-Know-how«, »Sprach- und IT-Kompetenzen« oder »Programmierwissen«.

Gelegentlich haben Bewerber das Gefühl, dass noch nicht alles Relevante über sie gesagt ist oder manches aufgrund der schematischen Darstellungsform des Lebenslaufs stark zergliedert wirkt. Deswegen findet sich in Lebensläufen oftmals ein weiterer Themenblock »Sonstiges«, »Weiteres« oder »Zusätzliches«. Jedoch tendiert zum einen am Ende Ihres Lebenslaufes die Aufmerksamkeit des Personalverantwortlichen gegen endlich. Zum anderen sollte eine Überschrift nicht nach allgemeinem Auffangbecken oder nach Resterampe à la »Was ich zum Schluss noch sagen wollte« klingen, sondern dem Recruiter darüber Auskunft geben, was bisher nicht einzuordnen war und trotzdem spannend ist. Ein zusätzlicher Themenblock ist meist schon deswegen überflüssig, weil die Inhalte der Gliederungslogik nach in einen der oberen Blöcke gehören: Ehrenamtliche Tätigkeiten in einem Verein etwa fallen ebenso unter »Berufstätigkeit« wie Mitgliedschaften in berufsständischen Vereinigungen; private Selbstlernkurse aus dem Internet beispielsweise zählen zu den »Bildungsaktivitäten«. Solche Aktivitäten sind nichts Nettes nebenbei oder am Rande noch Erwähnenswertes: Sind die Berufs- und Lernerfahrungen für die Stelle relevant, positionieren Sie sie prominent dort, wo sie hingehören. Sind sie es nicht, lassen Sie sie weg!

Aus demselben Grund ist ein eigener Block »Freizeitaktivitäten«, »Hobbys« oder »Persönliche Interessen« zumeist entbehrlich, vor allem wenn dort »Kochen, Natur, Reisen, Kultur und Sport« angegeben sind. Abgesehen davon, dass das meiste davon wohl zu (fast) jedem Leben dazugehören wird und daher keine Abgrenzung gegenüber den Mitbewerbern ermöglicht, geht es noch immer um einen Business-Kontext und nicht die Ausbreitung Ihres Privatlebens. Die dahinterstehende Idee, sich selbst gerade bei Stellenausschreibungen im sozialen Bereich, bei kleineren Start-ups oder im Nonprofit-Sektor etwas menschlich-individueller darzustellen, überzeugt im Lebenslauf selten. Kochen Sie beispielsweise leidenschaftlich gerne syrisch oder afghanisch und bewerben sich als Leiter einer Hilfs- oder Aufnahmeorganisation für speziell diese Region? Dann ist das ein schöner Aufhänger, den Sie in Ihr Motivationsschreiben einbringen können. Jedoch wird das nicht als Hard Fact durchgehen, der Ihren Lebenslauf signifikant aufwertet. Ähnliches gilt, wenn Sie begeistert bestimmte Kunstausstellungen besuchen und sich nun im Management einer der beteiligten Kulturinstitutionen bewerben oder eine Vorliebe für Trekking haben und bei einem Outdoor-Ausrüster arbeiten wollen.

! **Der springende Punkt**

Generell ist mit der Einstellung »Ich interessiere mich privat dafür, also kann das auch für den Job nicht schaden!« zurückhaltend umzugehen. In vielen Fällen klingt es gekünstelt bis anbiedernd, da ein bestimmtes Hobby oder Interesse allzu leicht aus dem Zylinder gezaubert werden kann, ohne dass sich dies im Detail nachprüfen ließe. Auch werden daraus ableitbare Charakterzuschreibungen und deren direkte Übertragbarkeit auf den Job überstrapaziert und sind zum Teil auch wissenschaftlich widerlegt – wie etwa, dass Individualsportarten wie Marathonlauf und Bergsteigen von besonderer Selbstdisziplin und Ausdauer zeugen, exotische Reisen ein interkulturelles Interesse aufzeigen oder aus Orchestermusik Teamstärke resultiert. Wir verhalten uns in Freizeit und Business anders – und das ist auch gut so!

3.2.6 Optik und Abschluss – auch formelle Aspekte zählen

Um für gute Lesbarkeit und optische Ebenmäßigkeit zu sorgen, seien Sie auch beim Formatieren und Optimieren sorgsam. Gehen Sie nicht unter eine Schriftgröße von 12 Punkt, unter einen Zeilenabstand von 1,5, die Seitenränder sollten mit wenigstens 1,5 cm angelegt sein. Alles andere wirkt gequetscht und zeigt kein Bild von Offenheit –

das Sie aber gerade durch den Wechsel in eine neue Verantwortung zeichnen wollen. Wenn Sie sich nicht gerade als Grafikdesigner bewerben, halten Sie die Form schlicht und funktional. Bauen Sie keine Logos des künftigen Unternehmens, Icons oder Emojis ein, verwenden Sie keine Wasserzeichen und nicht mehr als zwei unterschiedliche Farben mit Schwarz als Hauptfarbe für den Text. Erstellen Sie auch keine Miniskalen für Sprachkompetenzen von 1 bis 6 in Form grafischer Balken oder Ähnliches. Solcherlei gibt dem Personalverantwortlichen keine Hard Facts an die Hand, sondern zeigt lediglich, dass Sie viel Energie in die Aufbereitung Ihres Lebenslaufs statt in den Inhalt gesteckt haben. Benutzen Sie durchgehend eine Schriftart für den Text und maximal eine weitere für Überschriften. Gehen Sie sparsam mit Fett- und Kursivdruck sowie mit Unterstreichungen um.

Showtime

Machen Sie den Abschlusscheck für Ihren Lebenslauf
Zum Abschluss gleichen Sie Ihren Lebenslauf nochmals mit Ihren Stichwortsammlungen zum Minimal- und Maximalprinzip ab. Haben Sie beide Aspekte hinreichend berücksichtigt? Überprüfen Sie im nächsten Schritt die Blöcke »Berufstätigkeit« und »Bildungsaktivität« gezielt auf die typischen, altersbedingten Vorurteile hin (siehe Kapitel 1.2.2): Haben Sie zuletzt einen Beruf ausgeübt, der auch körperlich fordernd war, zum Beispiel im Hochbauwesen als Baustellenleitung vor Ort oder als vielreisender Consultant einer internationalen Beratungsfirma? Widmen Sie dem einen Bulletpoint beim jeweiligen Job, etwa: »Weniger als fünf Krankentage in den letzten sechs Jahren« oder »80 Reisetage pro Jahr«. Haben Sie im Personal- oder Projektmanagement mit jüngeren Kollegen gearbeitet oder jüngere Kunden betreut? Dann wäre »Führung eines Teams mit einem Durchschnittsalter von 30 Jahren« oder »Einarbeitung neuer Praktikanten und Trainees« eine sinnvolle Ergänzung. Vielleicht haben Sie auch zeitnah auf den digitalen Wandel reagiert? Eine solche Bildungsaktivität sollten Sie akzentuieren, beispielsweise so: »Fortbildung: Online-Meetings souverän moderieren« oder »Kompaktkurs: Cloud Working und E-Commerce«.

3.3 Eigendarstellung – Ihre Lebenserfahrung in einem aussagekräftigen Profil

Übersichtlich und fokussiert gestaltete Lebensläufe enthalten geballte Information auf engstem Raum. Daher ist es herausfordernd, das Besondere des eigenen Zugangs, der Persönlichkeit oder der berufsbezogenen Werte dort gut zu verpacken. Gelegentlich wird dies damit zu kompensieren versucht, eine separate Zusatzseite zu erstellen, die »dritte Seite«. Deren Name hängt mit der ursprünglichen Reihenfolge printmedial gehefteter Bewerbungsunterlagen zusammen, bei denen zunächst auf das formelle

Anschreiben der Lebenslauf und sodann eben jene dritte Seite folgte. Da auch sie zunächst dazu führt, dass das zu Lesende mehr wird, ist deren Effekt gering, zumal die Aufmerksamkeit der Personaler gegen Ende nachlässt. Ferner vermitteln solche Extraseiten nach dem Motto »Was Sie außerdem noch über mich wissen sollten« unweigerlich den Eindruck von latenter Inkonsequenz bei der Darstellung. Dem Personaler stellt sich die Frage, warum die Inhalte (wenn sie denn so wichtig sind) nicht in den etablierten Formaten zuvor schon berücksichtigt wurden.

Richtig an dieser Idee ist jedoch, sich damit einerseits auch in Hinblick auf das Format von der Masse zu unterscheiden und andererseits job- und ausbildungsübergreifende Zusammenhänge pointiert darstellen zu können. Anders als beim Lebenslauf müssen sie hierbei keiner Chronologie folgen. Gerade mit zunehmendem Alter findet man oft erst heraus, wie einzelne Lebenskomponenten zueinanderpassen und die eigene Persönlichkeit wie Puzzleteile komplettieren – die Summe ist dann mehr als die Einzelteile. Ein Beispiel: Sie empfinden sich nicht allein deswegen kompetent als Führungskraft, weil Sie einen Managementlehrgang im Themenblock »Bildungsaktivitäten« oder eine Position als Direktor im Themenblock »Berufstätigkeit« unterbringen konnten. Womöglich haben Sie beim Koordinieren eines kleinen Projektteams gelernt, wie Sie Menschen anleiten können, beim Verhandeln mit schwierigen Kunden (auch) eine Führungskommunikation entwickelt und beim Einschätzen von Prioritäten und Risiken als verantwortlicher Fachexperte Ihre Entscheidungskompetenz geschärft. Das sind alles ebenso wichtige Führungskompetenzen, die in der klassischen Lebenslauf-Chronologie leicht unterzugehen drohen.

3.3.1 Das Kurzprofil – komprimierter Teaser, der Lust auf mehr macht

Aus dieser separaten dritten Zusatzseite hat sich daher im Lauf der Zeit das Kurzprofil als eigenes Format zusätzlich zum Lebenslauf entwickelt. Es bietet sich vor allem bei Bewerbern an, die zum Beispiel altersbedingt viele unterschiedliche Berufserfahrungen gesammelt haben. Auch eignet es sich für diejenigen, die in der späteren Berufsphase quereinsteigen oder nochmals beruflich umsatteln und deswegen nicht die bisherige Vita dominieren lassen wollen. Zuletzt hilft es denjenigen, die sich auf Jobs bewerben, bei denen weniger Details, sondern das Gesamtbild überzeugen muss. Das kann etwa für eine Allrounder-Position, eine interdisziplinäre Leitungsstelle oder in einem kleineren Start-up-Team der Fall sein. Bei Initiativ- und unternehmensinternen Kurzbewerbungen oder solchen auf höhere Management-Positionen – denen meist einige Netzwerkgespräche vorangehen – kann ein solches Kurzprofil sogar den Lebenslauf komplett ersetzen.

In der Sache handelt es sich um eine Mischung aus einem verkürzten, auf die jeweilige Stelle zugeschnittenen Lebenslauf und einer Visitenkarte (»Job Card«). Dem Personalverantwortlichen soll dies ein Persönlichkeitsgesamtbild vermitteln, das er allein aus Lebenslauf und Motivationsschreiben nur schwer herauslesen kann. Das Kurzprofil will auf maximal einer halben bis drei Viertel DIN-A4-Seite komprimiert einen starken ersten Eindruck vermitteln. Verwenden Sie es anstelle Ihres Lebenslaufs, sollten Sie auf jeden Fall ein Foto von sich hinzunehmen. Möchten Sie es zusätzlich zum Lebenslauf einsetzen, nehmen Sie ein anderes Foto als das im Lebenslauf und stellen es oben auf die rechte Seite. Am besten wäre es, wenn beide Bilder aus ein und derselben Fotoserie mit gleichem Stil und Aussehen stammen, damit der Lebenslauf stimmig aussieht. Einen Eindruck, wie ein solches Kurzprofil aussehen kann, gibt folgendes Beispiel:

Digitales Extra

IM PROFIL: Max Mustermann

Das bin ich

- 20 Jahre Führungserfahrung (Personal- und Budgetverantwortung) im In- und Ausland
- 3 abgeschlossene Studien (Recht, Personal und Management) + IT-Weiterbildungen
- über 15 innovative Großprojekte im internationalen Umfeld zum Erfolg geführt

(FOTO)

Ich liebe es

- Teams zu motivieren und Entscheidungen zu treffen!
  - 15 Jahre Führungskraft und Projektleiter bei …
- Bildungssettings outcome-zentriert zu planen und durchzuführen!
  - Zertifizierter Trainer für Erwachsenenbildung und Workshop-Designer für …
- …

Special !

Statt mit Überschriften wie »Das spricht für mich«, »Was ich zu bieten habe« oder »Meine Motivation für die Stelle«, wie sie häufig für die »dritte Seite« eingesetzt werden, machen Sie sogleich die besondere Intention Ihres Kurzprofils deutlich. Sie wollen ein Persönlichkeitsgesamtbild vermitteln, worauf Sie zum Beispiel so im Titel hinweisen: »Das bin ich«, »Mein Profil« oder »Petra Mayer – in a nutshell«.

Damit das Kurzprofil nicht als Sidekick oder nette Nebeninfo wahrgenommen wird, stellen Sie es dem Lebenslauf voran statt nach. Die Message an den Personalverantwortlichen lautet: Falls dich das anspricht, dann erfahre gerne (im Lebenslauf, in einem Interview etc.) mehr über mich. Wenn du diese Info bereits wenig spannend findest, dann spare uns die Zeit und lies bitte nicht weiter!

Als Teasertext folgt das Kurzprofil weder der Chronologie noch den Formalia des Lebenslaufs, sondern es kann frei gestaltet werden. Conditio sine qua non bleibt – wie bei allen Formaten – der konkrete Bezug zum Job. Wieso sind die hier dargestellten Informationen für die Stelle wichtig? Der Schwerpunkt des Kurzprofils liegt nicht auf exakten Daten, vielen Details und genauen Bezeichnungen, sondern auf Ihrer Persönlichkeit.

Showtime

Füllen Sie Ihr Kurzprofil mit Leben
Nehmen Sie nochmals Ihre Stichwortsammlungen zum Minimal- und Maximalprinzip zur Hand (siehe Kapitel 3.2.1) und markieren Sie maximal fünf Textteile in der Stellenausschreibung, die nach Ihrer Analyse einen Schwerpunkt der Position bilden und Ihre Gesamtpersönlichkeit statt einzelner Aspekte betonen. Das kann eine langjährige Berufserfahrung sein, ein zentraler Aufgabencluster, eine spezielle Ausbildung oder eine Sozialkompetenz, die man unbedingt benötigt. Legen Sie anschließend Ihren Lebenslauf daneben und lesen Sie ihn aus Sicht eines Personalers (mit viel Zeit!) bezogen auf die ausgeschriebene Stelle. Umkringeln oder unterstreichen Sie mit jeweils einer eigenen Farbe für jeden Schwerpunkt alles im Lebenslauf, was dazu passt.

Fassen Sie sodann die Inhalte, die Sie mit derselben Farbe markiert haben, jeweils als einen Punkt für Ihr Kurzprofil zusammen. Der Aufbau des Kurzprofils sollte nicht nur übersichtlich und mit einem Blick erfassbar, sondern vor allem »catchy« sein. Formulieren Sie maximal fünf Punkte zu Ihren Kernkompetenzen, wie Sie es bereits vom Kreieren einer fiktiven Stellenausschreibung zu einer Initiativbewerbung kennen (siehe Kapitel 2.5.2). Weder nennen Sie die Kernkompetenzen einfach, noch entnehmen Sie sie direkt der Stellenausschreibung. Vielmehr konkretisieren Sie sie mit jeweils maximal fünf Wörtern, beispielsweise so: Teamführung durch »Hochleistungsteams bilden und wirksam führen«, Fremdsprachenkompetenz mit »verhandlungssicheres Business-Englisch im Kundenkontakt« oder Projektmanagement über »erfolgreich internationale Großprojekte leiten«. Sie können die Kernkompetenz auch wirkmächtig personifizieren als Antwort auf die Frage »Als was würden Sie sich auf der neuen Position bezeichnen?«. Vorstellbar sind beispielsweise Begriffe wie »Kommunikationstalent«, »Changemanager« oder »Innovationsmotor«.

Unter jede Kernkompetenz setzen Sie maximal zwei Bulletpoints mit Text, der Ihre Aussage belegt. Berücksichtigen Sie dabei alles, was Sie dazu in Ihrem Lebenslauf umkringelt oder unterstrichen haben. Fassen Sie es inhaltlich und nicht chronologisch zusammen, zum Beispiel bei Teamführung »zehn Jahre Führungserfahrung in öffentlichen Stabsstellen«, bei Fremdsprachen »beruflicher Lebensmittelpunkt Hongkong und London« oder beim Projektmanagement »aktuelle Zertifizierungen im Multiprojektmanagement«. Wuchern Sie dabei bewusst mit allem, was der Lebenslauf hergibt, und wildern Sie dazu an jeder Stelle. Sie können auch Inhalte aus unterschiedlichen Themenblöcken miteinander kombinieren, zum Beispiel: »15 % Kosteneinsparung als Leiter der Einkaufsabteilung bei …«, »MBA-Lehrgang mit anschließender Praxisvertiefung in …« oder »Beförderung nach nur drei Jahren zum Key-Account-Manager mit Auszeichnung für innovative Kundenbetreuung«. Sofern es zur ausgeschriebenen Stelle passt, können Sie hier auch auf eine besondere Motivation eingehen, zum Beispiel so: »nachhaltiger Umweltschutz seit meinem Bali-Aufenthalt« oder »agiles Teamwork angeregt durch eine Start-up-Gründung«.

Wiederholen Sie weder direkt noch indirekt etwas, was Sie im Lebenslauf ausführlich beschreiben! Der Personalverantwortliche hat weder Zeit für noch gesteigertes Interesse an Redundanzen. Noch mehr als der Lebenslauf dient das Kurzprofil so als Zeugnis dafür, dass Sie kommunikativ Wichtiges von Unwichtigem trennen sowie auf wenig Raum eine starke Message positionieren können – diese Kompetenz brauchen Sie in fast jedem beruflichen Bereich!

3.3.2 Die Bewerbungspräsentation – let's go digital

Mit digitalen Präsentationsformaten können Sie noch schneller die Aufmerksamkeit eines Personalers erlangen. Während er beim Lesen von Texten seine Augen selbst über das Dokument dirigieren muss, werden diese durch die Präsentation stärker geführt. Da er weniger Text aufnehmen muss, sondern verstärkt Bild und gegebenenfalls Ton wahrnimmt, entfällt die Anstrengung, die Inhalte aus Ihren Formulierungen in seine Sprache zu übersetzen.

Der springende Punkt !

Digitale Präsentationsformate können als Ergänzung dienen, sind aber kein vollwertiger Ersatz für die üblichen Bewerbungsunterlagen. Gerade ältere Bewerber erhalten aber dadurch die Chance, sich moderner, kreativer und digitaler zu zeigen und aus der Masse herauszustechen.

Eine Bewerbungspräsentation aus Einzelfolien etwa (»Slide Deck«) kann mit einer Software wie MS PowerPoint, Prezi oder Keynote erstellt werden, die als Test-, Basis- oder Open-Source-Versionen oft gratis erhältlich sind. Der Vorteil ist, dass Sie die in eine feste Reihenfolge gebrachten Einzelfolien als selbstablaufende Präsentation einrichten können. Wenn der Personaler Ihre Datei öffnet, blättern sich die Folien selbstständig weiter. Das hat einen dynamischen Effekt, der beim Scrollen durch Textseiten fehlt. Anders als etwa beim komprimierten Kurzprofil ermöglicht es eine Bewerbungspräsentation, abwechslungsreicher gestaltete Folien zu integrieren, die gemeinsam einen optisch ansprechenden Gesamteindruck hinterlassen.

Da hier die Optik wichtiger ist als der Text, erstellen Sie als Erstes eine Vorlage mit einem vordefinierten Foliendesign, das Sie aus dem meist reichhaltigen Angebot der jeweiligen Software auswählen (und anpassen) können. Das Anschauen einer selbstablaufenden Bewerbungspräsentation sollte nicht länger dauern als das Lesen eines Kurzprofils. Erstellen Sie dafür circa fünf bis zehn Einzelfolien; die Präsentation sollte maximal 90 Sekunden umfassen.

Inhaltlich können Sie sich an Ihrem Kurzprofil orientieren, es werden jedoch maximal zwei bis drei Kernkompetenzen genügen, die Sie daraus entnehmen und verarbeiten. Erliegen Sie nicht der Versuchung, alles aus dem Kurzprofil auf Einzelfolien zu packen. Gehen Sie sparsam mit Wörtern um, geben Sie Bildern den Vorzug, denn gerade das ist eine Stärke Ihrer Bewerbungspräsentation. Es geht nicht darum, den Text eines Kurzprofils oder Lebenslaufs zu extrahieren und auf mehreren Einzelfolien darzustellen. Vielmehr sollte sich jede Folie inhaltlich zu einem einzigen Statement verdichten lassen.

!

Der springende Punkt

Als Faustformel für die Textmenge gilt: pro Einzelfolie maximal sechs Zeilen inklusive Überschrift und pro Zeile wiederum maximal sechs Wörter (»Sechser-Regel«). Bei 30 bis 40 Wörtern sollte der Personaler eine Einzelfolie in etwa zehn Sekunden erfassen können. Vom Textaufbau her folgen Sie der typischen Augenbewegung beim Lesen, die oben links beginnt und sich dann in einer verengenden Schlangenlinie durch die Einzelfolie nach unten zieht. Verwenden Sie die mitgelieferten Standardschriftarten Ihrer Präsentations-Software, damit der Personaler nach dem Öffnen der Datei keine neue, extravagante Schriftart auf seinem Bürocomputer installieren muss oder manches nicht dargestellt wird. Die Schriftgröße sollte mindestens 18 Punkt für kurze Bulletpoints sein und mindestens 24 Punkt für Überschriften.

Anders als bei Textdokumenten mit zumeist schwarzer Schrift auf weißem Hintergrund können Sie in Ihrer Bewerbungspräsentation gezielt Farben einsetzen – allerdings mit Bedacht. Mehr als drei Farben pro Einzelfolie wirken leicht verspielt-kindlich und erinnern eher an die Villa Kunterbunt von Pippi Langstrumpf als an eine professionelle Bewerbungspräsentation. Halten Sie den Hintergrund frei von dunklen oder sehr gesättigten Farbtönen wie Neongrün oder Zinnoberrot, denn sie kommen wegen ihrer hohen Leuchtkraft und Farbintensität dominant, laut und aufdringlich daher. Wählen Sie dafür besser helle, gedämpfte Farben wie Beige, Hellgrau, ein zartes Rosa oder Pastelltöne, die dezenter anmuten.

Achten Sie zudem auf einen ausreichenden Kontrast zwischen Hinter- und Vordergrund: Grüner Text auf blauem Hintergrund oder Weiß auf Gelb lässt sich schwer aufnehmen. Grundsätzlich sorgen Farben, die sich im Farbkreis gegenüberliegen (»Komplementärfarben«), für einen stärkeren Kontrast und damit für bessere Lesbarkeit. Bei Bild-Text-Kombinationen halten Sie der Übersichtlichkeit halber immer mindestens ein Drittel der Einzelfolie frei, da die Ansicht sonst erdrückend wirken kann. Positionieren Sie das Bild jeweils links, da es von der rechten Gehirnhälfte verarbeitet wird, und den Text rechts, denn er wird von der linken Gehirnhälfte aufgenommen. Alle eingesetzten Bilder dienen nicht der ästhetischen Verzierung, sondern sollten eine Bedeutung haben, zum Beispiel indem sie die Textaussage verstärken oder Eigenwirkung entfalten.

Sinnvoll kann es sein, auf der Einzelfolie gestaffelte Einblendungen oder Animationen einzusetzen. Sie können zum Beispiel die Balken eines Diagramms nacheinander einblenden, aufeinander aufbauende Bulletpoints einschweben oder zunächst ein Bild und danach die Textüberblendung erfolgen lassen. So erzeugen Sie mehr Spannung beim Personalverantwortlichen, wenn er sich Ihre selbstablaufende Bewerbungspräsentation ansieht. Beispielsweise können Sie ausgewählte Stationen Ihres Lebenslaufs auf eine sich langsam erweiternde grafische Zeitachse packen oder mit einer wachsenden Mindmap Ihre größten beruflichen Erfolge als Entwicklung darstellen. Zum Start Ihrer Bewerbungspräsentation könnten Sie eine provokante These, eine Frage oder Fake News in den Raum stellen, um diese dann erst mit der nächsten Folie aufzugreifen oder aufzulösen: »Wussten Sie, dass 90 % aller Vertriebler vorbestraft sind?« oder »Studien haben gezeigt, dass Controlling in den meisten DAX-Unternehmen null Steuerungswirkung hat!«. Sie können auch sogleich mit einem starken Bild loslegen, das Emotionen weckt. Wenn Sie sich etwa als Umweltaktivist bewerben, könnte auf Ihrer ersten Einzelfolie das Foto einer Öltankerkatastrophe aufscheinen mit dem Text »Wollen Sie das? – Ich auch nicht!«. Oder Sie zeigen ein Foto mit sichtlich motiviert zusammenarbeitenden Menschen, falls eine Stelle ausgeschrieben ist, bei der Teambuilding eine zentrale Rolle spielt.

Hüten Sie sich davor, Zitate, Phrasen oder Bilder mit allzu abgedroschenem Symbolgehalt zu verwenden, zum Beispiel aufeinandergestapelte schwarze, flache Steine, die Work-Life-Balance und fernöstliche Gelassenheit suggerieren sollen, oder Zielscheibengrafiken als Symbol für Fokussierung und Treffsicherheit. In die gleiche Richtung gehen Bilder mit Menschen, die sich lächelnd die Hände schütteln, für erfolgreiches Verhandeln oder ineinandergreifende Zahnräder als Zeichen einer guten Koordinationskompetenz. Auch Fotos mit gerade zum Hundertmeterlauf startenden Personen (möglichst noch im Business-Outfit) auf einer rostroten Tartanbahn wie geradewegs von der Leichtathletik-Olympiade wirken künstlich und nicht sehr persönlich. Binden Sie stattdessen Fotos von sich selbst ein, zum Beispiel im Arbeitskontext, einen Post von Ihren Social-Media-Profilen oder einen Screenshot von Ihrer Website.

> **!** **Der springende Punkt**
>
> Recruiter rechnen gerade bei älteren Bewerbern nicht oft mit einem digitalen Bewerbungsinstrument, daher können Sie ruhig mit dem Thema Alter spielen. Sie können zum Beispiel ein altes Wählscheibentelefon oder eine Schreibmaschine einblenden und dies scherzhaft kommentieren mit: »Ich habe mit diesen Tools noch gut gearbeitet – und mich weiterentwickelt. Heute nutze ich die noch besseren!« Blenden Sie danach ein Bild von sich in einem Elektrotechnik-Shop mit dem neuesten Tablet ein, zeigen Sie sich in Aktion beim beruflichen Handytelefonat oder simulieren Sie eine Augmented Reality.

Zum Ende der Bewerbungspräsentation bietet sich ein kurzes Statement an, warum Sie sich für die einzig richtige Person der zu besetzenden Stelle halten. Ergänzen Sie dann – ähnlich wie beim Motivationsschreiben – noch einen aktiven Schlusssatz als Imperativ, um eine direkte Reaktion hervorzurufen (»Call to action«): »Jetzt habe ich es Ihnen zwar gezeigt, aber live erleben konnten Sie mich nicht – Wann wollen wir das nachholen?«

Wenn Sie möchten, können Sie einzelne oder alle Folien sprachlich kommentieren, das heißt, mit Ton versehen. Der Vorteil einer solchen Bewerbungspräsentation besteht darin, dass der Recruiter zusätzlich Ihre echte Stimme wahrnimmt und dadurch typischerweise eine stärkere Verbindung aufgebaut wird. Falls Sie sich dafür entscheiden, beachten Sie, dass Sie nun über zwei Wahrnehmungskanäle arbeiten: visuell und auditiv. Takten Sie daher die Folienwechsel in der Präsentation so ein, dass sie nicht gleichzeitig mit dem Ton geschehen – ansonsten geht eines von beiden unter. Auch sollte bei einer vertonten Bewerbungspräsentation der auf den Folien stehende Text lediglich das von Ihnen Gesprochene untermalen oder kurz anreißen, nicht aber redundant Ihre Worte wiederholen. Sie müssen also schon vor der Erstellung Ihrer Präsentation wissen, ob Sie sie vertonen wollen. Generell achten Sie auf eine klare und deutliche Aussprache, auf Betonungen statt monotoner Sprechweise, ein langsames Sprachtempo und ausreichend Pausen zwischen den Sätzen. Oft kostenlos angebotene Sprachübungen im Internet, mit denen professionelle Speaker und Theaterschauspieler sich vorbereiten, können Ihre Zunge gelenkiger machen und eventuelle Nervosität vor der Aufnahme mindern.

3.3.3 Das Bewerbungsvideo – werden Sie zum Leinwandstar!

Ebenfalls in die digitale Richtung zielt ein Bewerbungsvideo. Es fungiert in der Sache als Werbespot für Sie selbst, in dem der Personaler Sie eins zu eins erlebt, ohne Sie persönlich getroffen zu haben. Anders als bei Text, Bild und Ton kann er vor allem Ihre Kommunikation in Wort, Gestik und Mimik unmittelbar zu einem ersten Eindruck zusammensetzen. Bewerbungsvideos treiben die Idee, Bilder in die Köpfe anderer zu setzen, auf die Spitze.

Das kann zum Beispiel dann wichtig sein, wenn es darum geht, ein neues Team zusammenzustellen, in dem die sprichwörtliche Chemie stimmen muss. Ein Bewerbungsvideo bedeutet daher nicht nur ein Plus, wenn es Teil der ausgeschriebenen Position ist, vor oder hinter der Kamera zu stehen, wie etwa in der Kreativ-, der Medien- oder der Unterhaltungsbranche. Es kann auch bei Stellen mit erhöhtem Kundenkontakt, beispielsweise im Event-, im Marketing- oder Vertriebsbereich, Ihre Ausstrahlung und Ihren offenen Umgang mit Menschen verdeutlichen. Wird in der Stellenanzeige ausdrücklich ein Video verlangt oder hat das ausschreibende Unternehmen seinerseits statt oder ergänzend zur Ausschreibung ein Recruiting-Video erstellt, ist eine entsprechende kommunikative Reaktion in Form eines Bewerbungsvideos sinnvoll.

Herauskommen soll dabei weder ein gesprochener Lebenslauf in Form eines animierten Clips noch eine reine Show-Einlage. Vielmehr können Sie im Video ein Alleinstellungsmerkmal Ihrer Bewerbung herausheben oder durch Selbstironie ein Schmunzeln beim Personaler hervorrufen. Schließlich offenbaren Selbstkritik und Humor wichtige innere Haltungen, die man im Leben und im Beruf vertritt. Ein Bewerbungsvideo kann auch für einen Überraschungseffekt sorgen oder ein Kuriosum Ihrer Person pointieren, sollte aber vor allem eines bleiben: authentisch. Sie brauchen deshalb keine Schauspielausbildung und auch keine Hollywood-Karriere absolviert zu haben.

Ein Mini-Drehbuch für Ihr Bewerbungsvideo gestalten

Mit dem Kurzprofil und der Bewerbungspräsentation verbindet das Bewerbungsvideo, dass es jenseits von Fakten und Details Ihre Persönlichkeit in den Vordergrund rückt. Es sollte ebenso maximal 90 Sekunden dauern. Anders als im Jobinterview (siehe Kapitel 4.2), in dem Sie ad hoc reagieren müssen und der Verlauf der Unterhaltung nicht vollständig vorhersehbar ist, sollten Sie das Bewerbungsvideo vor der Aufnahme komplett durchspielen und sich vorab eine Kernaussage, die Inhalte und eine Struktur überlegen. In dieser kurzen Zeit spontan, locker und natürlich »rüberkommen« zu wollen, indem man sich einfach zu filmen beginnt, mag für witzige Videos in Social Media funktionieren – für das Bewerbungsvideo gilt wie für alle anderen Bewerbungsinstrumente: Professionalität mit Struktur ist gefragt.

Showtime

Digitales Extra

Bereiten Sie Ihr Video inhaltlich vor

Legen Sie zunächst fest, was die Kernaussage des Bewerbungsvideos sein soll, bezogen auf die ausgeschriebene Position. Wenn der Personaler den Film bis zum Ende angesehen hat und von einem Ihrer künftigen Kollegen gefragt würde: »Und, was macht der so für einen Eindruck?« – Was sollte der Personaler antworten? Formulieren Sie diese Kernaussage als ganzen Satz, zum Beispiel: »Frau … schafft es, komplexe Dinge auf den Punkt zu bringen!«, »Herr … bringt interkulturelle Praxis mit!« oder »Den Namen habe ich mir nicht gemerkt, aber: Der Mensch geht seinen Weg und nimmt Chancen wahr!«.

Für die Einleitung Ihres Bewerbungsvideos (maximal 15 Sekunden) notieren Sie eine Begrüßung, einen Satz über den Zweck des Videos und anschließend eine kurze Vorstellung in zwei bis drei Sätzen auf einer Karteikarte.

Dann überlegen Sie sich, was Sie inhaltlich in den Mittelteil (maximal 60 Sekunden) hineinpacken wollen, um Ihre Kernaussage zu transportieren. Dem ersten Beispiel folgend, könnten Sie ein kurzes Sketchnoting am Flipchart vornehmen, um zu demonstrieren, wie Sie eine hochkomplexe Finanzmaterie in einer Beratungssituation veranschaulichen. Im zweiten Fall könnten Sie ein oder zwei Fotos von geschäftlichen Auslandsreisen im Hintergrund einblenden, während Sie über überraschende Interaktionen mit fremdländischen Kunden berichten, zum Beispiel ein witziges Missverständnis über eine Vokabel. Im dritten Fall könnten Sie beispielsweise einen Studienabbruch oder einen Jobverlust durch einen zerbrochenen Gegenstand symbolisieren und dann zeigen, wie Sie eine unbequeme Situation akzeptiert, daraus gelernt und sich konsequent weiterentwickelt haben – etwa Ihre Lieblingsteetasse mit abgebrochenem Henkel, die Sie zur dekorativen Blumenvase umfunktionieren.

Für den Schlussteil (maximal 15 Sekunden) bietet sich als aktiver Schlusssatz ähnlich wie beim Motivationsschreiben und in der Bewerbungspräsentation ein Imperativ an, der auf eine direkte Reaktion gerichtet ist (»Call to action«): »Das hat Sie echt schon überzeugt? – Dann seien Sie gespannt, wenn wir uns persönlich kennenlernen! Ich freue mich darauf!« oder »Sie glauben ernsthaft, das hier war nur so gut, weil ich alles einstudiert habe? Überprüfen Sie das und laden Sie mich zu einem Jobinterview ein!«.

Wichtig ist, dass Sie die Wirkmacht des bewegten Bildes ausnutzen und nicht im Märchenonkelstil einen mündlichen Vortrag halten. Ein Vorteil des Videos gegenüber allen anderen Bewerbungsinstrumenten besteht darin, dass man Sie unmittelbar in Aktion sieht. Schreiben Sie also etwas auf, gehen Sie einige Schritte, wechseln Sie die Position, drehen Sie sich ins Bild, deuten Sie auf Dinge und bauen Sie Gegenstände und Bilder in das Video ein. Dabei zählen die ersten Sekunden besonders, um die Aufmerksamkeit des Recruiters zu wecken. Das könnten Sie ganz simpel zu Beginn erreichen, indem Sie mit fragendem Gesichtsausdruck Ihre Bewerbungsmappe in die Kamera halten und sagen: »Sie haben keine Lust, sich durch meine Bewerbungsunterlagen zu lesen? Das verstehe ich gut – deswegen dieses Video!«

Wenn es zum Beispiel um einen Job im Umweltbereich geht, könnten Sie etwas Unleserliches auf ein leeres Blatt kritzeln, das Papier hochhalten und stirnrunzelnd als

Einleitung sagen: »Gut, dass Sie keinen Grafikdesigner suchen. Aber die Natur, die liegt mir wirklich am Herzen!« Danach zerknüllen Sie das Papier und werfen es in einen Korb mit der Aufschrift »Altpapier-Recycling«. Für eine Bewerbung als Data-Scientist könnten Sie mehrere Gegenstände, die alle bis auf einen dieselbe Farbe haben, auf einen Tisch legen und dann den andersfarbigen in die Hand nehmen mit den Worten: »Ich weiß, wie man aus großen Informationsmengen das Wesentliche herausfiltert!« Statt also nur über sich zu reden, interagieren Sie. Hier gilt das Prinzip »Show, don't tell« noch mehr als beim Motivationsschreiben (siehe Kapitel 3.4).

Special !

Anregungen hierzu können Sie sich gratis auf offenen Videoportalen wie YouTube oder auf Job-Matching-Plattformen wie etwa ALPHAJUMP holen. Orientieren Sie sich dabei an Beispielen aus Ihrer Zielbranche, damit Sie ein Gespür für den angemessenen Duktus bekommen.

Bevor Sie die Kamera anstellen, finden Sie zunächst einen Drehort, der zu Ihrer Kernaussage passt. Für einen Job im Außendienst kann dieser in der Stadt liegen, für die Stelle bei einer Umweltorganisation in der Natur, für einen Schreibtischjob eignet sich besser ein Ort indoor, etwa das eigene Homeoffice. Da in jedem Fall der Fokus des Videos auf Ihnen als Person liegt, empfiehlt sich ein unauffälliger Hintergrund, in dem sich nichts bewegt. Ablenkungen sollten weder durch Farben noch durch Motive gegeben sein. Achten Sie darauf, dass der Hintergrund aufgeräumt und nicht überladen wirkt, zum Beispiel bieten sich neutrale weiße Wände ohne Muster an. Schließlich wollen Sie, dass der Recruiter nicht die exotische Topfpflanze, den chrom-glänzenden Oldtimer am Straßenrand oder das grelle Plakat an einer Litfaßsäule in Erinnerung behält, sondern Sie.

Aus demselben Grund sollte die Umgebung absolut ruhig sein, Hintergrundgeräusche wie die von laut lärmenden Nachbarskindern, vorbeifahrenden Autos oder durch ein offenes Fenster hereinziehenden Wind lenken nur ab. Sie selbst mögen solche Geräusche kennen und Ihr Gehirn blendet sie einfach aus, doch eine fremde Person nimmt sie im Video wahr und die Aufmerksamkeit richtet sich weg von Ihnen. Vor allem im Außenbereich empfiehlt es sich daher, ein externes Mikro mit Rauschunterdrückung zu verwenden.

Das Bewerbungsvideo aufnehmen

Jetzt wird's ernst, der Dreh beginnt. Platzieren Sie dazu die Kamera ungefähr auf Höhe Ihres Gesichts, sodass sowohl Kopf, Oberkörper als auch Ihre Gestik erkennbar sind. Wichtig ist, dass Sie weder von oben herunter- noch von unten heraufschauen, sondern dass der Recruiter das Gefühl hat, mit Ihnen auf Augenhöhe zu sprechen. Nutzen Sie ein Kamerastativ oder eine feste Halterung für Ihr Smartphone, damit nichts wackelt. Die Kameraeinstellung muss gestochen scharf auf Ihr Gesicht gerichtet sein. Positionieren Sie sich in der Bildmitte, den Körper leicht seitlich zur Kamera gedreht wie bei einem guten Bewerbungsfoto.

Sorgen Sie für ausreichend (möglichst warmes) Licht, sodass keine Schatten auf Ihrem Gesicht erscheinen. Am besten reservieren Sie sich für das Video ein frühes Zeitfenster an einem hellen Tag. Ist das nicht möglich, können Sie Ihre Umgebung künstlich ausleuchten. Achten Sie darauf, natürliche (zum Beispiel von einem Fenster) und künstliche Lichtquellen nicht zu mischen. Der Lichteinfall sollte am besten von der Seite kommen, schauen Sie also nicht direkt in die Sonne oder in eine Lampe.

! **Special**

Sie benötigen für das Bewerbungsvideo weder besonderes Make-up noch eine aufwendige Maske. Jedoch sollten Sie (auch als Mann!) mit einem günstigen Abdeckpuder aus dem Drogeriemarkt Ihr Gesicht leicht mattieren, damit es im Bewerbungsvideo nicht glänzt – gerade wenn Sie verständlicherweise aufgeregt sind und schwitzen. Wählen Sie zuletzt für das Bewerbungsvideo ein Outfit, dass für ein Bewerbungsgespräch in Ihrer Branche angemessen ist (siehe Kapitel 4.2.2).

Nehmen Sie sich Zeit und seien Sie geduldig mit sich. Sie können das Bewerbungsvideo solange ganz oder in Teilen wiederholen, bis es für Sie gut genug ist. Selbst bei Profi-Drehs wärmen sich die Schauspieler auf, müssen proben, verhaspeln sich im Text, vermasseln die Übergänge oder machen eine ungeschickte Bewegung. Auch bei einem kurzen Bewerbungsvideos empfiehlt es sich, nicht alles in einem Stück abzudrehen, sondern in kleineren Sequenzen, die Sie anschließend zusammenfügen. Zum einen wird es fast immer eine Kleinigkeit geben, die Ihnen nicht gefällt. Vielleicht kam Ihr Lächeln in der ersten Einstellung besser rüber, dafür war die Intonation in der zweiten besser und in der dritten dafür endlich einmal der Himmel wolkenfrei. Zum anderen ist es für den Personaler abwechslungsreicher, wenn verschiedenen Sequenzen mit unterschiedlichen Inhalten und Drehorten aufeinanderfolgen. So können Sie sich zum Beispiel zur Begrüßung von links in das Bild drehen, zum Abschluss von rechts. Probieren Sie auch unterschiedliche Sitzpositionen aus und variieren Sie die Kameraperspektive auf den Hintergrund leicht. Schneiden Sie die Einzelszenen erst später mit einer einfachen Aus- und Einblendfunktion zusammen – das gibt auch dem Personaler eine Sekunde Zeit, in der er das zuvor Gesehene verarbeiten kann.

Bedenken Sie, dass ein Video kein Gespräch ist! Achten Sie also ähnlich wie bei der vertonten Bewerbungspräsentation auf eine klare und deutliche Aussprache, auf Betonungen statt monotoner Sprechweise und ein angemessenes Tempo. Sagen Sie nichts, während Sie etwas tun (auf etwas zeigen, sich drehen, aufstehen oder etwas heben), sondern davor oder danach. Wenn Sie sprechen, nehmen Sie eine ruhige Haltung mit aufgerichtetem Oberkörper ein, wackeln Sie nicht zu sehr hin und her. Dabei zu stehen hat gegenüber dem Sitzen zum einen den Vorteil, dass Ihre Stimme wegen des Spannungszustands der Muskeln im gesamten Körper besser und voluminöser klingt. Zum anderen neigen Sie im Stehen eher dazu zu gestikulieren, wodurch Sie insgesamt präsenter, motivierter und dynamischer wirken. Stützen Sie sich nicht auf

Ihre Hände auf und halten Sie sich nicht an Möbeln fest. Achten Sie zudem darauf, Ihre Hände nicht in die Hosentaschen zu stecken, vor Ihrem Körper zu falten oder mit ihnen ein Spitzdach zu formen – all das wirkt abweisend. Wenn Sie nicht wissen, wohin damit, nehmen Sie lieber einen unspektakulären kleinen Gegenstand in Grau oder Schwarz in die Hand, zum Beispiel eine Karteikarte oder einen Stift. Bemühen Sie sich – anders als im Bewerbungsgespräch –, ständig den Blick fest auf die Kamera zu richten, als säße der Recruiter leibhaftig vor Ihnen.

Der springende Punkt !

Gönnen Sie sich den Spaß am Ausprobieren! Wenn Sie genervt oder unzufrieden sind mit dem Drehfortschritt, sich dabei ertappen, immer wieder denselben Fehler zu machen, oder an einer bestimmten Stelle nicht weiterkommen – legen Sie eine Pause ein! Der Personalverantwortliche merkt später, ob Sie entspannt waren oder das Bewerbungsvideo einfach nur noch zu Ende bringen wollten. Letztlich macht es gar nichts, wenn hier und da ein Räusperer zu hören ist oder Sie sich beim Sprechen mal korrigieren müssen, das brauchen Sie nicht herauszuschneiden. Die meisten Personaler interessieren weder die perfekte Choreografie noch Special Effects oder schauspielerische Perfektion. Wichtig ist, dass Sie nach der Aufnahme sagen können: Das bin ich in echt!

Anders als im Social-Media-Bereich meist üblich, sollten Sie das Bewerbungsvideo – sofern Sie es mit Ihrem Smartphone aufnehmen – nicht im Hoch- sondern im Querformat anlegen. Der Personaler wird es vermutlich nicht direkt auf dem Handy, sondern an seinem Bürocomputer anschauen. Verbreitet ist dabei ein Seitenverhältnis von 16 : 9.

Weder für die Aufnahme noch für die Bearbeitung Ihres Bewerbungsvideos müssen Sie viel Geld investieren oder zwingend an eine teure Agentur hinzuziehen. Es gibt zahlreiche günstige oder kostenlose Apps für Video-Editing und Videoschnitt, zum Teil sind sie bereits in das Betriebssystem Ihres Computers integriert, wie beispielsweise der »Windows Movie Maker« oder »iMovie for Mac«. Auch Anwendungen wie »DaVinci Resolve«, der »VSDC Free Video Editor« oder »Shortcut« reichen in der Regel völlig aus, um einfache Aus- und Überblendungen zu fertigen, Ton und Bild nachzubearbeiten und die einzelnen Videosequenzen zu schneiden und in die richtige Reihenfolge zu bringen.

Schicken Sie das Bewerbungsvideo nicht als Anhang einer Nachricht, da es aufgrund der Größe vom Spam-Filter schnell mal aussortiert wird. Verweisen Sie stattdessen auf einen Internetlink, zum Beispiel im Motivationsschreiben, im Freifeld bei einer Online-Bewerbung oder in einer E-Mail. Das kann Ihr privat genutzter Filehosting-Dienst sein, über den Sie das Video als gesicherten Download bereitstellen. Sie können es ebenso auf Ihrer eigenen Website zum Netzwerken einbetten (siehe Kapitel 2.4), von wo aus es gestreamt werden kann und der Personaler automatisch auf Ihrer Seite landet. Außerdem können Sie Ihr Bewerbungsvideo auf speziellen Bewerbungsplattformen einstellen oder in ein offenes Videoportal hochladen. Der Vorteil ist hier, dass Sie beim Upload meist nicht auf Dateigröße, Videoqualität oder Dateiformat achten müssen, sondern die Plattform diese Eigenschaften automatisch im Eigeninteresse optimiert. Ansonsten kommen als gängige Videoformate zum Beispiel »MPEG-4« (.mp4) oder »HTML5« (.webm) infrage, die Personalverantwortliche auch auf dem Bürocomputer problemlos abspielen können sollten.

! **Special**

Der Mehrwert einer Veröffentlichung des eigenen Bewerbungsvideos liegt darin, dass auch andere Ihre Selbstpräsentation sehen können, seien es potenzielle Netzwerkkontakte, Headhunter oder Personalvermittler. Damit nutzen Sie es nicht nur einmalig für eine Bewerbung, sondern ziehen Synergien daraus.

3.4 Das Motivationsschreiben – mit Kontinuität und Balance punkten

Viele Recruiter lesen zuerst den Lebenslauf oder das Kurzprofil und danach gegebenenfalls das Anschreiben – in den meisten Fällen überfliegen sie es allenfalls oder lesen es gar nicht. Viele Online-Bewerbungsmasken sehen mittlerweile dafür gar kein Feld mehr vor und die HR-Abteilungen mancher Unternehmen schreiben explizit, man solle davon Abstand nehmen.

Früher war ein gelungenes förmliches Anschreiben der Türöffner und damit eines der wichtigsten Bewerbungsdokumente. Das lag zum einen daran, dass es bei printmedialen Bewerbungen als oberstes Blatt ins Auge fiel, zum anderen daran, dass das Schreiben formeller Geschäftsbriefe zur täglichen Routine vieler Jobs gehörte. Am Anschreiben konnte man festmachen, ob jemand den Firmenton traf und sich formal-schriftlich auszudrücken vermochte. Heute empfinden viele das Anschreiben als überflüssig. Das mag mit dem teilweise weggefallenen Zweck förmlicher Geschäftskommunikation zusammenhängen. Viele Personaler bemängeln (meist zu Recht) dessen fehlende Aussagekraft. Darin aneinandergereihte Phrasen und Selbstdarstellungen oder Redundanzen aus dem Lebenslauf seien oft Zeitverschwendung, so der Tenor. Deswegen gehen Bewerber immer häufiger dazu über, ersatzweise zwei bis drei Einleitungssätze in die E-Mail zu packen, mit der die Bewerbung verschickt wird. Oder in manches Freifeld am Ende einer Online-Plattform. Damit vergeben sie jedoch Chancen.

3.4.1 Die Intension – it's all about motivation!

Gerade als älterer Bewerber können Sie mit einem gut gemachten Motivationsschreiben zeigen, dass die Höflichkeit der »alten Schule« in einem solch formellen Brief, ein Info-Mehrwert für den Adressaten und ein modernes Auftreten sich keineswegs ausschließen, sondern ergänzen! Dazu jedoch gilt es, sich diesen konkreten (neuen) Nutzen vor Augen zu führen:

- Motivation aus **Sicht des Bewerbers**: Warum wollen Sie persönlich gerade diese Stelle?
- Motivation aus **Sicht des Unternehmens**: Was hat die Firma davon, gerade mit Ihnen künftig zusammenzuarbeiten?
  Aus diesem Grund handelt es sich nicht um ein bloßes Anschreiben, sondern in der Sache um ein (gedoppeltes) Motivationsschreiben! Gerade die persönliche Motivation ist dem Personaler in zweierlei Hinsicht wichtig: Für eine Prognose, wie Sie später auf der ausgeschriebenen Stelle performen, ist dieser Aspekt valider als etwa langjähriges Wissen oder vielerprobtes Können. Nur weil Sie etwas sehr gut machen oder in der Vergangenheit bereits gut gemacht haben, sagt das nichts darüber aus, ob sie das auch in Zukunft wollen oder sich womöglich woandershin entwickeln möchten – eine ausdrücklich artikulierte Motivation hingegen schon.

Zudem gibt die persönliche Motivation dem Personalverantwortlichen wichtige Hinweise darauf, ob Sie in ein schon bestehendes Team hineinpassen und was Ihnen an der Arbeit generell wichtig ist, denn er denkt stets andere Stellen bzw. die unternehmensweite HR mit. Manchmal existieren im Hintergrund bereits Ideen, alsbald weitere Positionen auszuschreiben, Organisationseinheiten neu zu formen oder Projektinhalte umzuverteilen. Wenn der Personaler Ihnen nach kurzer Zeit zum Beispiel im Zuge eines Stellenneuzuschnitts mehr von dem anbieten kann, was Sie motiviert, wird er bei Ihnen offene Türen einrennen. Sie machen sich dadurch über die konkrete Stelle hinaus interessant für die Personalentwicklung.

Die persönliche Motivation festlegen

Fragen Sie sich daher zunächst, was Sie an dieser konkreten, ausgeschriebenen Stelle motivierend finden, und schreiben Sie drei Punkte stichwortartig nieder. Das kann etwas Inhaltliches sein wie eine spannende Tätigkeit, ein neues Aufgabenfeld oder eine Verantwortlichkeit. Es kann auch etwas Methodisches sein, zum Beispiel die Erfolgsbezogenheit projektorientierten Arbeitens, die Anpassungsfähigkeit agiler Führung oder die analytisch-wissenschaftliche Herangehensweise in einem Forschungsverbund. Vielleicht motiviert Sie schlicht der verkehrsangebundene Arbeitsort, die Möglichkeit zu Teilzeit, Telearbeit und Homeoffice oder dass die Anfahrt zum neuen Arbeitsplatz nicht lange dauert und es damit möglich wird, flexibler auch mal nur kurz ins Büro zu kommen. Letztlich könnte es ein leistungsbezogenes Bonus-Vergütungssystem sein, was Sie reizt, oder bestimmte Incentives wie ein abgetrenntes Eckbüro oder ein eigener Dienstwagen. Da in zunehmendem Alter regelmäßig die intrinsische im Vergleich zur extrinsischen Motivation zunimmt (siehe Kapitel 1.1.2), wird eher eine solche, die aus Ihnen selbst heraus genährt wird, den Ausschlag geben.

Auf jeden Fall sollte es etwas sein, was mit der Stelle in ihrer konkreten Ausformung zu tun hat, denn nur sie soll aktuell vom Personaler besetzt werden. Dass Sie eventuell nach längerer Auszeit wieder einen Job wollen, dass Sie womöglich das Geld gut gebrauchen könnten, dass Sie sich noch nicht »zum alten Eisen« zählen und nochmals eine neue, spannende Herausforderung suchen oder dass Sie schlicht die Branche oder die Firma anziehend finden, mag Ihren Antrieb mitbedingen, sich für Jobs zu bewerben. Eine persönliche Motivation für die konkret ausgeschriebene Position begründet dies nicht. Stellen Sie sich also stets die Frage: Bekomme ich das, was ich hier kriege, auch bei den meisten anderen Jobs? Falls Ihre Antwort »Tja, schon« lautet, müssen Sie nachschärfen. Die Aussage »... weil die Unternehmenswerte mich ansprechen ...« lässt ansonsten sogleich die Gegenfrage auftauchen: »Wieso bewerben Sie sich dann nicht auf eine beliebige andere Stelle bei uns?« Auf das Statement »... da ich mich beruflich verändern und gleichzeitig weiterentwickeln möchte ...« stellt der Recruiter vielleicht die Frage: »Warum tun Sie das bei uns statt bei der Konkurrenz?«. Und eine Phrase wie »... zumal ich gerne mit Menschen zu tun habe und meine Fähigkeiten einsetze ...« löst unweigerlich die Reaktion aus: »Können Sie das nicht auch in Ihrer Freizeit?« Es mag alles zuvor Gesagte zutreffen, beantwortet aber die Frage nicht, was Ihre persönliche Motivation für genau diesen Job ausmacht.

! **Der springende Punkt**

Keinesfalls geht es darum, sich einzureden, dass die ausgeschriebene Position das Nonplusultra oder der Traumjob schlechthin sei. Es kann sein, dass daran vieles nicht stimmt oder einiges sie sogar stört. Offenkundig jedoch wollen Sie sich dafür bewerben und die Essenz dieses Beweggrundes sollten Sie extrahieren und voranstellen. Finden Sie partout nichts konkret Motivierendes, dann fragen Sie sich (ernsthaft), ob eine Bewerbung überhaupt Sinn hat. So wie eine starke Motivation Ihre Bewerbung dynamischer werden lässt und bei Ihnen Spaß am Formulieren weckt, so wird der geschulte Personaler es zwischen den Zeilen aus Ihrer Bewerbung herauslesen, wenn sie fehlt oder nur vorgeschoben wird.

Eine persönliche Motivation muss sich nicht zwingend daraus speisen, dass Sie durch die Stelle etwas Neues kennenlernen oder ausprobieren. Gerade mit fortschreitendem Alter kann es glaubhaft sein, eine letzte Position bis zum verdienten Ruhestand übernehmen zu wollen mit einer Tätigkeit, die Sie inhaltlich bereits lange und versiert ausgefüllt haben. Auch muss die persönliche Motivation nicht zwingend an bestehende Kompetenzen geknüpft sein. Was Sie gerne wollen und was Sie können, sind zwei Paar Schuhe. So kann eine noch unterentwickelte oder gar fehlende Kompetenz ein Antrieb sein, sich auf die neue Position zu bewerben, um sie sich dort anzueignen. Damit zeigen Sie Ihrem künftigen Arbeitgeber, dass ein Inhouse-Seminar oder eine Einschulungsreihe bei Ihnen keine Reaktion à la »Oh je, jetzt muss ich erst noch etwas nachholen, bevor ich einsatzfähig bin!« auslöst. Stattdessen freuen Sie sich darauf, dass dieser Job Ihnen die Chance verschafft, sich von der Firma fördern zu lassen. Echte persönliche Motivation lässt sich nicht durch Kompetenz ersetzen!

Showtime

Liefern Sie echten Nutzen mit unternehmerischer Motivation

Oft wird Bewerbern geraten, im Motivationsschreiben die Verbindungslinien zwischen ihren und den im Job verlangten Fähigkeiten aufzuzeigen. Dies leisten sie jedoch mit einem anderen Kommunikationstool: dem Lebenslauf. Wiederholungen aus dem Lebenslauf sind ein No-Go, denn dann bestätigte ein Motivationsschreiben die oben angeführte Unterstellung: Redundanz ohne zusätzlichen Mehrwert = Zeitverschwendung. Gerade ältere Arbeitnehmer treibt oft das Verlangen, Ihre berufliche Reife und Praxis zusätzlich im Motivationsschreiben auszuwalzen, doch damit befeuern sie unbewusst das Vorurteil des Märchenonkels, der vor dem Kamin den Enkeln vom echten Leben erzählt. Mit Formulierungen wie »... bringe ich langjährige Erfahrung mit im ...« oder »... habe ich viele unterschiedliche Einsatzgebiete erlebt ...« werden allenfalls Kurzprofil oder Lebenslauf in Fließtext übertragen, was als Übung für einen Besinnungsaufsatz im Schulunterricht taugt. Bieten Sie stattdessen dem Personalverantwortlichen etwas an, was sich zu lesen und zu merken lohnt, kurzum: einen echten Nutzen für das Unternehmen!

Hand aufs Herz: Der Naturholzboden im Badezimmer ist pitschnass, der Rohrbruch flutet den gerade renovierten Keller und der Handwerker hat sich auf den Weg gemacht. Wenn Sie in Ihrer Wohnung knietief im Wasser waten und endlich jemanden im Blaumann gewandet in der Eingangstür erblicken – interessiert es Sie dann brennend, wie er seine Lehre absolviert hat, welche Weiterbildung er gerade macht oder ob er die neuesten Werkzeuge zur Hand hat? Später auf der Bewertungsplattform schreiben Sie vielmehr, wie schnell er den Schaden behoben, wie professionell er die Leitungen abgedichtet und wie sich das kostenmäßig niedergeschlagen hat. Oder: Sie stiefeln in ein Elektronikgeschäft und bestaunen das neueste Smartphone. Interessiert es Sie vornehmlich, welche Entwickler daran jahrelang mitgearbeitet haben, wie viele Millionen Forschungsgeld dafür investiert wurden oder ob damit die Basis für eine revolutionäre Technik auf dem Mobilfunksektor gelegt wurde? Nein, Sie wollen feststellen, wie unglaublich flach, stabil und gleichzeitig leicht das Gerät daherkommt, wie fehlerfrei die neuesten Apps darauf funktionieren, wie gestochen scharf die Bilder der Handycam sind oder wie geschmeidig es in ihrer Hand liegt, richtig? Mit einfachen Worten: In erster Linie zählt das, was am Ende greifbar ist. Das entspricht der mentalen Situation des Personalverantwortlichen: Der Recruiting-Prozess dauert schon zu lang und die Fachabteilung fragt bereits ungeduldig nach, wann denn endlich die Stelle besetzt wird, damit man regulär weiterarbeiten kann. Das Wasser steht dem Team dort bis zum Hals. Welchen Mehrwert können Sie in einer solchen Situation bieten – ein analoges Funktelefon oder ein 5G-Handy?

Wichtig ist: Der Mehrwert für die unternehmerische Motivation muss nicht für Sie, sondern für das Unternehmen entstehen. Es kann sich also nicht allein um eine Fertigkeit, eine Kompetenz, ein Engagement oder ein Potenzial von Ihnen handeln. Derlei bieten Sie vieles an (unter anderem im Lebenslauf), aber davon hat das Unternehmen erst einmal nichts. Nutzen bringen Sie als künftige Personalressource erst dann mit, wenn Sie Ihr Potenzial ausschöpfen, wenn Sie es gewinnbringend einsetzen und eine Wertschöpfung generieren. Hartes Arbeiten per se bringt höchstens den Satz im Arbeitszeugnis ein: »Er hat sich stets bemüht!«, der bekanntermaßen als Code für die Aussage dient: »Viel gewollt und nichts gekonnt!«. Niemand möchte Geld bezahlen, wenn die Ausgabe nicht auf ein Resultat gerichtet einen Erfolg kreiert, denn Aktivität und Produktivität sind zwei unterschiedliche Dinge. Mit »Ich arbeite brav, fleißig und gewissenhaft« gewinnen Sie keinen Blumentopf im Recruiting-Gewächshaus, sondern ernten Unkraut oder stiften einen Beitrag für den Komposthaufen.

Das Unternehmen voranbringen

Fragen Sie sich, welchen Mehrwert Sie dem Unternehmen dadurch bringen wollen, dass Sie die ausgeschriebene Stelle künftig bekleiden. Schreiben Sie auch dazu drei Punkte stichwortartig nieder. Versetzen Sie sich in Ihren künftigen direkten Vorgesetzten hinein, der Sie nach kurzer Einarbeitungszeit lobt mit den Worten: »Na, das haben Sie aber gut gemacht!« – Wie könnte »das« konkret ausschauen und was könnte dies für das Unternehmen bedeuten? Haben Sie neue Kunden gewonnen? Haben Sie Prozesse verschlankt und dadurch schneller gemacht? Haben Sie Ressourcen und damit Kosten eingespart? Oder haben Sie einen Konflikt gelöst und so ein Hochleistungsteam handlungsfähig gemacht? Ein derartiger Mehrwert ist kein Potenzial oder eine Fähigkeit, sondern ein konkreter Benefit, der sich direkt auf das Unternehmen auswirkt! Er ist eine zentrale Antwort auf die Frage: Warum gibt es diese Position überhaupt?

Showtime

Benennen Sie konkret, was Sie mitbringen

Um auf solche Mehrwerte zu kommen, versetzen Sie sich gedanklich an Ihre künftige Arbeitsstelle – ohne Einschulung und Vorbereitungszeit: Wie denken Sie, wird ein Arbeitstag typischerweise, regulär, durchschnittlich ablaufen? Mit welchen Personen kommunizieren Sie auf welche Weise? An welchen Orten befinden Sie sich? Sitzen Sie an Ihrem Schreibtisch, halten sich oft in Meetingräumen auf, sind auf Reisen oder besuchen Menschen vor Ort? Mit welchen Materialien, Maschinen und technischen Geräten haben Sie zu tun? Was wartet an Herausforderungen, Gefahren, Risiken oder Fehleranfälligem auf Sie, wo müssen Sie besonders aufpassen? Wenn Sie abends nach getaner Arbeit heimkommen, was würden Sie Ihrem Lebenspartner oder einem guten Freund erzählen, was Sie heute konkret gemeistert haben? Vermutlich nicht, dass Sie viele Gespräche geführt, lange am Computer gesessen, sich hier und da einmal geärgert oder durch Berge von Informationen gekämpft haben – auch wenn dies zum beruflichen Alltag dazuzählt. Sie würden vielleicht sagen: »Heute habe ich eine Beschwerde so gemanagt, dass der Kunde sich ausdrücklich bedankt und ein neues Produkt gekauft hat!« Oder: »Heute war die Teamstimmung furchtbar, bis ich die Sitzungsmoderation übernommen habe – danach lief es!«

Formulieren Sie die Mehrwerte, die Sie liefern, nun direkt bezogen auf die ausgeschriebene Stelle, zum Beispiel: »Ich spare 10 % Kosten in der Beschaffung ein!«, »Mit mir reduzieren wir ein Viertel der Produktionsausfälle!« oder »Auf einer Skala von eins bis zehn treibe ich die Kundenzufriedenheit im ersten Jahr auf eine glatte Acht!«. Der folgende Ausschnitt zeigt, wie es gehen kann.

> …
> Herr Dr. Müller,
>
> Sie suchen nach einem versierten Kulturmanager? – Das bin ich!
>
> Attraktiv an meiner künftigen Position finde ich nicht nur, dass ich meine Erfahrungen sowohl als Künstler als auch aus dem Event- und Kunstbereich verbinden kann. Zudem reizt mich die Herausforderung, eine neue Sparte federführend am Kulturmarkt zu positionieren.
> …
> Auf der Stelle werde ich unseren Kulturbetrieb wirtschaftlich neu ausrichten und unabhängiger von Subventionen machen. Durch meine jahrelange und vertrauensvolle Zusammenarbeit mit Kulturinstitutionen schaffe …

Eine Ansage wie diese mag sich für Ihr Empfinden womöglich großspurig anhören, da Sie die Rahmenbedingungen für Ihr Versprechen noch gar nicht genau kennen. Vielleicht wird sich beim Jobinterview auch herausstellen, dass Sie auf der angestrebten Position gar nicht die Befugnisse haben, einen solchen Nutzen (allein) zu generieren. Oder dass an dieser Stelle kein Mehrwert für das Unternehmen erzielt, sondern dort etwas ganz anderes gebraucht wird. Das ist normal, denn schließlich blicken Sie noch immer von außen darauf, stellen Mutmaßungen an und ziehen daraus Schlüsse. Jedoch haben Sie mit Ihrer Denkweise eine Arbeitsweise aufgezeigt, die Sie als Mittel zum Zweck für die Firma einsetzen werden. Sie haben sich in die Stelle hineingedacht und gleich erste Lösungsansätze geliefert. Mit anderen Worten: Sie haben den Abstand zwischen sich als Bewerber und künftigem Stelleninhaber weiter verringert!

Solche Motivationsschreiben aus zwei kombinierten Perspektiven markieren den entscheidenden Unterschied zwischen ehrlichem Selbstbewusstsein und gespielter Überheblichkeit. Sie zeigen damit sowohl Ihre persönliche als auch die unternehmerische Motivation. Abstrakte Aussagen wie »… eine interessante und herausfordernde Tätigkeit in Ihrem innovativen und attraktiven Unternehmen …« bringen hingegen genauso wenig wie etwa bloße Postulate, dass »… Marketing Ihre glühende Leidenschaft ist«, Sie »... Projektmanagement als Ihre Passion entdeckt haben«, Ihr »... Herz heftig für das Facility-Management pocht« oder Sie »... in der Logistikbranche Ihre wahre Berufung gefunden haben«. Das klingt schon bei einer feierlichen Banketteröffnung anlässlich einer 30-jährigen Firmenzugehörigkeit arg beliebig. Im Motivationsschreiben ziehen Sätze wie diese buchstäblich keine Wurst vom Brötchen des Personalers. Nicht etwa, weil sie unwahr sind oder es gar schadet, sich seiner Sache sicher zu sein. Jedoch können Sie Ihr Gegenüber nur dann von sich überzeugen, wenn Sie überzeugende Argumente liefern. Belegen Sie das Gesagte nicht, bleibt es reine Rhetorik. Wenn Sie hingegen konkrete Situationen aufzeigen, die Ihre Motivation nachvollziehbar machen, spricht nichts dagegen, sich in direkten Worten und mit voller Überzeugung zu positionieren. Ein weiterer Pluspunkt daran ist, dass Sie dem Personaler damit sehr anschaulich Ihre Interpretation der Stelle vermitteln, das heißt, zu verstehen geben, was dafür in Ihren Augen wichtig ist.

3.4.2 Form und Sprache – verbindlich, aber ohne Notariatsstil

Viele Motivationsschreiben verfallen nicht zuletzt wegen des ursprünglich strikten Aufbaus als Geschäftsbrief oft wieder in dessen Duktus. Doch selbst wenn Ihnen eine »klassischere« Form eher zusagt, muss der Text nicht verstaubt klingen.

> **Showtime**
>
> **Entscheiden Sie über Form und Formulierung**
> Entscheiden Sie vorab, ob Sie Ihr Motivationsschreiben wie einen klassischen Geschäftsbrief aufbauen wollen oder freier. Sollten Sie sich für zuletzt Genanntes entscheiden, könnte eine Überschrift lauten: »Warum wir zusammenarbeiten sollten« oder »Zusammen können wir viel erreichen«. Darunter können Sie in die beiden Motivationsebenen untergliedern und jeweils Ihre drei Stichwörter mit Aufzählungszeichen und eingerückt anführen. Falls Sie sich für zuerst Genanntes entscheiden, folgen Struktur und Design Ihres Motivationsschreibens den klassischen Regeln für eben diese Briefform. Dabei ist das obere Drittel jeweils linksbündig für die eigene Anschrift und die darunterstehende Adresse des Empfängers vorgesehen – auch wenn Sie Ihre Bewerbung per E-Mail versenden oder online auf einem Bewerbungsportal hochladen. Unter die beiden Adressfelder kommen rechtsbündig Ort und Tagesdatum. Danach folgen jeweils wiederum linksbündig die Betreffzeile, die Auskunft über den Zweck des Briefs geben soll, und dann eine förmliche Anrede. Der erst im Anschluss folgende Fließtext im unteren Blattabschnitt endet linksbündig mit Grußformel und Unterschrift.

Wenn Sie sich bei einer staatlichen Stelle, in einem konservativ-traditionelleren Umfeld oder auf eine eher honorige, auf Seniorität abzielende Stelle bewerben, kann der Griff nach solch einem – eher streng und statisch wirkenden – Gewand für ein Motivationsschreiben angebracht sein. Selbst dann muss es jedoch nicht altbacken oder gar antiquiert daherkommen. Schreiben Sie daher nicht wie früher »Wien, am 15. Januar 2022«, »Köln, den 18.01.2023« oder »Berlin, im März 2024«, sondern lassen Sie Präpositionen zwischen Ort und Datum weg. Ebenso taucht in der Betreffzeile das Wort »Betreff« nicht mehr auf, sondern lediglich der Briefzweck selbst, etwa »Bewerbung für die Stelle …« oder »Vorstellung als Ihr neuer …«, den Sie zusätzlich entweder mit Fettdruck, Unterstreichung oder eine größere Schrift hervorheben können (nicht mehreres davon gleichzeitig!). Das Medium, in dem Sie die Stellenausschreibung entdeckt haben, führen Sie ebenso wenig an wie eine Kennzahl oder Chiffrenummer – das gehört allenfalls in die Betreffzeile einer E-Mail, damit sich Ihr Schreiben zuordnen lässt.

Sprechen Sie in der förmlichen Anrede eine echte Person an, um eine Verbindung herzustellen – selbst wenn dies die falsche oder nicht diejenige ist, die Ihre Bewerbung als Erste auf den Tisch bekommt. Vielleicht ist ihr Name direkt in der Ausschreibung genannt. Falls nicht, schreiben Sie Ihren zukünftig direkten Vorgesetzten gemäß Firmenorganigramm oder notfalls die Leitung der Fach- oder der Recruiting-Abteilung an. Falls Sie keine passende Information finden oder unsicher sind, ist das ein guter Aufhänger, um direkt im Unternehmen anzurufen und zu fragen, wen man anschreiben sollte (siehe Kapitel 3.1).

Der springende Punkt !

Vermeiden Sie allgemeine Anreden wie »Sehr geehrter Herr …« oder »Sehr verehrte Frau …«, sondern individualisieren Sie bereits hier. Das kann ein schlichtes »Guten Tag, Herr …« sein oder ein direkteres »Frau …, Sie suchen …?« – Hauptsache, die Form einer Anrede bleibt gewahrt, ohne dass der Recruiter gleich einschläft. Alle Anreden mit dem Wortstamm »Liebe …« sind tabu, es sei denn, Sie kennen die Person lange persönlich! Die Person, die Sie mit der förmlichen Anrede ansprechen, wird – gegebenenfalls mit akademischem Doktorgrad (in Österreich mit akademischen Hochschulgraden, Ehren- und Berufstiteln!) – im Feld der Empfängeranschrift mit Funktionsbezeichnung direkt als Erstes genannt. Nach dem Unternehmen »zu Händen Herrn …« oder »z. Hd. Frau …« anzuführen wirkt antiquiert und bürokratisch. Zudem gilt: Wurde die Stellenausschreibung per du ausgeschrieben oder ist das betreffende Unternehmen ein junges Start-up, sollten Sie ebenfalls diese persönliche Anrede nutzen, um dieselbe Sprache zu sprechen.

Vermeiden Sie im Motivationsschreiben allzu formelhafte Umstandsbeschreibungen, wie sie früher gerne für Satzeinleitungen genutzt wurden, etwa »zurückgehend auf meine gestiegene Veränderungsbereitschaft« oder »unter Bezugnahme auf das gestrige Bewerbungstelefonat ...«. An Amtsdeutsch erinnernde Behördensprache suggeriert keine Offenheit und Begeisterung, sondern wirkt distanziert und kühl. Ähnliches gilt für die verstärkte Verwendung des Nominalstils, beispielsweise: »Das Beherzigen bei der vorherigen Ausübung von ...« oder »... würde ich mich über eine hinreichende Berücksichtigung meines Ansuchens freuen«. Lange Schachtelsätze sollten ebenfalls vermieden werden, da der Personaler schnell und einfach die Inhalte aufnehmen möchte. Ganz generell sind Inhalte einfacher zu erfassen, wenn ein Hauptsatz die zentrale Information enthält statt dem Nebensatz und wenn der Hauptsatz am Anfang steht und der Nebensatz folgt. Anstelle von »Wenn ich Ihre Aufmerksamkeit geweckt habe, freue ich mich ...« formulieren Sie daher »Ich freue mich, wenn ...«.

Lassen Sie die aus der Zeit des Abheftens und Ordnens papierener Bewerbungsakten stammenden Anlagenvermerke wie »Beilage: Lebenslauf, ...« oder »Anlage: CV, Kurzprofil, ...« nach der Unterschrift am Ende des Briefs weg. Verweisen Sie auch sonst nicht im Motivationsschreiben auf Unterlagen mit Formulierungen wie diese: »Wie Sie auch dem beiliegenden Lebenslauf entnehmen können ...« oder »Für alle weiteren Details kontaktieren Sie gerne mein Social-Media-Profil ...«. Falls Ihr Motivationsschreiben überzeugt, wird der Personaler dies tun, insofern er es für sinnvoll hält; andernfalls wird er es nicht deswegen tun, weil Sie es ihm raten. Weiter- oder Querverweisungen bekunden keine Motivation, sondern lenken vom Schreiben weg!

3.4.3 Der Inhalt – mit starkem Start und klarer Ansage

Wie erwähnt: Das Motivationsschreiben wird von Personalverantwortlichen oft als vernachlässigbar angesehen. Deshalb ist es noch wichtiger, in den Fließtext gut einzusteigen. Vielen Bewerbern wird deshalb geraten, zu Beginn etwas Wertschätzendes zum Unternehmen oder dessen Image zu sagen und sich darauf zu beziehen, dass man ähnliche Werte lebe. Das krankt jedoch nicht nur daran, dass mit allgemeinen Werten selten eine konkrete emotionale Verbindung etabliert wird, die den Recruiter zum begeisterten Weiterlesen animiert. Auch bleibt die Werteebene meist stark interpretationsbedürftig, da zum Beispiel Nachhaltigkeit, Verantwortung und Fortschritt Unterschiedliches bedeuten können.

Der gelungene Einstieg ins Motivationsschreiben

Oftmals wird empfohlen, mit einem Dank dafür einzuleiten, dass sich das Gegenüber Zeit nimmt, um die Bewerbung zu lesen. Dies zeigt ebenfalls kaum Wirkung, zumal es auch sachlich schief klingt: Einerseits haben Sie als Bewerber allein durch das Lesen noch nichts gewonnen, wofür es sich zu danken lohnt. Andererseits gehört dies zum Job des Personalers, für den er bezahlt wird.

Showtime

Der erste Satz muss ziehen

Steigen Sie nach der Anrede entweder mit einem Satz ein, der sich auf eine bestehende Verbindung bezieht:

- »Gerne knüpfe ich an unser gestriges, spannendes Telefonat an …«
- »Die weiteren Informationen aus Ihrer E-Mail haben mich bestärkt, …«
- »Ich greife Ihre Anregung vom Meeting beim … auf!«
- »Es hat mich sehr gefreut, Sie auf der Veranstaltung … persönlich kennenzulernen!«

Oder Sie beginnen mit einer spannenden inhaltlichen Aussage. Statt mit nichtssagenden Floskeln zu starten wie »hiermit bewerbe ich mich auf die Stelle …«, »ich interessiere mich für den Job als …«, »auf diesem Weg möchte ich …« oder »gerne sende ich Ihnen anbei meine Bewerbungsunterlagen …«, kommen Sie direkt zur Sache. Dazu können Sie mit einer rhetorischen Frage beginnen, welche die Antwort schon in sich trägt, oder mit einer, die gar nicht auf eine Beantwortung aus ist:

- »Wollen Sie die wichtigsten drei Gründe wissen, warum ich Ihrem Unternehmen Nutzen als Security Assistant bringe? Dann lesen Sie weiter!«
- »Falls es unverschämt klingt, Kunden die bestmögliche Dienstleistung anzubieten, bitte ich aufrichtig um Vergebung. Allerdings war mein Eindruck, dass Ihr Verkaufsteam es genauso sieht, oder!?«
- »Sie suchen einen erfahrenen Bauingenieur mit Zusatzexpertise im Baugenehmigungsrecht? Glückwunsch, das bin ich!«
- »Ich soll nicht in Ihre Eventagentur passen? Na, haben Sie eine Ahnung!«
- »Sie bevorzugen Qualität, nicht wahr? Dann passen wir perfekt zusammen!«
- »Laut Ihrer Ausschreibung brauchen Sie eine neue Stabsstelle im Rechnungswesen – etwa ohne mich?«

Sie können auch provozieren, indem Sie den Leser auf eine falsche Fährte locken, zum Beispiel so: »Wissen Sie, eigentlich kümmerte mich die Tourismusbranche lange Zeit wenig – aber zehn Jahre im Reiseverkehr haben mich süchtig danach gemacht!« Oder: »Ehrlich gesagt, hat mich Ihre Stellenausschreibung null angesprochen – was mich begeistert, ist die spannende Aufgabe dahinter!« Oder Sie spielen mit der Perspektive des Personalverantwortlichen und wechseln kurz auf eine Metaebene, etwa so: »An Ihrer Stelle wäre ich genervt, wenn ich Hunderte Bewerbungen durchgehen müsste. Freuen Sie sich umso mehr über meine, mit der ich gleich zum Punkt komme: …«

! **Der springende Punkt**

Auch an dieser Stelle ist es ein No-Go anzuführen, in welchem Medium Sie auf die Stellenanzeige gestoßen sind, etwa »Mit großem Interesse habe ich Ihre Stellenanzeige im Hintertupfinger Käseblättchen erblickt«. Die Info hat weder etwas mit Ihrer Motivation zu tun, noch sollte sie für den Recruiter neuwertig sein, da er weiß, wo ausgeschrieben wurde.

Statt Motivation nur zu behaupten, zeigen Sie diese besser konkret (»Show, don't tell!«). Dieses aus dem Drehbuchschreiben stammende Prinzip lässt sich nicht nur auf Motivationsschreiben übertragen. Es bezieht auch eine menschliche Wesensart ein: Um etwas wirklich zu glauben, wollen wir es möglichst selbst erfahren, sehen und gezeigt bekommen, statt nur davon zu hören. Probe aufs Exempel: Wenn Sie in einem Kriminalroman lesen: »Er hatte Angst und war nervös«, und in einem anderen die Sätze: »Er blickte schnell abwechselnd nach links und rechts, kalte Schweißtropfen rannen von seiner Stirn, er drehte sich ruckartig um und ließ den Stift aus seiner zitternden Hand fallen«, ist die Aussage dieselbe. Nur: Was finden Sie glaubhafter und wo würden Sie gerne sofort weiterlesen wollen? Eben.

Oft wird Bewerbern dazu geraten, möglichst viele Begriffe direkt aus der Stellenanzeige wörtlich wiederzugeben. Richtig daran ist die Idee, dass sich Recruiter und auch zunehmend Computer-Algorithmen bei der Vorauswahl aus vielen eingegangenen Bewerbungen auf schnell erfassbare Schlüsselwörter konzentrieren. Daher wird eine Bewerbung als Digitalisierungsexperte vermutlich ebenso wenig überzeugen, wenn dort das Wort »digital« in keiner Weise vorkommt, wie eine Juristenstelle ohne den Wortstamm »recht«. Dass jemand aber fähig ist, Text abzuschreiben und Inhalte zu wiederholen, spielt weder für die meisten Jobs noch für die Vorauswahl die entscheidende Rolle.

Verlassen Sie sich daher auf Ihre Interpretation der Stellenausschreibung (siehe Kapitel 2.5.1), damit Ihre Formulierungen die Folge Ihrer Bewerbungsgedanken wiedergeben und nicht umgekehrt das Bewerbungsmarketing dem -inhalt vorgeht. Ähnliches gilt für die Wiederholung nichtssagender Social Skills aus der Stellenausschreibung wie »Teamfähigkeit«, »Belastbarkeit« oder »Kommunikationsstärke«. Zwar packt das Unternehmen manche Schlüsselwörter sehr allgemein und oft fast aufzählungsartig in Stellenanzeigen, um unter anderem möglichst einen breiten Bewerberkreis anzusprechen. Sie jedoch verfolgen das Ziel, sich engpass-konzentriert als die konkrete Lösung darzustellen (siehe Kapitel 2.2).

! **Special**

Denken Sie wie ein Verlagslektor, der das Rohmanuskript eines Autors sprachlich bearbeiten soll. Auf Wörter wie »sehr«, »äußerst« und »extrem« oder »wie kein anderer«, »einhundertprozentig« und »voll und ganz« verzichten Sie ebenso, wie Sie Leerphrasen, Floskeln und Füllwörter wie aus mancher Kaugummiwerbung weglassen. Fragen Sie sich stattdessen:

Lässt sich ein (Kraft-)Wort oder ein bewertendes Adjektiv oder Adverb wegstreichen, ohne dass die Grammatik des Satzes falsch wird und ohne dass die Grundaussage verloren geht? Dann raus damit und rein mit dem Inhalt!

Der Mittelteil – die (gedoppelte) Motivation in Worte verpacken

Nach dem gelungenen Einstieg fassen Sie Ihre drei persönlichen und drei unternehmerischen Motivationen auf maximal einer halben DIN-A4-Seite zusammen, und zwar mit der gleichen Formatierung wie beim Lebenslauf (siehe Kapitel 3.2.6). Wenn Sie Ihr Motivationsschreiben wie einen klassischen Geschäftsbrief aufbauen, entspricht das netto circa sechs bis acht Zeilen im unteren Blattabschnitt – mehr liest de facto kein Recruiter. Statt die beiden Motivationsarten hintereinander darzustellen, wirkt es lebendiger, wenn Sie sie ineinander verflechten.

Showtime

Prägen Sie Ihren Stil

Formulieren Sie Ihre persönliche Motivation jeweils in möglichst einfachen und kurzen Hauptsätzen wie »Attraktiv an der Stelle finde ich, dass …« oder »Spannend an der Position ist für mich, …«. Speist sich Ihre Motivation aus einer vermeintlichen Kompetenzschwäche oder einem Lerninteresse, könnten Sie zum Beispiel schreiben: »Gerne baue ich an der Stelle meine bestehenden IT-Grundkenntnisse aus!« Oder: »Ich freue mich, meine theoretischen Erfahrungen in der Datenbankpflege auf dieser Position mit Praxis anzureichern!«

Die unternehmerische Motivation können Sie zum Beispiel so anpreisen: »Auf der Position sorge ich dafür, dass … « oder »Als neuer … mache ich … schneller/günstiger/ertragreicher!«. Auch hier werden Sie so konkret und anschaulich wie möglich, selbst auf die Gefahr hin, sachlich danebenzuliegen. Mit »Ich unterstütze Sie darin …« (Welcher Art ist Ihre Unterstützung?), »Ich leiste einen wertvollen Beitrag …« (Was macht ihn wertvoll?) oder »Ich bin eine Bereicherung, denn …« (Was ist aus Ihrer Sicht bereichernd?) sorgen Sie nur für Fragezeichen im Kopf des Personalers.

Sie können auch überlegen, welche Arbeitssituationen aus Ihren vorherigen Jobs zur neuen Stelle passen, um eine Entwicklungslinie hin zur neuen Position zu ziehen: »Wie zuvor als Finanzkaufmann erprobt, greife ich Kundenbedürfnisse im direkten Gespräch auf und biete einen Lösungsvorschlag an.« Es wirkt nicht nur wesentlich eleganter, wenn der Personaler liest, interpretiert und selbst den Schluss zieht, dass Sie kundenorientiert denken, als wenn Sie plumpe Selbstbeweihräucherung betreiben: »Ich bin kundenorientiert.« Sondern das Prinzip »Show, don't tell!« zeigt auch einen respektvollen Umgang mit dem Gegenüber: Allein der Personalverantwortliche hat zu beurteilen, welcher Bewerber welche

Kompetenzen besitzt und für die ausgeschriebene Position infrage kommt. Es zeigt sich erneut der (feine) Unterschied zwischen ehrlichem Selbstbewusstsein und gespielter Überheblichkeit. Selbstbewusste Menschen haben es nicht nötig zu betonen, wie super sie sind. Sie zeigen einfach, was sie können, und überlassen die Bewertung tunlichst anderen. Wenn Sie etwa schreiben »Aus dem jahrelangen Eventmanagement weiß ich, dass der Angst vor Projektrisiken durch genaue Planung zu begegnen ist«, zeigen Sie eine für jedes Projektmanagement zentrale Kompetenz, ohne sie wörtlich behaupten zu müssen.

Wenn Sie sich dabei ertappen, Verben oft in der Vergangenheitsform zu verwenden, kann das ein Indikator dafür sein, dass der Mittelteil Ihres Motivationsschreibens noch nicht rund ist. Persönliche Motivation wirkt aktuell und drückt sich im Präsens aus. Unternehmerische Motivation spricht vom zukünftigen Mehrwert, den Sie als angehender Stelleninhaber erzeugen. Allein Tätigkeiten während Ihrer vorigen Jobs oder der schon erfolgte Erwerb von Kompetenzen in Weiterbildungen werden in der Vergangenheitsform dargelegt – allerdings nicht hier, sondern im Lebenslauf. An dieser Stelle geht es darum, Motivationen darzulegen. Antrieb speist sich jedoch nicht nur aus Inhalten, sondern auch aus der Art und Weise, wie motiviert wird – in diesem Fall vor allem mit Sprache.

Der passende Ton macht harmonische Bewerbungsmusik

Überzeugung manifestiert sich nicht zuletzt in einer Sprache, die zu Ihrer Grundaussage passt: Sie wollen die positive Message rüberbringen, dass Sie die richtige Person für den Job sind. Verwenden Sie deshalb auch positive Formulierungen ohne Negationen wie »nicht«, »kein« oder »ohne«, ebenso keine Beschreibungen, die eine reine Unterlassung beinhalten. Neurowissenschaftlich ist erwiesen, dass unser Gehirn Negationen nur über den Umweg versteht, sich erst das Negative positiv vorstellen und es dann umkehren zu müssen. Gerade für den Recruiter, der wenig Zeit aufwenden will, ist das nicht nur eine unnötige Anstrengung, sondern kann dazu führen, dass nach dem Lesen allein das Negative im Gedächtnis haften bleibt. »Mit neuer IT habe ich kein Problem« oder »Ohne Mühe füge ich mich ins Team ein« lässt sich genauso einfach positiv ausdrücken durch »In neue IT arbeite ich mich blitzschnell ein« oder »Ich agiere sofort als proaktives Teammitglied«. Mit einer Negation lenken Sie den Fokus auf das, was Sie vermeiden möchten. Richten Sie ihn konsequent auf das, was Sie erreichen wollen! Positiv denkende Menschen richten den Blick konstruktiv nach vorne und setzen positive Bilder in die Köpfe anderer. Wenn Sie sagen, sie seien nicht langsam oder ungenau, heißt das nämlich noch lange nicht automatisch, dass Sie schnell und präzise sind.

Formulierungen mit Modalverben wie »Ich möchte mich bei Ihnen vorstellen als …« oder »Ich könnte zum nächsten Monatsersten beginnen …« haben in Motivationsschreiben ebenso wenig etwas verloren wie Konjunktive im Stil von »Teilzeit wäre in meinem Interesse ...« oder »Ich hätte gerne viel Verantwortung ...«. Konjunktive und Modalverben dienen unter anderem zur sprachlichen Beschreibung von Situationen, die entweder nicht real, sondern nur möglich sind, oder dazu, einen Wunsch zum Ausdruck zu bringen. Das mag in einer Konfliktsituation oder gegenüber jemandem, zu dem sich keine Beziehung entwickeln will, berechtigt sein. Auch gegenüber einem ruppigen Fahrgast auf dem Nebensitz: »Wären Sie so nett, Ihren Ellenbogen aus meiner Nierengegend zu entfernen?« Ansonsten ist diese Ausdrucksweise als Höflichkeitsform nicht nur längst passé, sondern auch sachlich falsch. Wenn Sie eine schriftliche Bewerbung losgeschickt haben, heißt es richtigerweise »Ich stelle mich bei Ihnen als ... vor«. Falls Sie zum sofortigen Stellenantritt verfügbar sind, formulieren Sie korrekt »Gerne beginne ich zum nächsten Monatsersten ...«. Wollen Sie keine Vollzeitstelle, schreiben Sie sprachlich exakt: »In Teilzeit ist diese Stelle spannend für mich ...« Und wenn Sie einen verantwortungsvollen Arbeitsbereich mögen, dann teilen Sie klar und deutlich mit: »Ich trage gerne viel Verantwortung ...« So mancher Personaler hat schon auf die Phrase »Ich möchte mich für die Chance bedanken, dass ...« entgegnet: »Und wieso machen Sie es dann nicht, wenn Sie es doch so sehr wollen?«

In dieselbe Richtung weisen unnötige Abschwächungen oder Relativierungen wie »Ich versuche, möglichst ...« oder »Ich werde mich ernsthaft bemühen, dass ...«, ebenso die Wörter »vielleicht«, »womöglich« oder »eventuell«. Sie alle schwächen Ihre Aussage ab, machen sie klein und suggerieren Unsicherheit. Zuletzt sind auch Futur-Formen wie »Auf der neuen Stelle werde ich ...« mit Vorsicht zu genießen. Sprachlich lässt sich die Zukünftigkeit meist auch im gewöhnlichen Präsens ausdrücken, ohne die Aussage zu verfälschen, zum Beispiel: »Auf der neuen Stelle mache ich ...« Niemand weiß mehr als Sie und der Personaler, dass Sie die Zusage (noch) nicht haben. Jedoch klingt es nicht nur motivierender, sich den angestrebten positiven Zustand als existent vor Augen zu führen. Auch hilft es, erneut die Entfernung zwischen Ihnen und der Stelle zu verringern, wenn Sie es sprachlich so fassen, wie es in Ihrem Kopf sein sollte: Das IST mental bereits Ihr Job! Sie wissen das schon und schreiben es auch so, der Recruiter weiß es spätestens nach dem Lesen.

Achten Sie außerdem darauf, keine passiven oder intransitiven Verben zu verwenden, da aktive Verben dynamischer wirken. Anstelle von »Von meinen bisherigen Arbeitgebern wurde ich stets gelobt, weil ...« formulieren Sie lieber so: »Meine bisherigen Arbeitgeber lobten mich, weil ...« Im Vergleich zu »Nun ist für mich der nächste Schritt gemacht: ...« klingt »Nun gehe ich den nächsten Schritt: ...« besser. Und statt »Ich bin der Überzeugung, dass ...« verwenden Sie »Meiner Erfahrung nach ...«. Vermeiden Sie auch unpersönlich und verallgemeinernd wirkende Indefinitpronomen wie »Wenn man sieht, wie sich die Branche entwickelt ...« oder »Jemand sollte sich dem annehmen ...«. Formulieren Sie stattdessen »Ich sehe, dass sich die Branche entwickelt ...« oder »Nehmen wir uns dem gemeinsam an ...«.

3.4.4 Der Abschluss – no money, no honey!

Nachdem Sie im Mittelteil Ihres Motivationsschreibens überzeugt haben, gehört in den Abschluss ein Statement, welches Gehalt Sie sich vorstellen. Oft wird geraten, dies nur dann zu tun, wenn es ausdrücklich in der Stellenanzeige verlangt wird. Tatsächlich aber bietet sich hier eine gute Gelegenheit, deutlich zu machen, wie Ihre Erwartungen bezüglich der Vergütung aussehen. Weicht das Angebot des Unternehmens unüberbrückbar und meilenweit davon ab, senden Sie damit die klare Message: »Lassen wir es bitte sein!« Es gibt nichts Frustrierenderes, als nach einem langen und durchweg positiven Recruiting-Verfahren erst in den letzten Sekunden des dritten Jobinterviews festzustellen, dass man doch nicht zusammenkommt und dies von Anfang an klar war, aber nicht kommuniziert wurde. Verschwenden Sie weder die Zeit des Personalers noch Ihre.

Die Gehaltsvorstellung im Anschreiben konkret benennen
»Was nichts kostet, ist nichts wert!«, so heißt es im Volksmund. Das kann man in dieser Pauschalität kritisch hinterfragen, es zeigt aber jedenfalls im kommerziellen Bereich eine Konsistenzerwartung an: Sie haben vorher selbstbewusst dargelegt, welche Motivation Sie bieten und was für einen Gewinn das Unternehmen dadurch hat, wenn es künftig mit Ihnen zusammenarbeitet. Damit sollte auch ein stimmiger Preis einhergehen, denn sonst erscheint die Argumentation widersprüchlich. Soll man Ihnen abnehmen, was Sie zuvor gesagt haben, dann unterstreicht ein passender Gehaltswunsch nicht nur Ihre vorherigen Aussagen. Er zeigt auch, dass Sie den Job richtig verstehen und gehaltsrelevante Komponenten wie etwa Branchenüblichkeit, tarifrechtliche Eingruppierungen und die konkrete Verantwortung auf der ausgeschriebenen Stelle marktkonform einordnen können. Zuletzt ist es immer auch ein persönliches Statement, was Sie sich wert sind. Das wird (hoffentlich) nicht einzig über das Gehalt, aber eben auch darüber abgebildet.

Viele Bewerber überkommt bei diesem Thema das kalte Schaudern, obwohl es spätestens beim Jobinterview ohnehin zur Sprache kommt (siehe Kapitel 4.2.4). Sie fühlen sich überfordert, wehren sich innerlich dagegen, Ihre Leistungen in emotionslose Währung zu pressen? Falls Sie es nicht tun, tut es das Unternehmen – und da es sein Geld nicht selbst druckt, vermutlich nicht nur zu Ihren Gunsten! Sie befürchten, sich zu verschätzen und etwas über dem zu liegen, was das Unternehmen zu zahlen bereit ist? Selbst wenn auch das vorkommen mag: Falls Ihre Bewerbung bis hierhin überzeugt hat, wird der finanzielle Aspekt in der Praxis selten dazu führen, dass Sie nicht zu einem Jobinterview eingeladen werden. Es trägt aber in jedem Fall dazu bei, dass Ihre Verhandlungsposition im Jobinterview gestärkt wird. Denn Sie haben bereits etwas Tolles angeboten, wurden daraufhin eingeladen und haben einen adäquaten Gehaltsvorschlag auf den Tisch gebracht. Jetzt liegt der Ball im anderen Spielfeld. Falls dem Personalverantwortlichen Ihre Vorstellungen überzogen vorkommen, ist es nun an ihm, das runde Leder aufzunehmen und zurückzuspielen. Diese Situation ist allemal komfortabler, als sich nach einem halbwegs guten Gespräch oder Assessment-Center ad hoc etwas aus den Fingern saugen zu müssen auf die Abschlussfrage: »Nun, wie sehen denn so Ihre Gehaltsvorstellungen aus?« Darauf lehnen Sie sich gemütlich zurück, legen eine rhetorische Sprechpause ein, blättern nochmals in Ihrem ausgedruckt vor Ihnen liegenden Motivationsschreiben und entgegnen: »Hmmm, warten Sie kurz – Ich hatte Ihnen da, glaube ich, schon etwas vorgeschlagen! Geht das in Ihre Richtung?«.

Vermeiden Sie in jedem Fall windelweiche Aussagen wie »eine Vergütung im branchenüblichen Bereich« oder »eine der Aufgabe entsprechende angemessene Entlohnung«. Geben Sie auch keine Skala an wie »zwischen 60.000 und 70.000 Euro«. Der Personaler wird Sie beim Wort nehmen und davon ausgehen, dass 60.000 Euro genug sind – das obere Ende der Range wird keine Rolle mehr spielen. Überlegen Sie sich eine konkrete, auf die Hunderterstelle aufgerundete Zahl!

Showtime

Ermitteln Sie einen realistischen Gehaltswunsch

Falls Sie sich beim Berechnen unsicher sind, kreisen Sie das Thema von zwei Seiten ein: Fragen Sie sich zum einen, nach welcher Gehaltshöhe Ihr Lebensstandard derzeit bzw. nach Antritt der ausgeschriebenen Position verlangt. Einfacher gesagt: Sie arbeiten, um zu leben, und leben nicht, um zu arbeiten? Dann sollten Sie auch für sich definieren, wie beides miteinander korreliert. Dazu gehört auch, was Sie persönlich für die Ausübung des künftigen Jobs als monetär gerechtfertigte Anerkennung ansehen – von der Verantwortung, die Sie tragen, über die Mitarbeiter, die Sie führen, bis hin zu den Entscheidungen, die Sie für das Unternehmen treffen. Wichtig ist auch hier, nicht von der Gesamtheit Ihrer persönlichen Qualifikationen und Berufserfahrungen oder gar von Ihrem bisherigen Gehalt auszugehen. Beziehen Sie bei Ihren Überlegungen nur Ihre konkrete künftige Arbeitsstelle ein: Wie müsste die Vergütung für einen fiktiven Arbeitstag bemessen sein, an dem nichts richtig funktioniert, die Stimmung fast kippt und die Kollegen anstrengend sind (solche Tage wird es hoffentlich nicht dauernd geben, aber sie werden vorkommen)? Wie hoch muss sie mindestens sein, damit Ihnen nicht der Satz über die Lippen kommt: »Puh, und bei dem Ärger bin ich auch noch unterbezahlt!«?

Fragen Sie sich zum anderen, wie das Unternehmen die Bezahlung realistischerweise einschätzen wird. Meistens haben Sie bereits einen Hinweis in der Stellenausschreibung selbst, der jedoch in mehrfacher Hinsicht mit Vorsicht zu genießen ist: Oft findet sich dort nur die tarifvertragliche Untergrenze als gesetzlich vorgeschriebene Pflichtangabe, gegebenenfalls kombiniert mit einen kryptischen »gegebenenfalls besteht Bereitschaft zur Überzahlung«. Eine zusätzliche Recherche in ähnlichen Stellenausschreibungen sollte Ihnen zusammen mit einem Branchenbarometer im Internet zumindest Anhaltspunkte liefern. Zuletzt sollten Sie Ihr Wunschgehalt sowohl mit einer vertrauten Person besprechen als auch mit jemandem, der momentan in der betreffenden Branche arbeitet.

Wohlgemerkt: Wir reden an dieser Stelle von einem ersten Gehaltswunsch im Motivationsschreiben und nicht mehr. Es kann sein, dass er sich verändert, zum Beispiel weil sich die Stelle doch anders herausstellt, als vollmundig in der Stellenanzeige präsentiert. Oder vielleicht passt er sich an, weil Sie viele geldwerte Incentives bekommen, die in diesem Unternehmen normal sind, Ihnen aber nicht bekannt waren. Ebenso kann es sein, dass das Unternehmen ein Gegenangebot macht und Sie sich – weil Sie von der ausgeschriebenen Stelle begeistert sind – auf einen Kompromiss einigen werden. Deswegen definieren Sie rechtzeitig zwei weitere Größen in Gedanken gleich mit:

- Ihre absolute Schmerzgrenze, das heißt, einen Betrag, unter dem Sie – egal wie spannend Sie die Stelle finden – niemals zusagen.
- Den in das Motivationsschreiben aufzunehmenden Betrag, indem Sie circa 10 % bis 20 % auf das eingekreiste Wunschgehalt aufschlagen.

Die zweite und einzig veröffentlichte Summe dient dem Zweck, später noch einen Verhandlungsspielraum zu haben, um Ihrem künftigen Arbeitgeber entgegenkommen zu können, ohne Ihr Gesicht zu verlieren. Machen Sie den Angebotscharakter dadurch deutlich, dass Sie etwa formulieren: »Ein Bruttomonatsgehalt von … Euro anstrebend, verstärke ich gerne Ihr Team« oder »Ein Jahresgehalt (14 Monate) von … Euro erwartend, freue ich mich, mehr über Ihr Unternehmen zu erfahren«.

Wie bei einem guten Action-Movie bringt weder eine spannende Handlung noch ein echter Held etwas, wenn der Schluss misslingt. Sehr oft merken wir uns nämlich nur das Ende. Da das Motivationsschreiben oft nicht als Erstes, sondern als Letztes vom Personaler gelesen wird, ist eine gute Erinnerung daran umso wichtiger.

Der gelungene Schussakkord im Motivationsschreiben

In die beiden letzten Sätze Ihres Motivationsschreibens gehört jedenfalls die Information, ab wann Sie die Stelle antreten könnten, zum Beispiel so: »Gerne stoße ich zum 1.12.20XX zu Ihrem Team dazu!« Haben Sie keine Bedenken, dass aus Ihrer sofortigen Verfügbarkeit jemand zu Ihren Lasten rückschließt, dass Sie womöglich arbeitslos sind. Zum einen hat der Personaler meist vorher Ihren Lebenslauf gelesen und weiß überdies, dass Sie sich nicht aus Jux und Tollerei bewerben, obwohl Sie gerade in Ihrem Traumjob tätig sind. Zum anderen kann sofortige Verfügbarkeit ein dickes Plus darstellen, wenn dringend Ersatz gesucht wird und einer Ihrer Mitbewerber zwar besser passen würde, aber in einem Altvertrag mit längerer Kündigungsfrist festsitzt.

Verzichten Sie auf Kommunikationsangebote wie »Bei Interesse reiche ich gerne weitere Unterlagen nach« oder »Für Rückfragen stehe ich jederzeit zur Verfügung«. Dass das so ist, sollte in jedem Bewerbungsverfahren selbstverständlich sein und nicht als »Extrameile« angepriesen werden. Auch wirken solche abwartenden Aussagen wenig tatkräftig, sondern als würden Sie jetzt erstmal abwarten, (ob) etwas kommt. Schließen Sie Ihre Bewerbung lieber so dynamisch, wie Sie sie durchgehend gehalten haben: »Gerne überzeuge ich Sie auch in einem persönlichen Gespräch!« oder »Ich freue mich, bald Ihr Team persönlich näher kennenzulernen!«. Noch aktiver ist ein Imperativ, der auf eine direkte Reaktion gerichtet ist (»Call to action«), zum Beispiel: »Habe ich Sie überzeugt? – Dann lassen Sie uns bald treffen!« Oder: »Wollen Sie, dass bei … etwas weitergeht? – Dann lassen Sie uns gemeinsam durchstarten!«

Auch die Grußformel sollte individuell sein und keinesfalls »Mit freundlichen Grüßen« lauten. Hüten Sie sich auch davor, fremdsprachige Grußformeln einfach zu übersetzen, etwa »Beste Grüße«. Anders als das Englische kennt das Deutsche weder gute Grüße noch eine eingedeutschte Pseudo-Steigerung davon. Wenn seit Wochen neblige Herbststimmung vorherrscht, können »Sonnige Grüße« hingegen so manchem Personaler ein Lächeln entlocken. Wird in der Stellenausschreibung ein Ortsbezug betont, zum Beispiel weil man darauf Wert legt, dass der künftige Stelleninhaber zweimal die Woche in eine entferntere Außenstelle kommt? Dann könnten Sie mit »Viele Grüße nach …« verdeutlichen, dass Sie sich bereits mit den geografischen Umständen befasst haben. Arbeiten Sie bereits in der angepeilten Branche und bewerben sich aus einem aktuell bestehenden Arbeitsverhältnis heraus? Vielleicht auch aus einem wenig hierarchischen Umfeld, der Wissenschaft oder aus dem Start-up-Bereich? Dann heben »kollegiale Grüße« Sie auf eine Stufe mit Ihrem Gegenüber, statt dass Sie die Bittstellerposition des Bewerbers einnehmen. Wie bei der förmlichen Anrede im Motivationsschreiben bleiben bei der Grußformel alle Formulierungen mit dem Wortstamm »Liebe« tabu.

Special !

Um das Schreiben abzurunden, können Sie ein kurzes Postskriptum hinzufügen – maximal eine Zeile lang –, zum Beispiel mit einem Trigger wie »Einmal habe ich in einem Meeting erfolgreich vermittelt, als sich alle nur noch anschrien – Wollen Sie wissen, wie?« oder schlicht »Wissen Sie was? – Ich WILL diesen Job!«.

Zum Schluss unterzeichnen Sie das Motivationsschreiben, um es mit einer persönlichen Note abzurunden. Setzen Sie dazu Ihre Unterschrift einmal leserlich mit Füllfederhalter oder dunkelblauem Fineliner auf weißes Papier. Wenn Sie sie abfotografieren und als Grafik in das Textverarbeitungsprogramm einpassen, sieht sie nach der Umwandlung in ein schreibgeschütztes PDF aus wie frisch eingefügt.

3.4.5 Sitzt, wackelt und hat Luft? – Dann raus damit!

Bevor Sie Ihre Bewerbung abschicken oder final hochladen, lassen Sie sie eine Nacht liegen. Lesen Sie alles am nächsten Tag nochmals Korrektur. Achten Sie insbesondere darauf, dass Sprachstil und Formatierung über alle Textdokumente hinweg stringent sind. Vor allem wenn Sie oft und viel umgeschrieben haben, überprüfen Sie, ob Sie ein durchgehendes Bulletpoint-Design eingehalten und überall die gleichen Abstände und Einrückungen gestaltet haben. Lassen Sie eine Rechtschreibkorrektur über die Texte laufen und blenden Sie die Formatierungssymbole ein, unter anderem um leichter unnötige Leerzeichen zu erkennen. Geben Sie den Lebenslauf abschließend einer vertrauten Person zum Korrekturlesen mit der Bitte um Feedback zu Layout und zum ersten Eindruck.

Selbst wenn in der Stellenausschreibung »Nachweise« gefordert sind, schicken Sie keine Dienst- und Arbeitszeugnisse oder Urkunden von (Weiter-)Bildungsabschlüssen mit – es sei denn, es handelt sich um ein förmliches Besetzungsverfahren für eine haushaltsrechtlich ausgewiesene Position im Staatsdienst. Falls Sie Ihre Bewerbung per E-Mail versenden, beschränken Sie sich darin auf einen Standardsatz wie: »Sehr geehrte Damen und Herren, anbei finden Sie meine Bewerbung. Weitere Unterlagen reiche ich gerne nach. Mit freundlichen Grüßen …« Als E-Mail-Betreff verwenden Sie die Headline der Stellenausschreibung, gegebenenfalls mit dortiger Kennzahl. Bilden Sie als Anhang aus Ihren Texten ein einzelnes, maximal 5 MB großes PDF in der Reihenfolge: Motivationsschreiben, Kurzprofil, Lebenslauf. Statt einen ZIP-komprimierten Ordner zu verwenden, den der Personaler erst einmal entpacken muss, reduzieren Sie nur die Größe der Bilder, bevor Sie das PDF erstellen. Fordern Sie immer eine Lese- und eine Zustellbestätigung zur versendeten E-Mail an.

4 Überzeugend durchstarten im beruflichen Auswahlverfahren

Die Schwerter sind blankgezogen! Sie haben Ihr Interesse schriftlich bekundet, indem Sie im Unternehmen angerufen und Ihre Bewerbungsunterlagen dorthin gesendet haben. Der potenzielle Arbeitgeber oder Businesspartner hat zum Jobinterview oder Kennenlern-Meeting eingeladen. Und nun sollen die Klingen in der direkten Begegnung gekreuzt werden …

4.1 Die Vorbereitung – Gesprächsführung für Fortgeschrittene

In der Tat sehen viele Bewerber die persönliche Annäherung zwischen den beiden beteiligten Seiten so martialisch. Manch ein Frage-Antwort-Spiel im Stressinterview erinnert tatsächlich an eine Kampfsituation. Aber letztlich wollen die Beteiligten etwas voneinander, nämlich abgleichen, ob Erwartungen und Realitäten zusammenpassen – nicht weniger, aber auch nicht mehr.

4.1.1 Sie sind ein Auserwählter – Verhalten Sie sich auch so!

Mit der Einladung zu einem Jobinterview gehören Sie zu den maximal 5 bis 10 % derjenigen, denen der Personalverantwortliche die ausgeschriebene Aufgabe fachlich zutraut. Das ist keine Frage von bloßem Gefallen oder einem netten Potenzial, denn niemand lädt Sie ein, nur um mal zu schauen, ob sich hier vielleicht ein ungeschliffener Rohdiamant verbirgt. Wenn Sie nicht vorher schon mächtig haben funkeln können, bleiben Sie weiter im Verborgenen. Der Recruiter macht sich nicht auf gut Glück die Finger bei der Schatzsuche dreckig, dafür hat er schlicht keine Zeit. Das gilt auch bei Empfehlungen und Ähnlichem: Nur weil Sie schon einmal im oder für das Unternehmen gearbeitet haben, jemand Sie intern oder extern vorgeschlagen hat oder Sie gar den HR-Verantwortlichen persönlich kennen, werden Sie nicht automatisch eingeladen. Höchstens wird die Ausladung ein wenig höflicher ausfallen als eine demotivierende Standardantwort à la: »Es tut uns leid, Sie nicht weiter berücksichtigen zu können, da jemand anders noch besser die Anforderungen erfüllt. Bitte verstehen Sie dies nicht als Abqualifizierung Ihrer Person. Alles Gute für Ihren beruflichen Werdegang.«

Sie haben vielmehr einiges richtig gemacht und konnten aus einer hohen Zahl an Bewerbern positiv hervorstechen. Damit haben Sie die schwierigste Hürde im Bewerbungsprozess gemeistert. Die Aufmerksamkeitspanne von Recruitern für schriftliche Bewerbungen ist gering, aber Sie konnten Ihr Gegenüber fesseln – Gratulation!

Das Schöne daran ist: Selbst, wenn aus dieser Bewerbung letztlich kein Job resultiert, stimmt anscheinend vieles, was Ihre Richtung, Ihre Strategie und Ihre Selbstdarstellung angeht. Die geleistete Investition zahlt sich bereits für viele künftige Bewerbungen aus.

Digitales Extra

Showtime

Feiern Sie sich und reflektieren Sie Vergangenes
Danken Sie sich selbst gebührend, und zwar jetzt gleich! Klopfen Sie sich auf die Schulter, aber nicht, während Sie in einen anderen Raum gehen, Ihre E-Mails checken oder kochen. Begießen Sie das Ganze mit Freunden oder belohnen Sie sich ganz allein mit etwas Speziellem. Reservieren Sie dazu ein Zeitfenster in Ihrem Kalender, das nicht verschoben wird! Immerhin geht es bei all den Bemühungen um eine geschäftlich wichtige Angelegenheit – Ihre möglicherweise künftige berufliche Wirkstätte. Lesen Sie sich nochmals Ihre Bewerbungsunterlagen und die Stellenausschreibung durch. Fühlen Sie ein wenig Stolz? Das sollen Sie auch! Erinnern Sie sich an frühere Bewerbungsgespräche oder Verhandlungen mit potenziellen Kunden. Was hat besonders gut funktioniert und was weniger? Schreiben Sie Ihre guten Erfahrungen auf und überlegen Sie, was eine negative in eine positive Situation hätte wandeln können – aber nur dann, wenn Sie dies allein hätten bewerkstelligen können!

Für Ihre Vorbereitungen auf das Gespräch, zu dem Sie eingeladen wurden, blocken Sie sich sieben Tage vor dem Termin täglich 15 Minuten, die immer im selben Zeitfenster liegen (zum Beispiel morgens nach dem Aufwachen vor dem Frühstück). Legen Sie sich aufs Bett oder auf die Couch, schalten Sie Handy und Türklingel ab und lassen Sie sich nicht stören. Legen Sie beruhigende Musik auf, schließen Sie die Augen und denken Sie sich jeweils abwechselnd in eine der positiven und eine der negativen Erfahrungen nochmals hinein, an die Sie sich erinnert hatten. Bei den guten Erinnerungen reisen Sie zurück und lassen sich genüsslich hineinfallen. Denken Sie an die damalige Stimmung zurück, an Ihr Gefühl und zeichnen Sie den Ablauf entspannt im Kopf nach. Bei den weniger guten Erlebnissen tun Sie so, als stünden Sie erneut am Anfang. Begeben Sie sich auch in diese Situationen zurück, aber spielen Sie sie dann so durch, wie Sie sich darin wohlgefühlt und diese erfolgreich bewältigt hätten. Fantasieren und träumen Sie ruhig, was daraus hätte entstehen können: ein anderer Traumjob, ein tolles Projekt oder ein Kundenauftrag?

4.1.2 Das Kommunikationsziel festlegen und ihm folgen

Sie haben das freudige Gefühl erlebt und es gefeiert, zu einem Vorstellungsgespräch eingeladen worden zu sein – bevor Ihnen irgendwann mulmig wurde? Ähnlich wie vor einem großen Vortrag oder einem konfliktgeladenen Kundengespräch steigt in solchen Momenten das Stressniveau. Fragen kommen auf: »Oh je, schaffe ich den letzten Schritt?« und vielleicht auch Zweifel: »Puhhh, das wird jetzt nochmal schwierig!«. Die aktuelle Situation hat demgegenüber jedoch zwei entscheidende Vorteile: Erstens sind Sie nicht verpflichtet, den Termin wahrzunehmen, weil Kollegen oder Experten auf Sie warten, Sie eine dienstliche Anordnung ausführen oder jemand Sie dafür bezahlt. Und zweitens findet das Gespräch statt, weil Sie bereits überzeugt haben und man Sie eingeladen hat.

»Was, wenn Nelson Mandela nicht an seinen Freiheitskampf geglaubt hätte, Marie Curie sich als Physikerin hätte entmutigen lassen oder der Operntenor Paul Potts gedacht hätte, er könne nicht gut genug singen?« Diese und andere Beispiele großer Persönlichkeiten werden gerne genannt, um Bewerbern Mut zuzusprechen, damit sie an sich glauben. Vermutlich hatten diese Menschen nicht weniger Angst davor, zu versagen oder nicht souverän zu wirken, als Sie jetzt gerade. Das macht uns nicht nur menschlich, sondern zeigt auch, dass uns etwas wichtig ist. Solche Empfindungen mit »Reiß-dich-mal-zusammen«-Ratschlägen zu unterdrücken oder schauspielerisch zu übertünchen zeugt von mangelndem Respekt für eine psychisch sinnvolle Funktion. Nur Dummköpfe haben keine Angst! Falls Sie Nervosität verspüren, bedanken Sie sich innerlich bei Ihrer Angst, dass sie Ihnen helfen will, denn sie ist eine natürliche Reaktion. Und sie tritt nicht allein auf, sondern teilt sich das Feld mit ihren Verbündeten im Geiste: der Freude, ausgewählt worden zu sein, dem Spiel, sich ausprobieren zu dürfen, der Lust, sich erfolgreich beweisen zu können, und dem Wissen darum, auf jeden Fall etwas Neues zu lernen – und sei es über sich selbst. Verleihen Sie diesen Aspekten gedanklich mehr Stimme, dann klingen Angst, Stress und Nervosität als schräge Töne im Chor automatisch leiser. Ob Sie beim Jobinterview schwitzen und stottern, eine fachliche Frage nicht beantworten können oder die Kleidung leicht schief sitzt, entscheidet nicht über Ihren Erfolg – vor allem hängt er von Ihrer Zielfokussierung ab.

Ein persönliches Kommunikationsziel formulieren

Die Voraussetzung dafür ist, dass Sie wissen, was Sie wollen. Legen Sie daher vorab ein übergeordnetes Kommunikationsziel fest. Wie jedes gute Ziel sollte das keine vage Hoffnung sein und auch kein reines Wunschdenken, wie Ihr Jobinterview ausgeht. Es handelt sich vielmehr um einen hinreichend konkreten, leicht messbaren sowie realistischerweise möglichen Zustand in der Zukunft (»S.M.A.R.T.-Kriterien«). Wenn Sie nicht definieren, was genau »ein gutes Gespräch« für Sie ausmacht, können Sie nicht hinreichend darauf hinarbeiten, sondern werden sich höchstens im Nachhinein ärgern. Mögliche Ziele können sein: Sie haben einen bestimmten Redeanteil oder nehmen sich Raum für Ihre (Nach-)Fragen. Erstgenanntes könnten Sie etwa dadurch messen, dass Sie eine prozentuale Zeit definieren, Zweitgenanntes anhand der vollständigen Abarbeitung Ihrer Frageliste.

!

Der springende Punkt

Realistisch ist ein Ziel nur dann, wenn Sie selbst großen Einfluss darauf haben, dass Sie es erreichen – ansonsten wäre es im Fall des Scheiterns billig zu behaupten, dass dies ja nur an den anderen gelegen haben kann!

Das Kommunikationsziel für ein Jobinterview kann schwerlich eine Zusage sein. Zum einen muss sie in keiner für Sie erkennbaren Relation zum Gespräch stehen. So gibt es Fälle, in denen jemand (zu Recht) ein mieses Gefühl nach einem schlechten Gespräch hatte und trotzdem die Stelle angeboten bekam, etwa weil alle anderen Kandidaten schlechter waren oder die vor ihm gereihten Bewerber abgesagt haben. Und solche, in denen ein tolles Gespräch zu keinem Jobangebot führt, beispielsweise weil die Stelle im Nachhinein aus der Haushaltsplanung gestrichen wurde. Im Gespräch verfügen Sie zum einen nur über wenig Steuerungsgewalt, um ein solches Ziel zu erreichen. Und zum anderen wissen Sie selbst noch gar nicht, ob der Job zu Ihnen passt und Sie ihn wollen. Es kann sein, dass Sie im Interviews herausfinden, dass die Stellenausgestaltung oder der konkrete Arbeitskontext gar nichts für Sie sind.

Setzen Sie sich daher ein Kommunikationsziel, mit dem Sie – ganz unabhängig von einer Stellenzusage – auf jeden Fall einen persönlichen Gewinn erzielen. Verschriftlichen Sie es in einem ganzen Satz, zum Beispiel: »Ich erhalte drei spannende Einsichten ins Innenleben des Unternehmens!«, »Ich lerne zwei wichtige Punkte über die neue Branche!« oder »Jetzt weiß ich, worauf es auf einer Position wie der ausgeschriebenen wirklich ankommt!«. Es könnte auch lauten: »Ich probiere freche Antwortmöglichkeiten auf zwei typische Recruiting-Fragen aus«, »Die Unsicherheit bei meinem ersten Jobinterview nach langer Zeit verfließt!« oder »Ich erkenne drei Punkte, bei denen ich in der mündlichen Kommunikation noch besser werden kann!«. Das folgende Beispiel zeigt auf, wie solche Ziele aussehen könnten.

!

Beispiel

Meine persönlichen Kommunikationsziele
(Jobinterview 15.6.2021 – MedioPharm KG, Wien)

- Drei spannende Insights über ein führendes Arzneimittelunternehmen erhalten
- Zwei wichtige Punkte über aktuelle Pharmabranche gelernt
- Verstanden, welche zentralen Punkte für die ausgeschriebene Position inwiefern wichtig sind
- Neue Gesprächstaktik getestet und verbessert
- Vier Punkte an mir selbst kennengelernt, die ich in meiner mündlichen Kommunikation noch verbessern könnte
- …

Solche Vorhaben werden Ihnen helfen, den Erfolg eines Jobinterviews nicht rein funktional und einseitig am neuen Job festzumachen. Dadurch gehen Sie weniger verbissen in das Gespräch und lernen, es weniger als eine Challenge zu betrachten, sondern als das, was es ist: ein gedanklich offener Austausch auf Augenhöhe, ob und wie man zukünftig geschäftlich zusammenarbeiten will oder nicht. Gerade im letztgenannten Fall war das Jobinterview deshalb hilfreich, da Sie sich nun nicht mit versteckten oder falschen Erwartungen durch die Probezeit quälen, auf einen faulen Kompromiss einlassen oder durch lediglich den kleinsten gemeinsamem Nenner übervorteilt fühlen müssen.

Der springende Punkt !

Die mentale Vorbereitung ist meist bedeutsamer als die inhaltliche. Auch professionelle Leistungssportler trainieren für ihre Wettkämpfe nicht nur körperlich, sondern arbeiten mit spezialisierten Sportpsychologen zusammen. »Gewonnen wird im Kopf!« ist eine zentrale Erfahrung vieler Spitzensportler. Nur so ist das Abrufen des eigenen Potenzials in der entscheidenden Situation möglich, denn hochkompetent und inhaltlich gut vorbereitet sind die meisten anderen in der Bewerbungssituation auch. Vielleicht ging es Ihnen nach Gesprächen schon mal so, dass Sie später genau wussten, was die richtige Antwort, die spritzige Entgegnung oder die korrekte Reaktion gewesen wäre – nur einfallen wollte Sie Ihnen partout im entscheidenden Moment nicht! Das liegt dann oft daran, dass das Gehirn keine Richtschnur hatte, wie es auf die Schnelle reagieren soll.

BATNA und WATNA statt reiner Mindestgrenzen

Viele Bewerber überlegen sich vorab persönliche Mindestbedingungen für den ausgeschriebenen Job: ein Minimalgehalt, eine Höchstgrenze bei den Reisetagen pro Jahr, ein abgetrenntes Einzelbüro und anderes mehr. Das ist insofern hilfreich, als dass es Ihnen verdeutlicht, was Sie jedenfalls nicht (mehr) oder wenigstens haben wollen. Noch unterstützender für Ihre mentale Stärke und die spätere Verhandlung ist es jedoch, mit zwei anderen Größen zu arbeiten: die nächstbeste Alternative sowie die nicht mehr tragbare Alternative zum angestrebten Verhandlungsergebnis. Fragen Sie sich somit umgekehrt nicht (nur), was die Mindestgrenze, sondern was das Optimum bezogen auf den ausgeschriebenen Job wäre. Das könnte zum Beispiel das volle Ausreizen der angegebenen Überzahlungsmöglichkeit sein, eine komplett freie Zeiteinteilung oder die Kreation des eigenen Aufgabenbereichs, falls Ihnen derlei Dinge wichtig sind.

Von diesem positiven Gedanken ausgehend, definieren Sie im nächsten Schritt die aus Ihrer Sicht nächstbeste Alternative dazu (»best alternative to a negotiated agreement«, »BATNA«). Statt gedanklich vom wenig attraktiven Minimum auszugehen und dies entsprechend zu formulieren – »Also, das müsste schon sein!« oder »Hmmm, darunter würde ich nicht gehen wollen!« –, arbeiten Sie so auch unterbewusst zu einem positiven Zustand hin. Ihre BATNA könnte etwa sein, dass statt einer komplett freien Zeiteinteilung pro Woche bestimmte Tage fürs Homeoffice festgelegt werden dürfen. Oder dass zwar nicht die gesamte Bandbreite als Fixgehalt gezahlt würde, aber die Summe leicht durch einen kleineren leistungsbezogenen Bonus erreichbar wäre. Vielleicht ist Ihnen ein hohes Fixgehalt auch weniger wichtig, wenn Sie zusätzlich Kantinengutscheine, einen Dienstwagen oder ein ÖPNV-Ticket erhalten, was indirekt eine ähnliche monetäre Wirkung für Sie hätte. Oder Ihre BATNA besteht darin, dass Sie weitere attraktive Jobmöglichkeiten und/oder Jobinterviews in petto haben oder die ausgeschriebene Angestelltentätigkeit auch als B2B-Partner auf Honorarnotenbasis anbieten könnten. Diese nächstbeste Alternative existiert nur in Ihrem Kopf und wird dem Gegenüber nicht direkt genannt, doch das Vorhandensein einer starken, realistischen Vorstellung stärkt Ihre Verhandlungsposition ungemein.

Zum Schluss definieren Sie die aus Ihrer Sicht nicht mehr tragbare Alternative zum Optimum (»worst alternative to a negotiated agreement«, »WATNA«). Diese fokussiert gedanklich ebenso wenig auf das wenig attraktive Minimum, sondern entscheidet darüber, wann Sie die Verhandlung abbrechen. Ihre WATNA könnte etwa eine Arbeitszeit von 30 Wochenstunden bei einer angestrebten Teilzeitstelle sein oder eine Leitungsaufgabe, die keine signifikanten Alleinentscheidungsbefugnisse aufweist. Wenn Ihre WATNA später zur Diskussion steht, kriegt Ihr Gehirn lediglich das Signal, dass es sich nicht lohnt, darüber zu diskutieren. Sie überlegen sich dann nicht mehr, ob das Angebot nicht doch gut genug wäre oder Sie Ihre Erwartungen vielleicht zu hoch angesetzt haben. Sie kommunizieren klar und deutlich: »Entschuldigung, diese Option ist für mich keine!« oder »Vielen Dank, das ist nicht attraktiv für mich!«. Ein Beispiel dafür folgt:

Mindestanforderungen
Diensthandy, Einzelbüro, Gleitzeit, 3.700 EUR brutto monatlich

Optimum
Neustes iPhone, einzelnes 30-m^2-Eckzimmer zum selbst Einrichten, flexible Arbeitszeit, 5.500 EUR brutto monatlich

BATNA
Diensthandy für bis zu 800 EUR, aus verfügbaren Einzelbüros wählbar mit Möbelkontingent, qualifizierte Gleitzeit über die zeitliche Lage, tägliche Dauer und Herbeiführung von Zeitausgleich, 5.400 EUR brutto monatlich

WATNA
Gebührenverrechnung auf privates Handy, geteiltes Büro, fixe Arbeitskernzeiten, 3.600 EUR brutto monatlich

Special

!

Auf den Punkt gebracht: Die BATNA dient als Ihr Plan B, der durch Ihre WATNA abgesichert wird. Schreiben Sie Stichpunkte zu beiden Alternativen auf, lesen Sie sich diese vor dem Jobinterview zur Stärkung mehrmals laut vor dem Spiegel vor und nehmen Sie sie zum Jobinterview mit.

4.1.3 Gesprächsvorbereitung – Fragen entwickeln statt Antworten parat halten

Mental gefestigt in das Jobinterview zu gehen ist eine notwendige, aber keine hinreichende Voraussetzung für Erfolg. Auch inhaltlich sollten Sie sich auf das Gespräch vorbereiten. Schauen Sie sich die Angaben in der Stellenanzeige, Ihre Interpretationen dazu und Ihre Recherchen zum Unternehmen noch einmal an. Hat sich vielleicht zwischenzeitlich etwas auf der Website der Firma verändert oder entspricht Ihr Blick darauf nicht mehr dem vor der schriftlichen Bewerbung? Notieren Sie Ihre gegebenenfalls veränderte Wahrnehmung und bringen Sie auch diese Eindrücke samt Ihrer Interpretation der Stellenausschreibung mit zum Jobinterview.

Statt sich alle möglichen Fragen-Paraden auszudenken, auf was Sie im Jobinterview fachlich angesprochen werden könnten oder womit man Sie womöglich psychologisch aus der Reserve locken könnte, konzentrieren Sie sich vor allem auf zweierlei: Fragen, die auf Ihr Alter anspielen, und Fragen, die Sie an das Unternehmen haben. Denn beides wird in jedem Fall – offen oder verdeckt – auf den Tisch kommen und eine Rolle spielen.

Umgang mit Fragen, die auf Ihr Alter anspielen

Viele Jobinterviews sind vorurteilsbelastet, in anderen werden nur die Fakten abgeklopft: Tatsache ist aber, dass Sie zu den älteren Bewerbern gehören. Genauso wie der Recruiter den frisch graduierten Hochschulabsolventen auf seine Praxiserfahrungen und Weiterentwicklungswünsche hin durchleuchtet, wird er Sie hinsichtlich Ihres Alters (direkt oder indirekt) befragen.

Showtime

Schneiden Sie lange Bärte ab

Stellen Sie sich vorab manche Frage und überlegen Sie sich gute Antworten, die vor allem authentisch sind und zu Ihnen passen. Solche typischen Fragen könnten sich unmittelbar aus den bereits beschriebenen Vorurteilen ergeben (siehe Kapitel 1.2.2), weshalb sich die dortigen Überlegungen auch an dieser Stelle verwerten lassen. Weitere Fragen könnten so oder ähnlich formuliert sein:

- Warum sollten wir Sie statt eines jüngeren Bewerbers einstellen?
- Fühlen Sie sich nicht zu alt für diese neue, herausfordernde Aufgabe?

- Was würden Sie heute anders machen, wenn Sie beruflich nochmal beginnen könnten?
- Warum wollen Sie sich denn jetzt noch beruflich weiterentwickeln?
- Warum hat es bei Ihren vielen vorherigen Arbeitgebern nie gepasst?
- Werden Veränderungen im Alter zunehmend schwieriger für Sie?
- Wann rechnen Sie damit, dass Ihr aktives Erwerbsleben endet?

Teilweise mögen diese Fragen recht tendenziös anmuten, sie sind jedoch arbeitsrechtlich zulässig. Souveräne Bewerber reagieren darauf – gerade wenn der Recruiter um einiges jünger zu sein scheint – nicht beleidigt, sondern sachlich, gerne gewürzt mit einer Spur Humor:

- Weil Sie sich meine jahrelange Erfahrung, die diese schwierige und spannende Aufgabe erfordert, sicher nicht entgehen lassen wollen!
- Ganz im Gegenteil: Ich würde am liebsten sofort loslegen – wenn ich nicht gleich einen Termin im Fitnessstudio hätte!
- Ich würde das Allermeiste wieder genauso machen, denn so bin ich der zufriedene und erfahrene Mensch geworden, den Sie vor sich sehen!
- Aus demselben Grund, warum ich gerade … (Mandarin lerne, Fotos auf mein Instagram-Account stelle, den Jakobsweg zu wandern plane) – das macht Spaß und hält mich körperlich wie geistig fit!
- Bei den meisten hat es bis zuletzt stets gepasst, weswegen ich zum Beispiel überdurchschnittlich lange in der Position als … tätig war. Ich stelle mir genau so etwas bei Ihnen vor!
- Veränderungen sind anfangs fast immer schwierig. Ich habe allerdings schon so viele erfolgreich begleitet, dass ich die dahinterstehenden Chancen immer besser einzuschätzen vermag!

»Wer fragt, der führt!« heißt es nicht zu Unrecht. Denn wer nur von sich erzählt, erfährt nichts Neues. Wer hingegen Fragen stellt, zeigt Interesse am Gegenüber, an der Stelle und dem Unternehmen. Durch Fragen erhalten Sie nicht nur aufschlussreiche Erläuterungen und Informationen. Durch deren Art steuern Sie auch die Richtung des Gesprächs maßgeblich. Eine Frage einfach zu übergehen gilt als unhöflich, sodass zumindest eine Antwort mit der Möglichkeit zur Nachfrage erwartet werden darf. Die Frage selbst schafft also Raum für ein Thema, unabhängig vom Informationsgehalt der Antworten. Das kennen wir von parlamentarischen Anfragen der Opposition – im Jobinterview gilt es gleichermaßen.

Ihre Fragen ans Unternehmen vorbereiten

Viele kennen die gegen Ende traditioneller Jobinterviews gestellte Frage des Personalverantwortlichen: »Haben Sie auch Fragen an uns?« Sollte sie aufkommen, wurde zumeist vorher das Gespräch stark von dessen Fragen anstatt von Ihnen geprägt, sprich: Sie haben die Chance vertan, das Gespräch dahin zu führen, wo es Ihnen genehm ist.

Showtime

Überlegen Sie vorab, was Sie noch wissen wollen

Denken Sie vorab darüber nach, was Sie auf jeden Fall über den Job erfahren müssen, was nicht aus der Stellenausschreibung oder einer vorherigen E-Mail hervorgeht. Welche Infos brauchen Sie zwingend, um sich guten Gewissens für oder auch gegen ein eventuelles Angebot entscheiden zu können? Ist vielleicht nach Ihrer Interpretation der Stellenanzeige etwas offen oder unklar geblieben? Oder haben sich gar neue Fragezeichen aufgetan?

Zum einen können sich Fragen über die zu besetzende Position ergeben, etwa:

- Wie ist die Stelle organisatorisch verankert?
- Welche werden die wichtigsten Ansprechpersonen, Kollegen und Vorgesetzten sein?
- Welche konkreten Aufgaben, Befugnisse und Verantwortlichkeiten gehören zur Stelle (Budget, Personal, Entscheidungen etc.)?
- Wie lässt sich die Position von inhaltlich ähnlichen Stellen abgrenzen?
- Gab es einen Vorgänger auf der Stelle oder wird sie neu geschaffen?
- Ist eine Einschulung vorgesehen, ein Onboarding oder ein Mentor, der mir zu Anfang hilft?
- Was sind die größten Herausforderungen auf dieser Position?

Zum anderen können persönliche Fragen offen und für Sie klärungsbedürftig sein, beispielsweise:

- Gibt es Weiterbildungs- oder Aufstiegsmöglichkeiten von der Stelle ausgehend?
- Was sehen Sie für meine Person in drei oder fünf Jahren vor?
- Wie glauben Sie, würde die Besetzung mit mir im Team aufgenommen?

Zudem können übergeordnete Fragen angesprochen werden, beispielsweise:

- Wie schätzen Sie die momentane Grundstimmung in der betreffenden Organisationseinheit ein?
- Wie sind bestimmte Abläufe und interne Strukturen in der Firma organisiert?
- Wohin entwickelt sich die Branche in der kommenden Zeit?
- Wie positioniert sich das Unternehmen für die nächsten Jahre strategisch?

Darüber hinaus haben Sie vielleicht – eher gegen Ende des Interviews zu stellende – Fragen zum Recruiting-Prozess, zum Beispiel:

- Benötigen Sie weitere Unterlagen von mir?
- Wie geht es weiter im Bewerbungsverfahren?
- Ab wann kann ich mit einer Rückmeldung rechnen?

> Schreiben Sie mindestens zehn konkrete Fragen auf und bringen Sie diese ebenfalls zum Jobinterview mit. Einige werden sich beantworten, ohne dass Sie sie stellen müssen. Das gibt Ihnen im Gespräch das positive Gefühl, schon etwas bekommen zu haben. Andere werden im Verlauf obsolet, weil neue Infos hinzukommen. Alle aber – ob gestellt, beantwortet oder nur in Ihrem Kopf – tragen dazu bei, die Stelle für Sie zu schärfen und Ihre Meinungsbildung darüber voranzutreiben.

Wenn Sie sich Fragen überlegen, gehört es stets dazu, deren Sinn und Zweck mitzudenken. Fragen nur um des Fragens willen vergeudet Zeit und wirkt schnell respektlos. Wenn also Ihr Gegenüber sagt: »Ich verstehe Ihre Frage nicht!« oder »Warum ist das für Sie wichtig zu wissen?«, sollten Sie in der Lage sein, ihm das zu erklären. Wenn Sie zum Beispiel fragen wollen, welche Möglichkeiten zur Weiterentwicklung die ausgeschriebene Stelle mit sich bringt, sollten Sie gerade mit fortgeschrittener Berufserfahrung vorher definiert haben, was für Sie persönlich darunterfällt. Bedeutet das für Sie beispielsweise kontinuierlich wachsende Aufgabenbereiche, Zuwächse bei der Verantwortung, interne Fortbildungen, die Unterstützung bei einem berufsbegleitenden Abendstudium oder etwa längere berufliche Auslandsaufenthalte?

4.1.4 Who is who? – Sich auf die Gesprächsteilnehmer einstellen

Bringen Sie vorab in Erfahrung, wie viel Zeit für das Gespräch anberaumt ist und ob eine spezielle Vorbereitung erwartet wird, zum Beispiel eine Kurzpräsentation, die Lösung einer Aufgabe oder das Fertigen einer Konzeptskizze zu einer jobbezogenen Thematik. Zudem gilt wie bei jedem geschäftlichen Gespräch: Stellen Sie sich nicht nur auf das Jobinterview selbst ein, sondern auch auf Ihre Gesprächspartner. Oftmals enthalten Einladungs-E-Mails nur Angaben zu Ort und Startzeit des Interviews. Hat man Ihnen keine Namen mitgeteilt, fragen Sie nach, welche Personen in welchen Funktionen teilnehmen werden. Das hinterlässt nicht nur einen professionellen Eindruck, sondern hilft Ihnen, sich auf die Menschen einzustellen. Fragen Sie Bekannte, ob sie die betreffenden Personen kennen oder von ihnen gehört haben, und suchen Sie im Internet nach ihnen. Allein schon die Gesichtszüge des Gegenübers auf einem Bild oder womöglich in einer kurzen Videosequenz gesehen zu haben führt zu einem positiven Wiedererkennungsgefühl beim Treffen statt zu einer distanziert-kühlen Begrüßung. Vielleicht hat die betreffende Person einmal ein öffentliches Interview gegeben oder es wurde ein Artikel von ihr veröffentlicht. Oft stehen auch Lebensläufe online. Überlegen Sie, was diese Menschen ausstrahlen und welche Werte ihnen wichtig sein könnten, die Sie teilen. Halten Sie Namen, Werte und sonstige Anmerkungen Ihrerseits schriftlich fest und bringen Sie alles zum Jobinterview mit.

Einen Pitch vorbereiten

Sehr oft überlassen Recruiter zu Beginn den Bewerbern das Wort, indem sie sie bitten, sich kurz vorzustellen und ihre Motivation darzulegen. Das hat zum einen den Sinn, Ihnen die Nervosität zu nehmen und die Möglichkeit zu geben, sich frei zu sprechen, ohne direkt auf eine konkrete Frage oder Themenstellung eingehen zu müssen. Zum anderen erhält der Personalverantwortliche oft entscheidende Hinweise darauf, wohin das Gespräch führen oder wie es verlaufen soll. Gerade Bewerber, die schon einige Berufsjahre gesammelt und demnach viel zu erzählen haben, beginnen sodann mit der Aufzählung persönlicher Informationen wie Ihrem Alter, der Anzahl der Kinder etc. Auf beides mögen Sie zu Recht stolz sein – doch es geht am Kern der Sache vorbei. Der Personalverantwortliche erwartet Infos, die eine Verbindung zwischen Ihnen und der ausgeschriebenen Stelle herstellen, kein freundschaftliches Kennenlernen. Andere Bewerber sind in solchen Momenten überrascht und stöpseln (meist inhaltlich zu weit ausholend) ad hoc Dinge aus Lebenslauf und Motivationsschreiben zusammen – und genauso klingt es dann. Dabei eröffnet sich hier eine Chance, die Richtung des Gesprächs indirekt zu steuern, Lust auf Nachfragen zu machen und kommunikative Kompetenz zu zeigen, indem Sie professionell auf den Punkt bringen, worum es Ihnen bei diesem Treffen geht.

Showtime

Zünden Sie eine Wunderkerze an

Überlegen Sie sich einen knackigen Einstieg (»Pitch«), der je einen Satz darüber umfasst, wo Sie herkommen (Branche, letzter Job, aktuelle Weiterbildung), wo Sie jetzt stehen (momentane Position, Lust auf Neues) und wohin Sie wollen (Karriere, Weiterentwicklung, Zukunftsplanung). Alle drei Sätze müssen sich aufeinander beziehen und konkret zur ausgeschriebenen Stelle passen! Beim Formulieren stellen Sie sich Ihre Gesprächspartner vor, als würden sie vor Ihnen sitzen, und behalten dabei auch Ihre Rechercheergebnisse im Hinterkopf. Geht es um eine Projektmanagementleitung, könnte der Pitch lauten: »Ich habe zuletzt an einer Marketing-Stabsstelle meine Projekterfahrung vertiefen können und mache gerade eine PM-Zertifizierung. Da mir strukturiertes Planen und agiles Reagieren liegt, schätze ich projektbezogenes Arbeiten sehr. Mit der ausgeschriebenen Stelle gehe ich diesen Weg weiter und werde zur Verbesserung Ihrer Projekteffizienz beitragen.« Bewerben Sie sich im Quereinstieg als Verlagslektor, könnte Ihr Pitch wie folgt aussehen: »Ich habe in den letzten zehn Jahren die Skripten aller Wissenschaftspublikationen vorab gegengelesen, für die Website aufbereitet sowie zwischen Verlag, Lektorat und Marketing vermittelt. Ich liebe es, Texte stilistisch und sprachlich zu begutachten und zu überarbeiten. Bei Ihnen könnte ich nicht nur mein ursprüngliches Germanistikstudium wieder voll zur Geltung bringen, sondern auch meine inzwischen gesammelte Schnittstellenerfahrung einfließen lassen.«

> Zünden Sie eine Wunderkerze an, stellen Sie diese an einen feuerpolizeilich sicheren Platz und sagen Sie den Pitch vor dem Jobinterview laut auf. Die sprühenden Funken symbolisieren nicht nur Ihre Spritzigkeit. Die handelsübliche Brenndauer von unter einer Minute wird auch dafür sorgen, dass Sie sich kurzfassen!

Solche Pitches sind eine Steilvorlage, um die kommende Frage des Gegenübers dankbar aufzunehmen und schnurstracks Richtung Tor weiterzudribbeln. Ihre Gesprächspartner freuen sich darüber, keine langatmige Wiederholung Ihrer bereits eingesendeten Unterlagen zu hören, sondern konkret am Gesagten einhaken zu können. Damit entwickelt sich statt des oft abgehackten, prüfungsähnlichen und für beide Seiten anstrengenden Frage-Antwort-Spiels das, wozu Sie da sind: ein Gespräch, in dem jeweils auf die Äußerungen des anderen Bezug genommen wird.

Den Gesprächsteilnehmern Lösungshäppchen mitbringen

Wie bei jeder Einladung gehört es auch beim Jobinterview zum guten Ton, ein kleines Geschenk mitzubringen. Bei der Wohnungseinweihung mögen das traditionellerweise Brot und Salz sein, zum Muttertag frische Schnittblumen. Da Sie an das Ergebnis gewisse Erwartungen haben und Ihre Gesprächspartner dies wissen, sollten Sie subtiler vorgehen: Verschenken Sie Lösungshäppchen, die mit einer möglichen Herausforderung zu tun haben, mit einer Unklarheit oder mit einer offenen Frage, die bezüglich Ihrer Person im Raum stehen könnte.

> ### Showtime
>
> **Was würde Ihrem Gegenüber schmecken?**
>
> Was würde die Teilnehmer bezogen auf Sie in Verbindung mit der ausgeschriebenen Position wohl am meisten interessieren? Schauen Sie dazu nochmals Ihre Bewerbungsunterlagen durch, um vielleicht unter einem Bulletpoint in Ihrem Lebenslauf oder in einem Nebensatz Ihres Motivationsschreibens Hinweise zu finden. Sitzt etwa ein Vertriebsleiter mit am Tisch, wird er womöglich fachlich auf die Steigerung der Absatzzahlen, die Bedienung der Vertriebskanäle oder kaufmännisches Verhandlungsgeschick Wert legen, das Sie an anderer Stelle bewiesen haben. Wird ein künftiges Teammitglied hinzugezogen, könnte diese Person eher an zwischenmenschlichen Aspekten wie Ihrer Kooperationskompetenz, Ihrer Hilfsbereitschaft oder Ihrer Kommunikation bei Teamkonflikten interessiert sein, was schon bei einer früheren Aufgabe eine Rolle gespielt haben mag. Und ist (wie meist der Fall) ein Recruiter zugegen, wird dieser sich vielleicht personalbezogen über die Kündigungsfrist Ihres aktuellen Jobs, eine längere Vorerkrankung oder Ihre generelle Flexibilität zum Wechsel in verwandte Aufgabenbereiche austauschen wollen.
>
> Was könnten Sie diesen Gesprächsteilnehmern anbieten, sodass am Ende des Jobinterviews für jeden etwas dabei war? Der Vertriebsleiter zum Beispiel würde

> sich über eine neue Marketingidee freuen, das Teammitglied über einen Erfahrungsbericht, wie Sie einen Teamkonflikt erfolgreich gelöst haben, und der Recruiter über eine vorbereitete Zeitrechnung à la: »Wenn wir uns bis zum ... füreinander entscheiden, denn könnte ich bereits zum ... hier anfangen!«. Entwickeln Sie pro Gesprächspartner jeweils drei solcher Lösungshäppchen, die Sie ebenfalls stichwortartig zu Ihren Notationen hinzunehmen und zum Gespräch mitbringen. Sie werden nicht alle zur Verköstigung anbieten, aber bei einer Gelegenheit durchaus Appetit auf sich selbst wecken können!

Auch wenn Ihre Gesprächspartner selten exakt die von Ihnen angenommenen Herausforderungen, Unklarheiten oder Fragen beschäftigen: Indem Sie sich darauf einstellen, können Sie sich in jeder Gesprächssituation viel schneller und zielgruppengerechter auf Ihr Gegenüber einstellen. Letztlich machen Sie also nicht nur Ihren Gesprächspartnern ein Geschenk, sondern auch sich selbst, weil Sie sich selbst die Gesprächsführung stark erleichtern.

4.2 Das Interview – ein Expertentreffen auf Augenhöhe

Nun wird es ernst, der Tag der Inaugenscheinnahme steht an. Viele sehen dieses Treffen als Show mit sich selbst als Hauptdarsteller und den anderen als Publikum an. Für Recruiter ist so eine Sicht das Unangenehmste überhaupt, denn sie wollen Sie als Person einschätzen können. Und Sie so kennenlernen, wie Sie wirklich sind und gegebenenfalls später im Job (re-)agieren. Nervosität, Zittern oder Stottern sind dabei ganz normal und als negative Begleiterscheinungen überschätzt, wenngleich manche Karriereberater sie wegcoachen wollen. Am allerbesten kommt Natürlichkeit an, und das aus zwei Gründen: Erstens kriegt der Personaler alles künstlich Aufgesetzte sowieso früher oder später kraft seiner Menschenkenntnis und Recruiting-Erfahrung heraus. Und zweitens gelingt Ihnen ein normales Verhalten am einfachsten und ohne große Anstrengung. Andernfalls befinden Sie sich in ständigem Stress- und Abwehrmodus, was für keine Seite hilfreich ist.

4.2.1 Anreise und Einstimmung – machen Sie sich bereit

Gerne wird Bewerbern geraten, die rechtzeitige Anreise zu planen, damit Sie sich ja nicht verspäten. Andernfalls sei das Gespräch schon gelaufen, bevor es überhaupt begonnen habe. Daran ist dreierlei richtig und vieles falsch: Zum Ersten sind Bewerbungsgespräche oft hintereinander durchgetaktet, weswegen der Recruiter nicht wegen Ihrer Unpünktlichkeit verstimmt ist, sondern weil die Gesamtplanung nicht mehr hinhaut (die meist sowieso schon sehr engmaschig gestrickt ist). Er ärgert sich und projiziert diesen Umstand nun auf Ihre Person. Zum Zweiten vermittelt der erste

Eindruck von Unpünktlichkeit keine überragende Bewerbungsmotivation oder kompetentes Terminmanagement. Dennoch kommen Verspätungen im Geschäftsalltag ständig vor, denn Taxis stehen im Stau, U-Bahnen verspäten sich und gratis Online-Kartendienste sind nicht immer zuverlässig. Manchmal findet ein Bewerber auch erst beim Portier am Vordereingang heraus, dass das Jobinterview in einem nur über einen Nebenzugang in einem versteckten Seitentrakt erreichbaren Gebäudeteil stattfindet – den er ohne Beschilderung und nähere Auskünfte finden muss. Und zum Dritten ist es für Ihr Selbstbewusstsein nicht ideal, bereits mit einem Nachteil behaftet geneigten Hauptes und abgehetzt in das Jobinterview zu starten.

Ungestresst statt pünktlich ankommen

Aber mal ehrlich: Wenn im Arbeitszeugnis die Worte stehen »er war pünktlich« und sonst nichts, bedeutet das in der Geheimsprache der Personalverantwortlichen auch genau dies. Viel wichtiger ist es, mit Unpünktlichkeit konstruktiv umzugehen und zu zeigen, dass Sie ein unangenehmes Problem professionell angehen. Speichern Sie daher die Telefonnummer Ihrer Ansprechpartner sowie die des Sekretariats oder der Firmenzentrale als Kurzwahl ins Handy ein. Geben Sie direkt Bescheid, entschuldigen Sie sich und geben Sie eine voraussichtliche (verspätete) Ankunftszeit durch, wenn Sie merken, dass es eng wird. Um diesen Stress gänzlich zu vermeiden, gibt es aber eine noch bessere und gewinnbringendere Anreisestrategie.

! **Special**

Planen Sie nicht, pünktlich zum terminierten Jobinterview-Zeitpunkt da zu sein, sondern mindestens 30 bis 45 Minuten vorher! Sehen Sie diese Zeit nicht als Pufferzeit für Überängstliche an, sondern nutzen Sie sie produktiv: Schlendern Sie ungestresst durch den Gebäudekomplex und nehmen Sie wahr, welcher Umgangston unter den Kollegen herrscht. Stehen die Bürotüren offen, gibt es lockere Gespräche beim Kopierer oder in der Kaffeeküche? Sehen Sie alle nur durch die Flure hetzen oder auch mal, wie sich jemand kurz mit jemand anderem unterhält? Werden Sie von den anderen lächelnd gegrüßt, obwohl sie fremd sind? Schauen Sie sich auch den Dresscode an und wie die Räumlichkeiten und die Arbeitsatmosphäre auf Sie wirken. Bekommen Sie Lust, morgen hier anzufangen? Schauen Sie auf die Türschilder und welche Funktionen dort angeschrieben stehen. Setzen Sie sich gemütlich in eine Sitzecke, beobachten Sie die Geschäftigkeit und lesen Sie in Ruhe nochmals Ihre Bewerbungsunterlagen durch. Sie können auch vor oder zwischen den Gebäuden beobachten, wie beispielsweise mit Anlieferern, fragenden Kunden am Helpdesk oder dem Facility-Management umgegangen wird und wie Mitarbeiter auf den angrenzenden Parkplatz oder der Parkbank nebenan einen Pausensnack einnehmen.

Wenn Sie diesen Tipp beherzigen, fällt Ihnen oft etwas auf, was Sie später im Jobinterview erwähnen können, etwa: »Ich war etwas früher dran und habe bemerkt, wie hilfsbereit man hier miteinander umgeht – das entspricht auch meiner Arbeitseinstellung!« oder »Befinden sich alle aus der Abteilung auf Stockwerk ... oder sind die Büros für ... woanders?«. Damit bauen Sie die Distanz zwischen sich als einem Bewerber unter vielen und der ausgeschriebenen Stelle weiter ab, indem Sie sich ihr buchstäblich räumlich angenähert haben. Und Sie demonstrieren zusätzliches Mitdenken, wenn Sie sich selbst genug Zeit geben, um in Ruhe anzukommen, damit sie nicht termingetrieben aufschlagen. Das wird gerade bei älteren Bewerbern gern gesehen.

Sich selbst konditionieren

Typischerweise steigt der Stresspegel wenige Minuten vor dem Jobinterview dennoch leicht an. Grundsätzlich ist es völlig in Ordnung, aufgeregt zu sein, und sich vorzustellen, was alles danebengehen kann. Übertreiben Sie dies jedoch, können negative Erwartungen und Befürchtungen nachgewiesenermaßen zu Demotivation führen, während man umgekehrt bei positiven Erwartungen eher dazu neigt, unbewusst auf deren Erfüllung hinzuarbeiten (»selbsterfüllende Prophezeiungen«). So weiß man etwa, dass Wahlberechtigte, denen gesagt wurde, sie seien »politisch sehr aktiv«, häufiger wählen gehen und bei Studenten verbesserten sich die Lernleistungen, selbst wenn sie in Online-Lernprogrammen lediglich automatisiert Komplimente und Motivationsmeldungen zum Lernfortschritt bekamen.

Showtime !

Stimmen Sie sich auf das Gespräch ein

In der griechischen Mythologie verliebte sich ein Bildhauer in seine eigene wunderschöne und lebensechte Statue. Nachdem er die Göttin Aphrodite darum gebeten hatte, dass er doch eine solch schöne Frau in echt treffen möge, küsst er zu Hause seine Statue, die daraufhin lebendig wird (»Pygmalion-Effekt«). Machen Sie sich dies zunutze:
Befassen Sie sich circa 15 Minuten vor dem Gesprächstermin nicht mehr mit Fakten über das Unternehmen, Jobinhalten oder zu erwartenden Fragen. Konzentrieren Sie sich stattdessen ganz auf die positive Annahme, dass das Jobinterview super gelaufen ist, der ausgeschriebene Job alle Ihre Erwartungen übertrifft und Sie freudig die neuen Kollegen kennenlernen. Wie fühlt sich das an? Empfinden Sie Stolz, Freude und vielleicht Erleichterung? Kümmern Sie sich nicht darum, ob die Annahme realistisch anmutet, sondern nehmen Sie ein gedankliches Schaumbad in diesem Gefühl, dass Sie warm und duftend umgibt. Vielleicht erscheint sogar ein Lächeln auf Ihrem Gesicht bei diesen Gedanken. Falls nicht, begeben Sie sich an einen ungestörten Ort wie eine Parkbank, die etwas entfernt steht, oder die öffentliche Toilette. Auch wenn Ihnen (noch) nicht aus vollem Herzen danach zumute ist, setzen Sie ein breites Grinsen auf und halten Sie es mindestens eine Minute durchgehend. Das wirkt wie die Vorbereitung auf eine Networking-Veranstaltung (siehe Kapitel 2.4), denn die Lachmuskulatur rund um den Mund regt einen Gesichtsnerv an, der wiederum Signale an Ihr Hirn sendet, sodass Sie in bessere Stimmung versetzt werden. Sie können sich zudem vorstellen, wie eines Ihrer Vorbilder in das Jobinterview geht. Fragen Sie sich, was zum Beispiel Sean Connery, was Mutter Teresa oder was Kofi Annan tun würden. Ebenso wie vor einem Networking-Event (siehe Kapitel 2.4) schlüpfen Sie in die Rolle einer solch großen Persönlichkeit, eines starken Tieres oder einer Ihnen sympathischen Romanfigur. Mit welcher Attitüde würde diese Person oder dieses Wesen in das Jobinterview hineingehen und welche besonderen Charaktereigenschaften würden Ihnen als Beobachter sofort positiv auffallen, wenn Sie aus

der Vogelperspektive zusähen? Welche Charaktereigenschaften würden Sie für Ihre Bewerbungssituation als besonders hilfreich ansehen und wieso?
Machen Sie sich auch bewusst, dass wir gerade in Stresssituationen dazu neigen, zu schnell und mit zu wenig Redepausen zu sprechen, was Nervosität oder mangelnde Seriosität demonstriert. Falls Sie auch dazu neigen, hilft eine Übung, die Schauspieler und Radiosprecher kurz vor Auftritten erfolgreich anwenden: Nehmen Sie wenige Minuten vor dem Jobinterview einen Korken oder einen Radiergummi zwischen die oberen und unteren Schneidezähne. Dabei sollte Ihre Zunge sich noch ungestört im Mund bewegen können, sprich der Großteil des Gegenstands aus dem Mund heraus- statt hineinragen. Sprechen Sie dann einen kurzen Text, etwa Ihr Motivationsschreiben. Kriegen Sie keinen Schreck, wie verzerrt Ihre Stimme in diesem Moment klingt. Der Effekt: Die weiten Mundbewegungen lockern nicht nur Lippen und Kiefer, sondern schon nach wenigen Sekunden verbessert sich die Artikulation. Und das hält noch einige Minuten danach für die erste Zeit im Jobinterview an.

Lindert nichts davon Ihre Aufgeregtheit, spricht nichts dagegen, dies gleich zu Beginn offen zu thematisieren. Auf die Eingangsfrage »Wie geht es Ihnen?« könnten Sie zum Beispiel antworten: »Danke, ich bin sehr interessiert an der Stelle und deswegen wohl etwas nervös.« Damit fällt oft nicht nur eine große Portion Anspannung von einem selbst ab. Auch können erfahrene Recruiter damit gut umgehen und werden versuchen, Ihnen die Nervosität zu nehmen.

4.2.2 Der Gesprächsstart – Erfolg auf den ersten Blick

Bei fast jeder Kommunikation gibt es Beziehungs- und Sachaspekte – die erstgenannten bestimmen maßgeblich, wohin die Reise geht. Das heißt nicht, dass Sie als Dampfplauderer oder Schaumschläger auftreten oder ohne fachliche Bezüge auskommen. Es bedeutet, dass Sie zunächst eine Verbindung zu Ihren Gesprächspartnern aufbauen, damit sie offen für Ihre Person sind und anschließend Ihre Kompetenzen wertschätzen. Diese Gesprächsbeziehung hat nichts mit gespielter Schmeichelei zu tun, sondern es geht darum, die geschäftliche Verhandlung funktional gut zu gestalten. Sie wissen aus Erfahrung, dass es leichter fällt, einen Unbekannten in der U-Bahn anzulächeln, wenn dieser Sie zuvor angelächelt hat. Und einem Verkäufer, der für Ihre persönlichen Anliegen Interesse zeigt, hören Sie eher zu als jemandem, der Sie zu einem schnellen Schnäppchenkauf überreden will. Auch werden an dieser Stelle bereits die Weichen gestellt, ob sie zur Teamkommunikation und zur Unternehmenskultur passen (»Cultural Fit«).

»Kleider machen Leute«, so heißt eine Novelle von Gottfried Keller. Anders als darin sollen Sie nicht den armen Schneidergesellen mimen, der sich als adligen Grafen ausgibt. Doch der erste Eindruck entsteht nachweislich in den ersten Sekunden, in denen die unbekannten Gesprächspartner von Ihnen oft nur Äußerlichkeiten wahrnehmen. Um hier frühzeitig zu punkten, bleiben allein das Outfit, Gestik und Mimik sowie Ihre ersten Sätze. Oft wird Bewerbern geraten, Kleidung und Style der künftigen Stelle anzupassen, was so pauschal zumindest fraglich ist. Oder würde sich ein Bauarbeiter im Blaumann, ein Feuerwehrmann in Schutzausrüstung und ein Bademeister in kurzen, weißen Hosen vorstellen? Das Äußere sollte vielmehr zu Ihnen passen, das heißt, so authentisch sein, dass Sie auch in anderen geschäftlichen Kontexten derart auftreten würden, Ihnen Kleidung und Style vertraut sind und Sie sich wohlfühlen. Alles andere wird der Personaler bemerken und Sie selbst verunsichern. Mit dezenter, branchenüblicher Kleidung ohne Extravaganz, was Schmuck, Make-up und Frisur anbelangt, sind Sie meist auf der sicheren Seite. Statt die Aufmerksamkeit nur auf das Aussehen zu lenken und damit vielleicht schon für den ersten Störfaktor zu sorgen, sollte Ihr Verhalten im Vordergrund stehen.

Evolutionsbedingt ordnen Menschen unabhängig von der Gesprächssituation Ihre Gegenüber gleich zu Beginn kategorisch als »Freund« oder »Feind« ein, in Plus oder Minus – meist, ohne es selbst zu merken. Dabei ist weder Fachkompetenz entscheidend noch der rationale Nutzen, den sich der eine vom anderen verspricht, sondern vor allem die Einschätzung, ob das Gegenüber vertrauenswürdig und sympathisch erscheint.

Wenn Sie auf das Jobinterview wartend an der Wand lehnen, in den Sessel gefallen sind oder angewinkelt auf einem Bein tänzeln, baut das kein Vertrauen auf und zeugt nicht von Interesse. Achten Sie darauf, gerade und aufrecht zu sitzen sowie erhobenen Hauptes und eher langsam mit großen Schritten zu gehen – selbst wenn Sie vermeintlich niemand beobachtet. Statt mit versteinerter Miene oder einem Pokerface betreten Sie mit einem sanften, unaufdringlichen Lächeln den Raum und schauen Ihren Gesprächspartnern zur Begrüßung in die Augen. Ein »Guten Tag, ich freue mich sehr!« oder »Ich grüße Sie – schön, dass Sie Zeit haben!« vermittelt sofort, dass Sie gerne da und dankbar für die Chance sind. Erwidern Sie einen Händedruck nur, wenn Ihnen die Hand gereicht wird. Bedanken Sie sich ausdrücklich, wenn Ihnen ein Sitzplatz zugewiesen oder ein Glas Wasser bereitgestellt wird. Lassen Sie Ihre Gesprächspartner ausreden und nicken Sie zu den ersten Sätzen über das Wetter oder die Anreise, da die Aussagen hierzu meist so unverfänglich sind, dass Sie selten widersprechen möchten.

Der springende Punkt !

Grundsätzlich sind uns Menschen auf den ersten Blick sympathischer, die uns ähneln, da dies Vertrautheit auslöst. Versuchen Sie daher, gleich zu Beginn etwas an Ihrem Gegenüber zu bemerken, was auch Sie positiv finden. Das kann zum Beispiel ein »Oh, ist das das neue iPhone?« oder »Schöne, helle Räume, in denen Sie hier arbeiten!« oder »Ach, Sie sind auch über das Treppenhaus gekommen?« sein, um früh Fäden der Gemeinsamkeit zu spinnen.

Eine freundliche, einladende Geste gleich zu Beginn, zum Beispiel vor dem Hinsetzen, suggeriert Ehrlichkeit. Das können vom Körper wegführende Armbewegungen sein sowie weiche Bewegungen mit geöffneten Händen und nach oben weisenden Handinnenflächen. Damit demonstrieren Sie menschliche Wärme. Statt die Arme vor dem Oberkörper zu verschränken oder ein abweisendes Spitzdach in Richtung Gesprächspartner zu bilden, halten Sie daher Ihre Hände auch auf dem Tisch ausgebreitet. Richten Sie Ihren Stuhl so aus, dass Sie mit allen am Tisch nicht nur mühelos Blickkontakt beim Sprechen halten, sondern ihnen auch den Oberkörper zuwenden können. Anstatt sich ablehnend zurückzulehnen, neigen Sie sich mit aufrechtem Kopf etwas nach vorne. Das Kinn sollte entspannt leicht nach oben gerichtet sein und nicht skeptisch auf die Hand gestützt. Achten Sie darauf, nicht aus Unsicherheit oder Anspannung heraus mit den Fingern auf dem Tisch zu tippeln oder mit dem Fuß zu wippen. Auch Letzteres bemerkt Ihr Gegenüber, selbst wenn die Bewegungen nicht direkt zu sehen sind. Da ein geöffneter Mund Erstaunen oder Ungläubigkeit beim Gegenüber spiegeln kann, lassen Sie ihn – außer beim Sprechen – mit leicht hochgezogenen Mundwinkeln geschlossen.

4.2.3 Jetzt geht's los – ein Fachgespräch unter Fachleuten

Nehmen Sie sowohl Ihre versendeten Bewerbungsunterlagen wie auch alle (!) Ihre Notationen zum Jobinterview mit (siehe Kapitel 4.1). Markieren Sie sich darin zuvor farblich die wichtigsten Punkte und Ihre größten Fragenzeichen. Das hilft Ihnen zum einen dabei, sich zu orientieren und durch das Jobinterview zu navigieren, damit Sie sich später nicht über den Gedanken zu ärgern brauchen: »Ach, das hätte ich unbedingt noch fragen sollen!« Zum anderen führen Recruiter viele solcher Gespräche, weshalb sie sofort spüren, ob und wie gut Sie vorbereitet sind, ob Sie gerade hilflos improvisieren oder auf Wohlüberlegtes zurückgreifen – Letzteres ist eine Kompetenz, die man älteren Bewerber besonders zutraut.

Sie können alles digital auf einem Subnotebook oder Tablet mitbringen – falls nicht, legen Sie gerne ein solches Gerät eingeschaltet auf den Tisch, um digitale Kompetenz nicht nur zu behaupten, sondern auch praktisch zu belegen. Bei einem großen Laptop besteht die Gefahr, dass der aufgeklappte Deckel wie eine Barriere gegen den direkt gegenüber Sitzenden wirkt. Sie können auch sämtliche Unterlagen ausgedruckt in einer dezenten Notizmappe, auf einem Aktenklemmbrett oder eingelegt in eine Dokumententasche mitzubringen. Der Vorteil dabei: Ihr Gegenüber sieht Ihre Vorbereitungen flach vor sich liegen, jedoch ohne den Text lesen zu können. Wenn Sie in den Unterlagen langsam blättern, zum Beispiel nach einer Nachfrage, wirkt das professionell, entschleunigend und gibt Ihnen stets einige Sekunden mehr, um eine akkurate Antwort zu formulieren. Demonstrativ können Sie auch Ihre vorab ausgearbeiteten Fragen abhaken, wenn sie hinreichend beantwortet sind, Anmerkungen mit einem Fragezeichen versehen oder sich während des Gesprächs weitere Notizen machen. Ein netter Nebeneffekt: Sollten Sie nervös sein, haben Ihre Finger mit Papier und Stift etwas beruhigend Haptisches zum Festhalten!

Bei einem geschäftlichen Gespräch bestimmt grundsätzlich der Einladende den Ablauf, weshalb Sie dem Personaler in seiner zurechtgelegten Gesprächsstruktur folgen. Ein Jobinterview beginnt danach zumeist mit der Begrüßungsphase und einem allgemeinen Willkommen, Ihnen wird ein (Sitz-)Platz zugewiesen und ein Getränk angeboten. Auch wenn Sie weder sehr durstig sind noch alles austrinken werden, nehmen Sie das Angebot höflich an, um eine erste Verbindung zu schaffen. Falls Sie das Getränk auswählen können, sollte es nicht alkoholisch und mit wenig Aufwand bereitzustellen sein, etwa Kaffee, Tee oder Wasser. Während Ihnen die Gesprächsteilnehmer vorgestellt werden, blicken Sie ihnen ins Gesicht und notieren dann deren Namen, Rollen und Sitzposition, damit Sie sie später korrekt ansprechen und einordnen können. Darauf folgt oft die Aufwärmphase, in der Sie gebeten werden, sich noch einmal kurz vorzustellen und Ihre Motivation darzulegen, worauf Sie sich bereits durch Ihren Pitch vorbereitet haben (siehe Kapitel 2.4). Sollte jemand bereits hier einhaken und Sie unterbrechen, freuen Sie sich – anscheinend sind Sie interessant! Stellen Sie bei dem, was Sie sagen, stets eine Verbindung zum ausgeschriebenen Job her, etwa auf die Frage, ob Ihnen nicht eine bestimmte Art von Erfahrung fehle: »Mein Interesse hierfür hat sich auch schon bei … gezeigt. Mit der neuen Position möchte ich das unbedingt perfektionieren!« Auf die Bemerkung etwa, dass Sie schon länger aus der Branche draußen seien, könnten Sie zum Beispiel entgegnen: »Ein guter Punkt. Was können wir gemeinsam tun, um meine reichlich vorhandene Erfahrung zu reaktivieren?«

Zumeist geht dieser Teil in die Hauptphase des Jobinterviews über, in der vom Personaler Stelle, Unternehmen und Aufgabe erläutert werden und sich Fragen und Antworten beider Seiten ergänzen und aufeinander aufbauen sollten. Zuweilen jedoch münden Jobinterviews in ein abgehaktes, prüfungsähnliches und für beide Seiten anstrengendes Frage-Antwort-Spiel. Das mag an einem schüchternen Bewerber oder einem unerfahrenen Personaler liegen, der nach dem Schema des HR-Lehrbuchs vorgeht, manchmal ist es eine Mischung aus beidem. In solchen Fällen findet jedoch weder ein geschäftliches Gespräch auf Augenhöhe statt, in dem beide Seiten gegenseitig aufeinander Bezug nehmen, noch werden die beiderseitigen Erwartungen hinreichend abgeklärt. Wenn jemand eine Frage stellt, ist es unhöflich, diese mit einer Gegenfrage zu kontern – nicht jedoch, nur kurz zu antworten und direkt zurückzufragen, anstatt dies in falscher Bescheidenheit bis an das Gesprächsende aufzuschieben oder einfach auf sich beruhen zu lassen.

Fragen Sie also innerhalb der vorgegebenen Gesprächsstruktur stets nach, wenn Ihnen etwas unklar bleibt oder Sie etwas wichtig finden. Stellen Sie fortlaufend Ihre vorbereiteten und auch die aktuell aufkommenden Fragen. Für Personalverantwortliche ist es sicher entspannender, wenn sie nicht das Gefühl haben, ein zähes Gespräch allein vorantreiben zu müssen. Ganz generell bedeutet das eine ausgewogene Redezeit für beide Seiten. Dabei sollten Fragen und Antworten nie viel kürzer als 30 Sekunden und nie viel länger als drei Minuten dauern, damit niemand das Gespräch dominiert und nicht die Gefahr besteht, ins Monologisieren abzugleiten. Denken Sie auch stets daran, dass Ihre Antwort auf die Frage nur eines Gesprächspartners nicht zwingend alle anderen in epischer Breite interessiert.

Mit typischen Fragenkomplexen rechnen

Einige Fragen werden Ihnen – so wie im Folgenden formuliert oder in abgewandelter Form – immer wieder begegnen, weil Sie für Jobinterviews zweckmäßig sind oder sich im Repertoire des Personalverantwortlichen bewährt haben. Sich für alle jeweils die perfekte Standardantwort zurechtzulegen ist nicht nur unpraktikabel, sondern führt dazu, dass Gespräche steif und automatisiert ablaufen. Sich vorab allgemein mit einzelnen Fragenkomplexen zu beschäftigen kann hingegen nicht schaden. Zumeist ergeben sich Ansatzpunkte aus den fachlichen und persönlichen Kernaspekten, die Ihre Eignung betreffen, und dienen Ihrer Profilierung. Über gewisse Punkte sollten Sie – gerade als persönlich gereifter Mensch – also flüssig und eloquent Auskunft geben können.

Oft stellen Recruiter zum Einstieg Fragen über das Unternehmen oder die Branche. Dabei geht es nicht um ein schulisches Abprüfen Ihrer Vorab-Recherche, sondern schlicht darum, wie viel Infos er Ihnen noch geben muss, um das Gespräch über die ausgeschriebene Stelle sinnvoll weiterführen zu können:

- »Was betrachten Sie als unsere Kernprodukte und -dienstleistungen für unsere Branche?«
- »Welches Alleinstellungsmerkmal verbinden Sie mit unserem Unternehmen, das uns von der Konkurrenz unterscheidet?«
- »Wie schätzen Sie Größe und Umfang unseres Unternehmens/Ihrer zukünftigen Abteilung/Ihres zukünftigen Projekts ein – zeitlich, personell und finanziell?«
- »Wie beurteilen Sie die neuesten Entwicklungen in der Branche?«
- »Sind Sie vertraut mit der Historie unserer Firma und ihrer aktuellen Struktur?«

! **Special**

Bei solchen stark wissensorientierten Fragen ist es gut, stets die Antwort mit Ihrer Quelle zu beginnen: »Von einem befreundeten Mitarbeiter weiß ich, dass ...«, »In Ihrem aktuellen Geschäftsbericht habe ich gelesen, wie ...« oder »Die Projekt-Website wie die Ertragsprognosen der ... zeigen, inwiefern ...«.

Auch Fragen zu Ihrer persönlichen Bewerbungsmotivation können Sie erwarten:

- »Warum interessiert Sie gerade diese Position?«
- »Welchen Bezug haben Sie zu den Tätigkeiten der ausgeschriebenen Stelle?«
- »Wo sehen Sie sich in drei Jahren, wenn Sie diesen Job bekommen?«
- »Wieso bleiben Sie nicht bei Ihrem bisherigen Arbeitgeber bzw. in der bisherigen Branche?«
- »Wären Sie bereit, für den neuen Job öfter umzuziehen oder viel zu reisen?«

Hier können Sie Ihr Motivationsschreiben konsultieren, in dem Sie sich diesen Fragen teilweise bereits gewidmet haben. Das dort Ausgeführte einfach zu wiederholen ist aber nicht ratsam. Vielmehr kleiden Sie es in ein neues Gewand, ohne sich selbst zu widersprechen, etwa so: »In meiner alten Position habe ich ... aufgebaut. Nun läuft dies erfolgreich und ich möchte neue Dinge entwickeln, denn das sehe ich als eine meiner Stärken an!« Oder: »Ich glaube, dass die ausgeschriebene Stelle viel Potenzial für meine Erfahrung aus angrenzenden Bereichen bereithält. Gerade diese Interdisziplinarität reizt mich sehr!«

Der springende Punkt !

Es spricht nichts dagegen zu erwähnen, dass Sie sich auf weitere Ausschreibungen beworben haben, falls Sie ausdrücklich danach gefragt werden, zum Beispiel: »Ich habe zwar noch andere Bewerbungen laufen, aber ganz besonders spannend an dieser hier finde ich ...« Damit erzeugen Sie künstlich ein knappes Gut, was Sie als Kandidaten begehrter und attraktiver macht und erneut Augenhöhe herstellt. Sprich: Nicht nur Sie sind Bewerber (um die ausgeschriebene Stelle), sondern auch das Unternehmen (um Sie als gefragte Arbeitskraft).
Selbst wenn in Ihrer bisherigen Karriere nicht alles Gold war, was glänzte, verbieten sich negative Aussagen über aktuelle oder frühere Firmen, Kollegen oder Kunden. Versuchen Sie lieber, dem eine positive Konnotation zu geben: »Ich wäre heute noch bei ..., nur leider hat es dort keine Entwicklungsmöglichkeiten mehr für mich gegeben.« Oder: »Ich habe in meiner vormaligen Branche die Kommunikation als straff und regelorientiert wahrgenommen, was dort gut funktioniert hat. In einem agilen Team mit flachen Hierarchien kann ich Sachargumente aber noch besser einbringen und den Wert auf das gemeinschaftlich verantwortete Produkt im Kundensinn legen!«

Darüber hinaus sollten Sie Fragen nach berufsbezogenen Eigenschaften oder solche zu Ihrer Persönlichkeit erwarten:

- »Welche Tätigkeiten führen Sie lieber allein aus und für welche bevorzugen Sie ein Team?«
- »Wo sehen Sie die Grenzen von Mitarbeiterpartizipation?«
- »Welche Voraussetzungen müssen vorliegen, damit Sie gut arbeiten können?«
- »Wie würden Sie allgemein Ihren Führungsstil charakterisieren?«
- »Arbeiten Sie im Zweifel eher schnell oder lieber genau?«
- »Wie schätzen Sie Ihre körperliche und psychische Belastbarkeit ein?«
- »Wie reagieren Sie auf technologische Neuerungen?«
- »Was sehen Sie als Ihre größte Stärke und was als Ihre größte Schwäche an und wieso?«

Hierfür können Sie Ihren Lebenslauf und Ihr Kurzprofil zurate ziehen. Darin haben Sie bereits Belege für Erfolge und gemeisterte Herausforderungen gefunden, was Sie beispielsweise so darstellen: »Einmal hatten wir es mit einem Kundenwunsch zu tun, der völlig außerhalb des vorher Besprochenen lag. Ich habe alle an einen Tisch gebracht, was anstrengend, aber letztlich lohnend war!« Bei Fragen, die auf Ihr Alter anspielen, können Sie Ihre diesbezüglichen Vorüberlegungen sowie Ihre allgemeinen Gedanken zu Stereotypen, Klischees und Vorurteilen gegenüber älteren Menschen einbringen (siehe Kapitel 1.2.2).

!

Der springende Punkt

Gerade bei allgemeineren Fragen, die sich auf Ihren Charakter oder eine Einstellung beziehen, können Sie ein wichtiges Lebensereignis anführen, etwa so: »Als ich damals schnell ins Ausland umziehen musste, habe ich erst gesehen, wie flexibel und offen ich für Neues bin. In kürzester Zeit habe ich Umzug und Familie gemanagt, die Sprache perfektioniert und mir ein neues soziales Umfeld aufgebaut!« Je allgemeiner die Frage formuliert ist, desto genauer überlegen Sie sich, welche Idee dahinterstecken könnte bzw. welche Information dem Recruiter hilft. Hinter abstrakt anmutenden Fragestellungen verbirgt sich immer eine konkrete Frageabsicht! Diese allgemein zu beantworten bringt keine Pluspunkte, auch nicht, mit einem unpassenden Spruch darauf zu reagieren. Wie Sie höchstpersönlich zur Elektrofahrzeugtechnologie oder Drohnenüberwachung stehen, interessiert ihn ebenso wenig wie Ihre Strickkünste oder ein Tick beim Sockensortieren. Witzig gemeinte Antworten wie: »Sie haben mich erwischt – meine Schwäche ist Schokolade!« weisen auf fehlende Ernsthaftigkeit oder sogar Unsicherheit hin. Jede Frage zielt (auch) darauf ab herauszufinden, ob Sie die Kunst des aktiven Zuhörens beherrschen und fähig sind zu erkennen, was der wirklich intendierte Aussagekern ist.

Der Recruiter will mit der altbekannten Stärken-Schwächen-Frage ein Gefühl dafür bekommen, wie Sie sich selbst einschätzen und wie Sie mit einer vermeintlichen Stärke oder Schwäche umgehen. Auch hier erzeugt ein Beispiel als Antwort ein überzeugenderes Bild im Kopf Ihres Gegenübers als abstrakte, abgenutzte Begrifflichkeiten. Statt »Meine Stärke ist Teamfähigkeit, meine Schwäche mein Perfektionismus!« beschreiben Sie lieber eine konkrete Arbeitssituation anschaulich: »Ich komme gerne schnell zum Punkt, um effizient zu arbeiten. Einmal in einem administrativen Meeting schweifte ein Mitarbeiter dauernd ab, weshalb ich ihn wertschätzend immer wieder einfing. Erst im Nachhinein sah ich, dass sein Potenzial gerade in der Kreativität und im freien assoziativen Denken lag – und gerade nicht in der strukturierten Kommunikation. Wir haben dann gemeinsam für ihn einen tollen Einsatzort in unserer Entwicklungsabteilung gefunden.«

Letztlich geht es also mehr um das Wie als um das Was: »In einer Kundenbesprechung stellte ein Kollege mich als ziemlich einfältig hin. Ein Vieraugengespräch im Nachhinein zeigte, dass ihm das überhaupt nicht bewusst gewesen war, was mich zugegebenermaßen noch mehr ärgerte. Mit etwas Abstand erkannte ich, dass er das ja nicht absichtlich getan hatte. Als das Gleiche in einer ähnlichen Kundensituation wieder passierte, konnte ich den Moment sogar für mich nutzen!« Kommt Ihnen eine Frage allzu holzschnittartig vor, können Sie auch indirekt mit einer Reflexion reagieren, zum Beispiel so: »Schnelligkeit und Genauigkeit sind bei mir keine strikten Gegensätze. Ich priorisiere und schaue situativ, was in welcher Perfektion gebraucht wird!« Oder: »Ich persönlich denke nicht in Kategorien von Stärken und Schwächen, da meiner Erfahrung nach beides oft austauschbar ist. Mir kommt es meist darauf an, die notwendigen Ressourcen aufzutreiben und an richtiger Stelle einzusetzen. Wenn ich sie nicht habe, vielleicht hat sie ein Teamkollege?«

Auch bei skurrilen oder exotisch wirkenden Fragen sollten Sie keine Scheu zeigen, zum Beispiel:

- »Welche drei Dinge würden Sie mit auf eine einsame Insel nehmen?«
- »Was machen Sie als Erstes, wenn Sie zehn Millionen im Lotto gewinnen?«
- »Welches Tier wären Sie gerne für einen Tag und wieso?«
- »Wie würden Sie einen Elefanten in eine Minibar bugsieren?«

Ihre Antwort wird als Pluspunkt hinsichtlich der ausgeschriebenen Stelle gewertet werden, insofern Sie selbst den (vermeintlich) fehlenden Stellenbezug herstellen, etwa so: »Hmmm, bei zehn Millionen würde ich jedenfalls nicht sofort um eine Gehaltserhöhung anfragen, aber auch nicht kündigen. Ich liebe eine sinnstiftende Tätigkeit nicht nur wegen des Geldes.« Oder: »Ich habe zwar kein Zoologie-Studium absolviert, weiß aber, dass Elefanten viel Auslauf brauchen. Wie auf der neuen Logistikposition, um die ich mich ja bei Ihnen beworben habe, würde ich frühzeitig Lagerplätze für die Einrichtung sichern, Futtermengen organisieren und die tierschutzrechtlichen Aspekte abklären, bevor ich mit einem aufwendigen Tiertransport beginne.«

Zum Abschluss des Gesprächs werden gerne Fragen gestellt wie »Wieso sollten wir nach dem Jobinterview gerade Sie einstellen?« oder »Was tun Sie, wenn wir Ihnen bei der Jobvergabe nicht den Vorzug geben?«. Bei zuerst genannter sollten Sie nicht den Fehler machen und sich pauschal auf die bisherige Bewerbungs-Performance zurückziehen. Antworten wie »Weil ich hoffentlich ausreichend gezeigt habe, dass ich der Beste bin!« oder »Weil Sie schwerlich jemand Motivierteren finden können, wie Sie sehen!« bieten sich ebenso wenig an wie die Variante »Bei einer Absage werde ich Ihre falsche Entscheidung bedauern und mich woanders bewerben!« bei zuletzt genannter. Vielmehr sollten Sie demonstrieren, dass Sie bis zuletzt Überzeugungsarbeit leisten werden und selbst mit einem drohenden Negativergebnis konstruktiv umgehen können: »Weil sich meine zehnjährige Erfahrung in diesem Bereich schon bald nicht nur ausgabentechnisch in Ihrer Bilanz bemerkbar machen wird« oder »Ich werde um Feedback ersuchen, um noch besser zu werden. Natürlich freue ich mich sehr, wenn Sie mich für ähnliche Positionen im Hinterkopf behalten!«.

Auf Extremfragen geschickt reagieren

Ab und an werden unzulässige Fragen an Bewerber herangetragen, wie die nach der sexuellen Orientierung, dem Glauben, Gewerkschafts- oder politischen Aktivitäten. Darunter fallen auch solche, die nichts mit der konkreten Stelle zu tun haben, etwa ob Sie Privatschulden haben (falls Sie sich nicht gerade als treuhänderischer Finanzmanager bewerben) oder ob Sie sich ungesund ernähren. Wenn Sie eine Frage im Jobinterview gestellt bekommen, deren Sinn oder deren Bezug zur ausgeschriebenen Stelle Sie partout nicht nachvollziehen können, sprechen Sie das ausdrücklich an. Vielleicht haben Sie die Formulierung missverstanden oder dem Recruiter ist ein Fehler passiert – beides ist menschlich und kommt vor. Sie können dann souverän kontern, etwa: »Entschuldigung, diese Frage ist mir ein wenig zu intim. Sind Sie so nett und erläutern mir den Stellenbezug?« Oder Sie bleiben bewusst vage: »Ich meine zwar, das gehört nicht hierher, aber meine Freunde und bisherigen Kollegen schätzen meine Akkuratesse in Geldangelegenheiten sehr.«

Auch wenn Ihnen manche Fragen nicht gefallen, einige Antworten, die Sie erhalten, unbefriedigend erscheinen oder der ein oder andere Gesprächspartner Ihnen unsympathisch ist: Zeigen Sie sich bis zum Schluss interessiert an der Stelle und am Unternehmen. Bringen Sie Ideen ein und stellen Sie Verbindungen zwischen sich und der ausgeschriebenen Stelle her. Das können Sie etwa durch Paraphrasierungen oder Schlüsse erreichen, zum Beispiel: »Aha, dann funktioniert das also so: ...!« Oder: »Ich schließe daraus, dass bei Ihnen dann ...!« So merkt Ihr Gegenüber, dass Sie sich bis zuletzt in die Materie hineindenken. Es kann nämlich sein, dass Ihnen erst gegen Ende des Gesprächs oder in der Nachschau klar wird, dass die Position doch attraktiver anmutet, als Sie während des Jobinterviews dachten. Dann wäre es schade, wenn Sie keinen guten Eindruck hinterlassen haben. Möglich ist auch, dass erst Ihre positive Einstellung das Jobinterview in die gewünschte Richtung dreht, Ihnen spannende Informationen serviert werden oder über Umwege weitere Einsatzmöglichkeiten abseits der zu besetzenden Stelle zur Sprache kommen. Das setzt voraus, dass die Stimmung während des Gesprächsverlaufs konstruktiv bleibt. Am einfachsten funktioniert das, wenn Sie diejenigen Aussagen, denen Sie auch inhaltlich zustimmen, wörtlich bestätigen, zum Beispiel mit einem einfachen »Oh ja, das ... sehe ich auch so!« oder »Beim Punkt ... bin ich ganz bei Ihnen!«. Selbst wenn Sie dem Rest nicht ungeteilt zustimmen, erzeugen Sie dadurch ebenso Kongruenz wie durch Lob, zum Beispiel: »Oh, Sie haben meinen CV aber sehr sorgfältig gelesen!«, »Stimmt, das haben wir beim Telefonat besprochen!« oder einfach »Danke für Ihre Offenheit/Direktheit/Informationen!«.

! **Der springende Punkt**

Menschen, die eine positive Ausstrahlung haben, wirken auf andere anziehender als solche, die enttäuscht oder neutral reagieren. Indem Sie sich durchgehend interessiert zeigen und sich selbst darauf ausrichten, Ihre Kommunikationsziele (siehe Kapitel 4.1.2) zu erreichen, ist das Gegenüber eher bereit, sich zu öffnen und Sie als sympathisch und kompetent einzuschätzen (»Sogwirkung«).

Auf manche Frage werden Sie wie aus der Pistole geschossen reagieren, bei anderen die Stirn runzeln und bei einigen verunsichert oder perplex sein. Denken Sie daran, dass der Personaler von Ihrer Unsicherheit oder einer eilig vorgeschobenen Antwort nichts hat, sondern er möchte sich einfach in kürzester Zeit ein realistisches Bild von Ihnen machen. Daher ist er nicht Ihr Gegner im Geiste, sondern teilt zumindest ein Gesprächsziel mit Ihnen: Er will herausfinden, ob Sie und der ausgeschriebene Job zusammenpassen. Es kann sein, dass manch paradox, provokant oder abwegig anmutende Frage darauf abzielt, Sie aus der Reserve zu locken, weil eine bestimmte Situation womöglich auch in dem Job als Beschwerde- oder Konfliktmanager auftreten kann. Vielleicht möchte der Personalverantwortliche auch Ihren kreativen Umgang, Ihre Stressresilienz, Ihre Schmerzgrenze oder Ihre rhetorische Schlagfertigkeit austesten, weil dies für die zu besetzende Stelle Grundvoraussetzung ist. Verstehen Sie solche Fragen daher nie als persönlichen Angriff oder Versuch, Sie schlecht aussehen zu lassen. Das könnte jeder erfahrene Recruiter spielend leicht – das würde ihm aber überhaupt nichts bringen!

Showtime

Reagieren Sie auch unter Stress souverän

Einige Frage können extreme Verwirrung auslösen, etwa solche, die bewusst darauf abzielen, Sie aus der Fassung zu bringen (»Stressinterview«), oder eine knifflige Aufgabe beinhalten (»Brainteaser«):

- Wie schräg schätzen Sie sich auf einer Skala von eins (total normal) bis zehn (komplett verrückt) ein?
- Welchen Grund könnte es geben, wenn Frösche Ledermützen tragen?
- Was denken Sie, wie viele Klavierstimmer in Bratislava leben?
- Wie würden Sie es angehen, wenn Sie das Gesamtgewicht der Stadt New York feststellen müssten?
- Wie würden Sie einer von Geburt an blinden Person die Farbe Violett erklären?
- Was tun Sie, wenn Sie auf der Straße einen schreienden Menschen auf dem Fahrrad in Ihre Richtung rasen sehen?

Wenn Sie eine solche Frage hören, bleiben Sie souverän, bewahren einen kühlen Kopf und lassen sich mit der Antwort Zeit. Es geht nicht darum, wie in einer Quizshow als Erster auf den Buzzer zu drücken. Wenn Sie offen sagen, was die Frage in Ihnen auslöst, zeigen Sie Gefühl und demonstrieren gleichzeitig, dass Sie sich in Stressmomenten nicht so leicht aus der Balance bringen lassen, etwa so: »Ui, das ist eine ungewöhnliche Frage. Da muss ich erstmal kurz nachdenken!« Um etwas Zeit zu gewinnen, können Sie daran eine Nachfrage anschließen, beispielsweise: »Jetzt bin ich etwas perplex. Wie genau haben Sie das gemeint?« Oder Sie wiederholen die Frage langsam: »Hmmm, ich wirke unsicher auf Sie? Interessanter Punkt!«

Arbeiten Sie sodann erneut die hinter der Frage stehende Thematik heraus, um den Bezug zur besetzenden Position herzustellen. Dadurch zeigen Sie, dass Sie analytisch vorgehen, etwa: »Nun, ich denke, Unsicherheit ist eine Wahrnehmung und kein objektiver Zustand. Ich persönlich fühle mich sehr wohl und sicher, während offenbar das Gegenteil bei Ihnen ankommt.« Beispielhaft können Sie auch eine erfolgreich aufgelöste Situation benennen, die Ihnen dazu einfällt, zum Beispiel: »Etwas Ähnliches ist mir einmal bei einem Vortrag passiert, bei dem ich ebenfalls ein solches Feedback erhalten und mich dafür bedankt habe. Schließlich ist es wichtig zu erfahren, wie man auf andere wirkt.« Sie können es auch direkt als Steilpass für die Darstellung einer Ihrer Stärken nutzen: »Woran genau machen Sie meine Unsicherheit fest? Ich lerne gerne hinzu und freue mich, wenn wir das vielleicht gemeinsam verbessern – auch in Hinblick auf die Außenwirkung des Unternehmens!«

Wenn eine Frage oder Aussage offensichtlich verletzend, stark beleidigend oder grob arbeitsrechtswidrig ist, steht es Ihnen frei, klar zu sagen, dass Sie nicht einverstanden sind, etwa auf diese Art: »Ich denke, da liegt ein Missverständnis vor. Vielleicht wollen wir weiter voranschreiten?«, »Auf Ihre Meinung haben Sie ein gutes Recht. Als Fakt sehe ich hingegen, ...« oder »Ich finde, das geht an der Themenstellung vorbei. Ich darf um Verständnis bitten, dass ich darauf nicht antworten mag«.

! **Special**

Reagieren Sie auf Fragen, die unter die Begriffe »Stressinterview« oder »Brainteaser« fallen, möglichst kurz. Vom Aussagegehalt her sind sie im Recruiting ohnehin hoch umstritten und daher nie mehr als eine Ergänzung. Weder solche Fragen noch Ihre Antworten darauf sollten weite Teile des Jobinterviews dominieren.

Stark statt hart verhandeln

Während des Gesprächs nähern sich beide Seiten immer weiter an, klären fachliche Fragen und schaffen gegenseitiges Verständnis. Dabei spielt die Beziehungsebene eine zentrale Rolle für den Verlauf des Jobinterviews. Die Sachebene, auf der etwa die Ausgestaltung des späteren Geschäftsverhältnisses stattfindet, ist davon zu trennen. Viele Bewerber bauen eine gute Verhandlungsbeziehung auf, stellen sich erfolgreich freundlich und positiv dar und zeigen Interesse und Offenheit für Kompromisse. Manchmal ärgern sie sich im Nachhinein, nicht mehr herausgeholt oder härter verhandelt zu haben; das gilt gerade dann, wenn das Gespräch angenehm verlief.

Darauf zu achten ist, dass beide Ebenen bedient werden wollen, weshalb das Motto (etwas überspitzt) lautet: »Bleiben Sie fest in der Sache und weich zu den Menschen!« Natürlich versuchen Sie, für sich selbst das Beste zu erreichen, wie es alle Gesprächspartner legitimerweise tun – deswegen haben Sie vorab Ihre BATNA und Ihre WATNA festgelegt (siehe Kapitel 4.1.2). Sich dabei allein auf Feilschen oder ganz auf die eigene Position zu konzentrieren führt aber oft nicht zum Erfolg, sondern erzeugt Widerstände und Blockaden. Das Gegenteil von Schwäche in Verhandlungen ist daher nicht Härte, sondern Stärke. Und stark verhandeln Sie, wenn Sie nicht Standpunkte oder Forderungen (»Was«) kommunizieren, sondern Interessen (»Wie«) – sowohl Ihre als auch die der anderen. Es hilft, sich Ihre Gesprächspartner als das vorzustellen, was der Name besagt: »Partner« im Gespräch!

Showtime

Berücksichtigen Sie die Interessen beider Seiten

Wenn Sie beispielsweise nur Teilzeit arbeiten möchten, Ihre Gesprächspartner hingegen die Stelle Vollzeit besetzen wollen, hat es wenig Sinn, auf Ihrem Anliegen zu beharren: »Ich stehe nur 30 Stunden pro Woche zur Verfügung und habe das im Motivationsschreiben auch ausdrücklich geschrieben!« Ihre Gesprächspartner könnten entgegen: »Die Position ist als Vollzeitstelle im Plan budgetiert und war ausdrücklich so ausgeschrieben!«

Wenn Sie aber auf die Interessen aller Beteiligten fokussieren, könnten Sie erklären, dass Sie genügend Zeit für andere Projekte benötigen, und die Option ins Spiel bringen, alle zwei Wochen einen freien Tag zu haben. Oder Sie fragen nach der Möglichkeit, eine dreiwöchige geblockte Auszeit in Situationen zu nehmen, falls Sie einmal mehr Zeit am Stück für andere Tätigkeiten benötigen. Auch könnten Sie Ihre Gesprächspartner fragen, warum sie auf Vollzeit bestehen. Geht es um die Quantität der zu erledigenden Arbeit, wäre eine effizientere Aufteilung unter den Kollegen, das Delegieren einzelner Bereiche an andere oder ein Neuzuschnitt der Stelle denkbar – zumal mehr Zeit allein noch keine schnelleren oder gar besseren Arbeitsleistungen bewirkt. Falls über eine Führungsposition gesprochen wird, die eine dauernde Mitarbeiterkontrolle beinhaltet, könnten andere Motivations- und Kontrollmechanismen, die nicht Ihre physische Gegenwart erfordern, zielführend sein. Bei einer Stelle mit starkem Kundenkontakt wären feste Sprechzeiten oder E-Mail- und Telefonsupport denkbar, ohne den Service durch Ihre Teilzeittätigkeit arg einschränken zu müssen. Oft werden in Verhandlungen, die auf Interessen statt Positionen oder Forderungen beruhen, auch unterschiedliche und zu diskutierende Vorstellungen oder Grundeinstellungen zur Arbeit besser sichtbar, zum Beispiel wenn als Argument aufseiten Ihrer Gesprächspartner nur noch übrig bliebe: »Naja, unsere Mitarbeiter und Kunden sind es halt so gewohnt. Ihr Vorgänger war immer durchgängig als Ansprechpartner da.«

Interessenbezogenes Verhandeln ist deswegen wirksamer, weil eigene und fremde Bedürfnisse offengelegt, thematisiert und zusammengebracht werden können. Voraussetzung dafür ist wiederum das aktive Zuhören, das heißt, die Aussagen hinter Gesagtem wahrzunehmen. Wenn Ihr Gegenüber etwa die Augenbrauen hochzieht und auf einen Sachvorschlag Ihrerseits ironisch lächelnd entgegnet: »Na, also das sollten wir mal der Geschäftsführung vorschlagen!« dann haken Sie nach. Steht hier tatsächlich ein abweichendes Verständnis der Führungsebene im Weg oder sehen das (nur oder auch) Ihre Gesprächspartner so? Da Sie anfangs nicht viel über deren Interessen wissen, sind meist statt Ja-Nein-Formulierungen offene Fragen, beginnend mit einem Interrogativpronomen, hilfreicher (»W-Fragen-Technik«):

- Warum ist der frühzeitige Arbeitsbeginn für Sie so wichtig?
- Was bedeutet es, dass der zukünftige Stelleninhaber sensibel zwischen den Abteilungen vermitteln soll?
- Wer wären meine Fach- und wer die Dienstvorgesetzen?
- Wo genau würden Sie die Haupttätigkeit räumlich verorten?
- Wie könnte die Übergabe der Funktion konkret aussehen?
- Was schätzen Sie: Wann im Jahr tritt die größte Arbeitsbelastung auf?

Wenn Sie bestimmte Aussagen heraushören, können Sie auch das, war Ihr Gesprächspartner gesagt hat, umformulieren und anschließend Deutungsansätze anbieten: »Sie hatten gesagt, Homeoffice sei derzeit kein Thema. Ich vermute, dass für derartiges Arbeiten bei Ihnen noch kein Modus etabliert ist. Vielleicht könnten wir das gleich mit der neuen Stelle als Changemanager konstruktiv verbinden und als Pilotprojekt befristet ausprobieren.«

Drohungen zu platzieren, Druck auszuüben oder rote Linien zu markieren führt selten weiter. Eine interessengeleitete Gesprächskultur lädt hingegen dazu ein, gemeinsame Entscheidungsoptionen zu suchen oder weiterzuentwickeln. Wichtig ist dabei, dass es nie allein um Ihre Interessen gehen darf, sondern auch die der anderen zu berücksichtigen sind. Faule Tricks, versteckte Vorbehalte und das einseitige Ausnutzen einer Verhandlungsposition werden sich spätestens im Job selbst rächen. Rückfragen wie »Wäre das auch in Ihrem Sinne, wenn wir …?« oder »Genügt es Ihnen, dass ich …?« sorgen dafür, dass eine beidseitig einvernehmliche und konstruktive Einigung zustande kommen kann (»Win-Win-Situation«).

! **Der springende Punkt**

Sollte eine Einigung dennoch fernliegen, versuchen Sie nicht, krampfhaft Kompromissangebote zu finden oder ein Entgegenkommen zu signalisieren, wo längst keine Möglichkeiten mehr bestehen. Wenn Ihre WATNA erreicht ist, ärgern Sie sich im Nachhinein nur, sich untreu geworden zu sein. Bestimmt zu sagen, was für Sie passt und was nicht, zeigt genauso Professionalität wie die Feststellung, dass die gemeinsame Basis fehlt, sofern Sie es so empfinden. Ob aus dem Gespräch ein Deal wird oder nicht, ist keine Frage von »gewonnen« oder »verloren«, sondern von »passen« oder »nicht passen«. Kommen Sie letzten Endes nicht zusammen, war das Gespräch dennoch erfolgreich: Beide Seiten haben verstanden, weswegen sie nicht miteinander ins Geschäft kommen, und etwas über sich und das Gegenüber gelernt!

4.2.4 Das Gesprächsende – in guter Erinnerung bleiben

Das Ende des Jobinterviews leitet der Personaler meist direkt ein, zum Beispiel so: »In Ordnung, dann sollten alle Punkte soweit geklärt sein« oder »Dann haben Sie nochmals vielen Dank für Ihr heutiges Kommen«. Oft wird der Abschluss auch begonnen mit: »Sind noch Fragen an uns offengeblieben?« Fand ein Gespräch auf Augenhöhe statt, sollten bis dahin die meisten und wichtigsten Ihrer vorbereiteten Fragen beantwortet sein. Wenn Sie erst jetzt damit beginnen, sie einzubringen, wird zum einen weder die Zeit noch die Aufmerksamkeit gegen Gesprächsende ausreichen. Zum anderen lässt sich das Ungleichgewicht im Vergleich zu den vorangegangenen 90 % des Jobinterviews nicht mehr aufwiegen. Werfen Sie daher einen kurzen Blick auf Ihre mitgebrachten Unterlagen und bedanken Sie sich im besten Fall dafür, dass bereits alles geklärt wurde oder schieben Sie nur ein bis zwei übrig gebliebene Fragen nach. Das kann auch ein kurz vor Ende neu aufgekommener Aspekt sein, der sich erst aus dem Gespräch ergeben hat. Mit einem »Sie sprachen eben … an, was ich spannend finde. Darf ich hier noch nachfragen, inwiefern …?« demonstrieren Sie überdies, dass Sie bis zum Schluss aktiv zugehört und sich das Gesagte gemerkt haben. Wurde es nicht schon zuvor erläutert, können Sie auch fragen, wie es mit dem Bewerbungsverfahren weitergeht oder wann Sie mit einer Rückmeldung rechnen dürfen.

Erst gegen Ende des Jobinterviews wird auch auf Fragen rund ums Gehalt eingegangen, denn sie hätten bei einem offenkundig holprigen Gesprächsverlauf ohnehin keine Relevanz. Oft wird Bewerbern geraten, dieses Thema nicht selbstständig anzuschneiden, sondern das dem Personalverantwortlichen zu überlassen. Damit würden sie die rein inhaltliche Motivation für den Job in den Vordergrund stellen, was angeblich einen guten Eindruck macht. Doch handelt es sich um ein berechtigtes Interesse Ihrerseits, mehr darüber zu erfahren, ob Sie mit einer wertschätzenden, der Position angemessenen Vergütung rechnen können. Dem sollten Sie Ausdruck verleihen! Sofern es Ihrem Gefühl nach ein vielversprechendes Jobinterview war und das Thema Gehalt nicht vorab ausgeklammert wurde (zum Beispiel weil dafür eine zweite Runde mit anderen Gesprächspartnern vorgesehen ist), bringen Sie es proaktiv auf den Tisch. Falls Sie den Gesprächsverlauf nicht sicher einschätzen können, tasten Sie sich behutsam vor, zum Beispiel so: »Haben wir gegen Ende Zeit, um über das Gehalt für die Position zu sprechen?«, »Denken Sie, es hat Sinn, gemeinsam die Frage der Vergütung zu diskutieren?« oder »Ich würde mich freuen, wenn wir angesichts des interessanten Gesprächs auch kurz das Thema Geld anschneiden«.

Sie haben sich bereits vorab für Ihr Motivationsschreiben überlegt, wie Ihre Vorstellungen aussehen (siehe Kapitel 3.4.4), eine gute Bewerbungsperformance abgeliefert und schreiten gestärkt voran. Da hilft der Gedanke, dass Bewerbungsverhandlungen selten allein wegen der Gehaltshöhe scheitern. Meist ist Uneinigkeit darüber nur ein Hinweis darauf, dass man doch unterschiedliche Auffassungen von der ausgeschriebenen Position hat. Wenn etwa als Argument für eine geringere Entlohnung das firmeninterne Gehaltsschema oder der Vergleich mit einer tarifvertraglichen Einstufung bemüht wird, stellen Sie die Frage, welche Ihrer dargelegten umfangreichen Erfahrungen und Kompetenzen wirklich für die Stelle benötigt und bezahlt werden. Falls die Position zu Recht so niedrig eingruppiert ist, könnte es sein, dass Sie schlicht überqualifiziert sind und das Unternehmen mit jemandem, der weniger qualifiziert ist, besser fährt. Möchte man Ihnen ein niedriges Einstiegsgehalt mit der Idee versüßen, dass ja nach einem Jahr erfolgreicher Arbeit noch einmal über Geld gesprochen werden könne? Stellen Sie klar, dass Sie das als gute Sache sehen, Sie aber gerade über die angemessene Bezahlung im ersten Jahr und nicht in den kommenden Jahren sprechen möchten. Bleiben Sie auch bei diesem Thema konsequent: Allein die angemessene Vergütung für die konkret ausgeschriebene Stelle entscheidet, nicht, ob Sie in der Branche vorher mehr verdient haben, momentan weniger brauchen oder sich aus der (drohenden) Arbeitslosigkeit oder aus einer bestehenden Anstellung heraus bewerben.

!

Special

Falls das Jobinterview Ihrer Meinung nach gut gelaufen ist und der ausgeschriebene Job weiterhin spannend erscheint, beenden Sie das Gespräch mit einer abrundenden Bemerkung, zum Beispiel: »Sehr schön. Ich bin guter Dinge und freue mich, bald von Ihnen zu hören.« Oder: »Vielen Dank für das gute Gespräch, wie ich fand. Ich bin weiterhin sehr interessiert.« Falls Sie für die Stelle in Betracht kommen, erkennen Ihre Gegenüber darin einen Gesprächserfolg. Allzu forsch sollten Sie gegen Ende jedoch nicht werden. Sehen Sie von der Bitte ab, ob Sie nicht jemand schon einmal durch die Räumlichkeiten führen könne, oder von dem Angebot, der anderen Seite gerne ein direktes Feedback auf deren Gesprächsführung zu geben. Auch ein Drängen auf eine sofortige Einstellungsentscheidung oder ein flehendes Drängen à la »Darf ich Sie bitten, mir ehrlich zu sagen, wie meine Chancen stehen?« wirkt wenig souverän, auch wenn Sie natürlich auf eine baldige Rückmeldung gespannt sind.

Nennen Sie beim Verabschieden immer die Namen Ihrer Gesprächspartner! Es zeugt nicht nur von Respekt und Aufmerksamkeit, dass Sie sich diese bis hierher gemerkt haben. Da wir uns alle mit unseren Namen identifizieren, beziehen Sie so auch die zuvor etablierte Beziehungsebene ein.

4.3 Standardisierte Auswahlverfahren – Assessments, Tests und Co.

Auch wenn das Jobinterview nicht zuletzt der Vergleichbarkeit wegen in der Regel einem Leitfaden folgt, ist es dennoch kein strukturiertes Verfahren, bei dem immer dieselben Fragen gestellt und dieselben Antworten erwartet werden. Vielmehr soll je nach Bewerber flexibel auf dessen individuelle Besonderheiten, vermeintliche Stärken und Schwächen sowie Ansprüche reagiert werden können. Standardisierte Beurteilungsverfahren werden vor allem dann (ergänzend) genutzt, wenn Positionen zu besetzen sind, die für das Unternehmen systemrelevant sind, die im öffentlichen Bereich eine bestimmte Aufmerksamkeit erfahren oder für die größere Konzerne ein einheitliches Qualitäts- und Talentmanagement etabliert haben. Da solcherlei in den meisten Fällen im Hinblick auf das Qualitätsmanagement hohe Kosten verursacht, werden diese Verfahren eingesetzt, wenn die Wertigkeit der zu besetzenden Stelle dies hergibt oder um effizient eine Vorauswahl aus einer sehr großen Menge von Bewerbern zu ermöglichen. Hinzu kommt, dass die Wirksamkeit solch standardisierter Beurteilungsverfahren umstritten ist. Verwissenschaftlichung und Objektivierung, zusammengefasst unter dem Begriff »Eignungsdiagnostik«, erfolgen gelegentlich, um die Auswahlentscheidung zu rechtfertigen oder abzusichern, statt als Grundlage dafür zu dienen.

Korrekt angewendet, sollen standardisierte Beurteilungsverfahren eine transparente eignungspsychologische Analyse der individuellen Fähigkeiten und Fertigkeiten von Bewerbern ermöglichen. Neben strukturierten Befragungen umfassen sie oft Verhaltenssimulationen, das Anfertigen von Arbeitsproben, Konzeptionsübungen, Rollenspiele, Kurzpräsentationen und Gruppendiskussionen, Fallstudien sowie das Ausfüllen von Fragebögen zu Persönlichkeits-, Leistungs- und Intelligenztests. Sie finden häufig über mehrere Stunden oder en bloc an ein bis zwei Tagen und mit mehreren Bewerbern gleichzeitig statt (»Assessment-Center«). Anders als bei Jobinterviews sind zumeist eigens dafür psychologisch geschulte Beobachter (»Assessoren«) zugegen, die je nach Stellenanforderung vor allem die zwischenmenschlichen Kommunikationsfähigkeiten oder bestimmte Führungsqualitäten abprüfen. Die Bewerber werden im Verlauf in möglichst unterschiedliche Situationen gebracht. Dabei folgt das standardisierte Beurteilungsverfahren meist einer Prüfungslogik, die dafür sorgt, dass die Bewerber künstlich unter Stress gesetzt werden, was durch eine Kombination aus enger zeitlicher Taktung, hohem Konkurrenzdruck und der Vielseitigkeit der jeweiligen Anforderungen erreicht wird.

Vorbereitung auf ein Assessment-Center

Da bei solch standardisierten Beurteilungsverfahren weniger fachbezogene als soziale, methodische und persönlichkeitsbezogene Aspekte eine Rolle spielen, hat ein gezieltes Vorbereiten auf bestimmte Inhalte meist ebenso wenig Sinn, wie sich zu verstellen. Es empfiehlt sich jedoch, bestimmte Techniken wie Rhetorik, Argumentation und Verhandlungsgeschick zu trainieren, da eher Präsentationsskills, Konzentration, logisches Denken und die eigene Wirkung nach außen bewertet werden, als dass detaillierte Fachkenntnisse entscheiden.

Showtime

Trainieren Sie Selbstsicherheit und Selbstbewusstsein
Im Assessment-Center sind häufig Einzel- und Gruppenpräsentationen gefordert, bei denen Sie neue Informationen zusammen mit unbekannten Menschen vermitteln sollen. Dies lässt sich üben, indem Sie aus dem Stegreif Vorträge über Ihnen unbekannte, zufällig ausgewählte Themen vor Freunden halten. Gut funktioniert das mit Zweierteams, die spielerisch gegeneinander antreten. Eine Person sucht vorab fertige PowerPoint-Folien aus dem Internet und lässt sie ablaufen. Die andere Person kommentiert die Inhalte spontan und möglichst sinnerfassend so, als hätte sie die Präsentation selbst erstellt (»PowerPoint-Karaoke«). Die Zuhörer geben dazu Feedback.

Auf Gruppendiskussionen hingegen können Sie sich vorbereiten, indem Sie mit Bekannten ein gesellschaftspolitisch aktuelles Thema auswählen und für das Gespräch darüber bewusst die Moderation übernehmen. Statt nur einen Standpunkt vertreten und die eigene Meinung gegenüber den anderen durchsetzen zu wollen, verlangt diese Rolle, dass Sie die Diskussion ausgewogen und am Laufen halten, alle Argumente berücksichtigen und möglichst neutral bleiben. Das ist eine gute Übung, da Sie im Assessment-Center mit Mitbewerbern diskutieren, was leicht in eine unangenehme Konkurrenzsituation mündet. Bei Gruppendiskussionen wird jedoch nicht bewertet, ob Sie recht hatten oder sich durchsetzen konnten, sondern allgemein Ihre Interaktionsfähigkeit. Gerade als älterer Bewerber können Sie dadurch punkten, dass Sie Ideen aufgreifen und weiterentwickeln, auch leise Stimmen ganz gezielt nach ihrer Meinung fragen und diese integrieren, verschiedene Perspektiven berücksichtigen sowie Diskussionsergebnisse immer mal wieder zusammenfassen.

Bei Rollenspielen besteht die Herausforderung oft darin, eine einvernehmliche und tragfähige Kompromisslösung zu finden, ohne dabei allzu sehr ins Schauspielerische abzugleiten. Eine Rolle anzunehmen heißt, sich möglichst in die Situation der betreffenden Person inklusive ihrer Interessen, Bedürfnisse und Kontexte hineinzuversetzen, dabei aber authentisch bei sich zu bleiben. Hierzu gehen Sie die einzelnen Rollen (nicht Argumente!) anhand einer typischen Aufgabenstellung aus dem künftigen Berufsalltag nacheinander durch, indem Sie so viele Stühle, Sessel oder Hocker in einem Gesprächskreis aufstellen, wie es Rollen gibt. Bei einem klassischen Mitarbeitergespräch wären das eine Sitzgelegenheit für den Mitarbeiter und eine für den direkten Vorgesetzten. Bei einem simulierten Verkaufsgespräch könnten es drei sein: eine für den Verkäufer und vielleicht zwei für potenzielle Kunden. Wenn Sie eine Teamsitzung nachempfinden wollen, bräuchten Sie einen Stuhl für die Teamleitung, einen für die Teamassistenz und zwei für weitere Teammitglieder.

Beim Mitarbeitergespräch könnte die persönliche Jahresperformance oder eine Gehaltsverhandlung zur Debatte stehen. Beim simulierten Verkaufsgespräch könnte es darum gehen, ein neues Produkt anzubieten oder mit einer Beschwerdesituation umzugehen. In der Teamsitzung könnte eine Feedbackrunde anstehen oder einen Planungs-Jour-fixe mit inhaltlichem Bezug zur ausgeschriebenen Stelle. Denken Sie sich nun nacheinander in die jeweiligen Rollen einer Situation hinein, indem Sie sich abwechselnd auf die zugewiesenen Stühle setzen und aus dieser Perspektive argumentieren. Wechseln Sie die Rollen mehrmals und absolvieren Sie mindestens drei Runden reihum.

Sie können eine solche Aufgabe auch angehen, indem Sie mit Bekannten zusammen ein Fachthema diskutieren, bei dem jeder symbolisch einen Argumentationshut in unterschiedlichen Farben aufsetzt (»Thinking Hats«). Dabei repräsentiert jede Farbe einen bestimmten Denkzugang, die Aufteilung wird vorab festgelegt. Während etwa der blaue Hut für das ordnende, moderierende Denken steht, symbolisiert der weiße den analytischen, auf Fakten konzentrierten Zugang. Der rote Argumentationshut steht für das emotional-feurige, stark subjektive Empfinden und der schwarze für das kritische Denken, das Risiken gewichtet, Probleme aufzeigt sowie Skepsis und Angst äußert. Gelb könnte ein optimistisches, Chancen sehendes, hoffnungsfrohes und sonniges Gemüt verkörpern, während der grüne Hut das ideengenerierende, kreative-assoziative und fantasiebetonte Denken repräsentiert. Am besten werden die Argumentationshüte zu Übungszwecken abweichend zu den jeweiligen beteiligten Charakteren verteilt, um möglichst viel über einen Denkzugang zu lernen, der einem selbst eher fernliegt.

Fallstudien können auf zweierlei Art in Erscheinung treten. Bei der gängigen Variante erhalten Sie mehrere ungeordnete Aufgaben und Informationen, zum Beispiel in Form von Anweisungen, Dokumenten, E-Mails, Anfragen etc., die innerhalb einer vorgegebenen knappen Zeitspanne abzuarbeiten sind (»Postkorb-Übung«). Die Anforderungen dabei sind höchst vielfältig. Während der Bearbeitung können neue Aspekte hinzukommen oder Angaben und Informationen geändert werden. Sie werden zudem durch Telefonate, Gespräche oder Lärm absichtlich gestört, um den Stressfaktor weiter zu erhöhen. Solche Arbeitssituationen haben Sie sicherlich auch schon einmal erlebt, wenn Sie am ersten Tag nach dem Urlaub wieder im Büro sind, viele Dinge nicht funktionieren, alle gleichzeitig etwas von Ihnen wollen, Ihr Telefon ständig klingelt, sich Ihre ungeöffnete Post stapelt und der E-Mail-Eingang dreistellig ist. Versetzen Sie sich in diese Lage zurück und überlegen Sie sich – bezogen auf den ausgeschriebenen Job – 30 bis 40 Aufgaben und Informationen, die an Sie herangetragen werden könnten. Stellen Sie dann die Stoppuhr an und versuchen Sie, alles in maximal zehn Minuten zu bewältigen.

Gehen Sie dabei nach der »Eisenhower-Methode« vor: Verschaffen Sie sich zuerst einen Überblick, kategorisieren und sichten Sie alles, was anliegt. Danach geht es darum herauszufinden, was Sie selbst erledigen müssen und was nicht. Unterteilen Sie dazu alle To-dos in »Wichtiges« und »Dringliches«. Wichtiges müssen Sie persönlich übernehmen, zum Beispiel weil Sie der Fachexperte dafür sind, Dringliches muss möglichst sofort erledigt werden. Wenn etwas wichtig und dringlich ist, erledigen Sie dies zuerst (Priorität 1). Wenn etwas nur dringlich, aber nicht wichtig ist, wird es delegiert; überlegen Sie sich, an wen sie diese Aufgabe mit welchem Unterauftrag abgeben (Priorität 2). Wenn etwas umgekehrt nur wichtig, aber nicht dringlich ist, terminieren Sie, wann Sie es erledigen und wie lange Sie dafür benötigen (Priorität 3). Und ist etwas weder wichtig noch dringlich, stellen Sie es zurück oder lassen es ganz (Priorität 4).

Bei einer anderen beliebten Art der Fallstudie erhalten Sie rudimentäre Informationen zu einem Problem, zum Beispiel über einen zwischenmenschlichen Konflikt, der nur aus einer Sicht geschildert wird, oder ein nicht funktionierendes Produkt, bei dem jedoch niemand so recht weiß, welche Ursache dahintersteckt. In einem Interview mit einer anderen Person sollen Sie nun versuchen, mehr über das Thema zu erfahren, um eine eigene, möglichst objektive Sichtweise zu entwickeln (»Fact Finding Exercise«). Die zentrale Herausforderung liegt darin, die Ausgangslage korrekt einzuschätzen, sich auf die wichtigsten Fragen zu konzentrieren und Relevantes von Irrelevantem zu trennen. Der Gesprächspartner muss dazu nicht nur systematisch befragt werden. Auch geht es darum, neu gewonnene Inhalte zu gewichten, zu verknüpfen und aus den Erkenntnissen sinnvolle Schlüsse zu ziehen. Im Anschluss soll meist ein Konzept erarbeitet, eine Handlungsempfehlung abgegeben oder eine tragfähige Strategie entwickelt werden, um das Problem zu lösen. Wie es gelingt, sich gerade zu Beginn nicht in unwichtigen Details zu verlieren, zielgerichtet und systematisch zu fragen und in kurzer Zeit Informationen zu kombinieren, lässt sich mit diversen (Karten-)Kombinationsspielen für Erwachsene trainieren. Dabei wird zum Beispiel ein Team von Spielern in einen echten oder virtuellen Raum gebracht, in dem Rätsel zu lösen sind, um aus einem Gefängnis ausbrechen, eine Bombe im Inneren zu entschärfen oder einen tollen Schatz zu finden (»Escape Room Gaming«).

Am Ende eines standardisierten Beurteilungsverfahrens finden meist eine Auswertung mit Feedback und ein Abschlussgespräch statt. Auch dieser Teil fließt mit in die Bewertung ein, weswegen Sie weder Ihren Ärger über eine vermeintlich unfaire Aufgabenstellung zum Besten geben noch jemandem die Schuld für etwas nicht Gelungenes zuschreiben sollten. Besser ist eine selbstreflektierte Antwort à la »Mein Ziel bei der ...übung war ..., was mir teilweise gut gelungen ist«, »Die ...aufgabe empfand ich als herausfordernd, aber ich denke, ich hatte sie im Griff« oder »Es hat Spaß gemacht. Beim nächsten Mal würde ich das ... eher ... angehen«. Zeigen Sie sich interessiert an den einzelnen Testverfahren und fragen Sie nach, was die Beurteilung genau über Sie aussagt – Sie müssen das Ergebnis am Ende nicht hundertprozentig teilen.

Der springende Punkt !

Gelegentlich wird Bewerbern als (verkapptes) Assessment die Aufgabe gegeben, ein fertiges Projektkonzept, eine Verkaufsstrategie oder einen detaillierten Business-Case zu erarbeiten. Falls Sie das Gefühl haben – zum Beispiel wegen vieler Detailangaben oder genauer Vorgaben zur Form –, dass nicht mehr Ihre Beurteilung als Bewerber im Mittelpunkt steht, sondern das Unternehmen gratis Ihre Expertise absaugen und Ideen sammeln möchte, sprechen Sie das offen an. Schicken Sie in diesem Fall keine angeforderten Ausarbeitungen vorab, sondern bieten Sie an, Ihre Ergebnisse gerne mündlich zu präsentieren. Auch Probearbeitsvormittage oder die aktive Teilnahme an einem Arbeitsmeeting im künftigen Team mögen Ihnen schmeicheln und dafür sorgen, dass Sie sich dem Job näher fühlen. Dabei werden aber auf unseriöse Weise Bewerbung und Einschulung vermischt, worauf Sie sich nicht einlassen sollten.

4.4 Das Nachfassen – Endspurt für Fortgeschrittene

Nach dem Jobinterview und/oder dem standardisierten Beurteilungsverfahren heißt es erstmal warten – zumindest denken viele Bewerber fälschlicherweise so! Die Gesprächspartner haben signalisiert, dass sie etwas Bedenkzeit brauchen, dass noch Gespräche mit Mitbewerbern geführt werden, dass die Bewerbungsfrist womöglich noch läuft und dass interne Auswahlprozesse ihren Tribut fordern. So lehnen sich viele nach einer guten Bewerbungsperformance zurück und warten auf den ersehnten Rückruf mit einem Jobangebot. Das ist nicht nur höchst passiv, sondern Sie legen Ihr Fortkommen damit in die Hände der anderen. Stattdessen empfiehlt es sich, auch diese Zeit produktiv zu nutzen, zumal die Nachbereitung ein weithin unterschätzter sowie lehrreicher Teil im Bewerbungsprozess darstellt. Auch können Sie diese in Ruhe zu Hause durchführen und so auf manche Aspekte stoßen, die Ihnen – womöglich stressbedingt – im Bewerbungsprozess gar nicht aufgefallen sind.

4.4.1 Selbstreflexion – Wie haben Sie sich und die anderen erlebt?

Gönnen Sie sich nach einem Jobinterview und/oder standardisierten Beurteilungsverfahren eine kleine Belohnung. Auch wenn Sie es möglicherweise gewohnt sind und nicht sofort spüren: In solchen Situationen bauen Körper und Geist in kurzer Zeit eine enorme Anspannung auf, die einer Entspannung bedarf – selbst wenn Sie sich nach einer guten Bewerbungsperformance wie berauscht fühlen. Auch ist es in jedem Fall sinnvoll, am nächsten oder übernächsten Tag eine kurze Selbstreflexion vorzunehmen. Dabei geht es einerseits darum, den eigenen Auftritt zu bewerten, andererseits darum, die Position des Unternehmens zu betrachten. Da Ihre bis dato oft nur mündlichen oder visuellen Eindrücke noch frisch sind, hilft dies, sie zu diesem Zeitpunkt unverfälscht zu ordnen.

Digitales Extra

Showtime

Nehmen Sie Gutes für die Zukunft mit

Eine Selbstreflexion trägt als ein in mehreren Schritten ablaufender, bewusster Prozess nicht nur dazu bei, konkret erlebte Situationen mit den eigenen Erfahrungen und Emotionen in Verbindung zu bringen. Es sollen dabei möglichst auch erfolgreiche Maßnahmen für die Zukunft entwickelt werden. Stellen Sie sich dazu nacheinander die folgenden Fragen, die Ihre Selbstreflexion trichterförmig durch verschiedene Ebenen leiten (»Funneling«):

- Was ist mir an meiner Bewerbungsperformance aufgefallen und inwiefern gut oder schlecht gelaufen?
- Welche Gefühle hatte ich jeweils dabei und welche habe ich jetzt?
- Was kann ich daraus für mich selbst beruflich lernen?
- Gibt es Verbindungen zwischen meiner Vergangenheit, der Bewerbungsperformance und meinem zukünftigen Berufsalltag?
- Was könnte ich konkret verändern und wer oder was könnte mir (wie) dabei behilflich sein?

Es geht dabei nicht um persönliche Schuld, Fehlerhaftigkeit oder Unzulänglichkeiten. Auch dient die Reflexion keiner objektiven Bewertung Ihrer Bewerbungsleistung. Vielmehr sind es allein Ihre subjektiven Eindrücke, die Sie sich – positiv wie negativ – ins Gedächtnis rufen und stichwortartig neben den Fragen notieren sollten. In jedem Fall soll ein Lerneffekt dabei herausschauen, den Sie als konkreten Nutzen für sich und künftige Bewerbungs- und Berufssituationen mitnehmen können. Ein Worksheet hierzu finden Sie online bei den digitalen Extras.

Die gesammelten Eindrücke über die Stelle bewerten

Der Personaler hat für das Unternehmen unter anderem abgeglichen, ob Ihre Online-, Ihre schriftliche und Ihre reale Darstellung übereinstimmen, und sich ein Bild gemacht, ob Sie aus seiner Sicht fachlich wie menschlich zu dem Job passen könnten. Machen Sie nun dasselbe für sich: Konnten Sie die auf der Homepage propagierten Werte und die in der Ausschreibung dargelegten Pluspunkte wirklich wahrnehmen oder deutet etwas auf das Gegenteil hin? Können Sie sich mit den Infos, die Sie nun haben, vorstellen, die ausgeschriebene Stelle zu besetzen? Welche Eindrücke haben Sie intuitiv mitgenommen? Sind alle Ihre Fragen an den Job beantwortet oder sind inzwischen neue Fragezeichen aufgetaucht? Wie ist Ihr Gefühl? Würden Sie sich über eine Stellenzusage freuen und Lust haben, in dem Unternehmen zu arbeiten?

Showtime

Digitales Extra

Beleuchten Sie die Vor- und Nachteile des Jobs
Legen Sie als ersten Schritt ein weißes Blatt Papier und einen leicht schreibenden Stift vor sich hin und stellen Sie die Stoppuhr auf fünf Minuten. Fangen Sie sofort an, all das, was Ihnen zum Bewerbungsprozess einfällt, rein assoziativ in ganzen Sätzen zu notieren. Achten Sie weder auf Schönschrift noch korrekte Interpunktion, Orthografie, Grammatik oder Ausdrucksweise. Schreiben Sie einfach durch, egal ob sich die Sätze teilweise wiederholen, sich nicht logisch aufeinander beziehen oder das Satzende nicht zum Satzanfang passt. Versuchen Sie, in Ihrer normalen Schreibgeschwindigkeit zu bleiben, ohne dass der Stift das Blatt verlässt (außer von Wort zu Wort) und ohne dass Sie stoppen, um über die nächste Formulierung nachzudenken. Wenn Ihnen nichts einfällt, schreiben Sie das letzte Wort so lange immer und immer wieder hintereinander, bis ein neuer Gedanke kommt – unterbrechen Sie nur nicht den Schreibfluss! Diese Methode des kreativen Schreibens, die den Bewusstseinsstrom aufs Papier bringen möchte (»Freewriting«), soll Sie davor bewahren, dass ein sehr positiver oder negativer Eindruck alles andere dominiert, Sie sich bereits vorab zensieren oder Sie allzu sehr über Semantik und Syntax nachgrübeln. Da diese Methode nicht am Computer oder Tablet funktioniert, achten Sie darauf, dass sich nicht schon nach den ersten Minuten Ihre Hand verkrampft.

Im zweiten Schritt erstellen Sie eine Tabelle mit zwei Spalten für Positives und Negatives. Nehmen Sie Ihr beschriebenes Blatt zu Hilfe und listen Sie in Spalte eins alle Vorteile der ausgeschriebenen Stelle auf, danach in Spalte zwei alle Nachteile. Positiv könnte zum Beispiel der kollegiale Eindruck des zukünftigen Fachvorgesetzten oder das Entgegenkommen bei Ihren Gehaltsvorstellungen zählen, negativ etwa ein stark von der Stellenanzeige abweichender Job, ein schlecht organisiertes Assessment-Center oder fehlende bzw. ungenaue Informationen zur ausgeschriebenen Position. Nehmen Sie auch Kleinigkeiten auf, die Sie nur haben schmunzeln lassen, ebenso Dinge, mit denen der neue Job steht oder fällt. Wenn Ihnen währenddessen noch etwas einfällt, was nicht auf dem Blatt steht, nehmen Sie diese Eindrücke hinzu. Wenn sich ein Vorteil plötzlich in einen Nachteil wandelt oder umgekehrt, ändern Sie es um. Punkte, die sowohl positive wie auch negative Konnotationen haben oder neutral sind, führen Sie in beiden Spalten auf. Verzichten Sie auf Rankings innerhalb der Spalten, sondern notieren Sie alles, wann und wie es Ihnen einfällt. Springen Sie nach Möglichkeit nicht dauernd zwischen beiden Spalten hin und her, sondern befüllen Sie sie nacheinander.

Versehen Sie erst im Anschluss alle Einträge in der Tabelle intuitiv mit einer Zahl von eins (mir nahezu unwichtig) über drei (mir schon wichtig) bis hin zu fünf (mir extrem wichtig). Eine einmal vergebene Zahl ändern Sie nicht mehr um. Zählen Sie die Zahlen pro Spalte zusammen. Eine ausgefüllte Tabelle könnte aussehen wie das folgende Beispiel.

Was spricht für den Job (»Pros«)?	Gewichtung	Was spricht gegen den Job (»Kontras«)?	Gewichtung
Erreichbarkeit in 15 Minuten von zu Hause aus	4	Keine strukturierte interne Weiterbildung	2
Homeoffice möglich	3	Passt nicht genau zu meinen Jobinteressen	3
Über Tarif bezahlt	2	Unklarheit, wohin sich die Stelle in den nächsten Jahren entwickelt	2
Team sehr erfahren	3	Direkter Vorgesetzter im Gespräch kühl und distanziert	1
Gesamtwertung	***12***	***Gesamtwertung***	***8***

Bei diesem Vorgehen soll nicht Quantität, sondern Qualität Ihnen einen ersten Anhaltspunkt geben (»gewichtetes Plus-Minus-Interesting«). Welche Zahl ist höher, die der linken Spalte (»Pro«) oder die in der rechten (»Kontra«)? Überrascht Sie das Ergebnis? Was sagt Ihr Bauchgefühl dazu? Und wie weit liegen Vor- und Nachteile zahlenmäßig auseinander?

Als letzter Schritt steht eine vorläufige Entscheidung an, unabhängig davon, ob Sie das Unternehmen überzeugt haben und die Stelle angeboten bekommen: Würden Sie den Job nach jetzigem Stand weiterhin antreten wollen, keinesfalls haben wollen oder eventuell, falls bestimmte Bedingungen erfüllt sind?

Statt nur auf Antwort zu warten, treffen Sie auf diese Weise selbstbestimmt eine vorläufige Entscheidung. Natürlich kann sich noch etwas ändern, je nachdem, wie sich das Unternehmen zurückmeldet und noch offene Punkte geklärt werden.

4.4.2 In Kontakt bleiben und Ihr Interesse an der Stelle bekunden

Gerade wenn Sie sich um eine begehrte Stelle bewerben oder viele Mitbewerber an einem standardisierten Beurteilungsverfahren teilgenommen haben, kann es nicht schaden, sich noch einmal aktiv ins Gedächtnis des Recruiters zu rufen. Vielleicht wurden an dem Tag Ihres Jobinterviews einige andere durchgeführt mit Bewerbern, die Ihnen ähnlich waren oder eine ebenso gute Bewerbungsperformance abgeliefert haben. Nicht zuletzt, um sich von den anderen abzusetzen und die zumeist mündlich und visuell hinterlassenen Eindrücke zu festigen, ist ein Nachfassen sinnvoll. Das sollte nicht unmittelbar nach der letzten Begegnung passieren, da es sonst aufdringlich und vorab inszeniert wirkt. Zudem verpufft der Erinnerungseffekt, wenn Sie ohnedies noch in den Köpfen präsent sind. Ferner sollten Sie zuerst Ihre Selbstreflexion vorgenommen und die (vorläufige) Entscheidung getroffen haben, weswegen ein zeitlicher Abstand von mindestens drei Werktagen ratsam ist.

Sie können Social Media nutzen, sofern Sie die Spielregeln beachten, die beim erfolgreichen Netzwerken gelten (siehe Kapitel 2.4). Versenden Sie zum Beispiel eine Vernetzungsanfrage mit Mehrwert: »Vielen Dank für das interessante Jobinterview auf die Position … Zum besprochenen Thema … ist mir noch ein sehr lesenswerter Text eingefallen, den Sie unter diesem Link finden …« Dadurch bleiben Sie nicht nur präsent im Zusammenhang mit der ausgeschriebenen Stelle. Auch wird es selten so sein, dass der Personaler danach einen geknüpften Kontakt mit Ihnen wieder löst, weshalb Sie darüber hinaus vernetzungstechnisch zumindest über einen wichtigen Kontakt mehr verfügen.

Wenn Sie sich per E-Mail beworben haben, können Sie alternativ oder zusätzlich mit einer kurzen Nachricht nachfassen, in der Sie vor allem Ihre (vorläufige) Entscheidung mitteilen. Wenn Sie sich gegen die Stelle entschieden haben, ist es professionell, dies klar zu sagen, jedoch ohne aufgezwungenes Feedback oder nähere Ausführungen dahingehend, was Ihnen nicht gefallen hat. Beispiel: »Wie bereits im Gespräch angeklungen, entspricht die Ausgestaltung der Stelle nicht meinen Vorstellungen, weswegen ich meine Bewerbung zurückziehe. Ich freue mich jedoch, wenn wir bei künftigen Ausschreibungen wieder in Kontakt treten.« Oder: »Ich bin zu dem Schluss gekommen, dass meine Qualifikation auf einer anderen Position besser passt, weswegen ich kein Interesse mehr an der ausgeschriebenen Stelle habe. Vielleicht bietet sich in der Zukunft die Möglichkeit einer anderweitigen erfolgreichen Zusammenarbeit.« Haben Sie sich hingegen für die Stelle entschieden, bekräftigen Sie Ihr Interesse und ergänzen eine neue Information oder persönliche Erkenntnis: »Das spannende Gespräch hat mir aufgezeigt, dass ich insbesondere meine … auf der offenen Position einbringen kann.« Oder: »Durch das Assessment-Center bin ich auf den Geschmack gekommen und fühle mich bestens auf die künftige Stelle vorbereitet.«

Der springende Punkt !

Wichtig ist, dass Sie weder ein nachgeschobenes zusätzliches Motivationsschreiben noch eine ausformulierte Reflexion versenden, sondern sich mit maximal vier bis fünf Zeilen ins Gedächtnis rufen. Lediglich Bekanntes aus Ihren schriftlichen Bewerbungsunterlagen aufzuwärmen, Teile aus dem Jobinterview zu wiederholen oder allgemeine Postulate à la »Ich bin der Richtige für den Job!« zu platzieren hat keinen Sinn. Sehr wohl können Sie jedoch das im Gespräch Geklärte kurz zusammenfassen oder noch zu Klärendes aufführen, etwa so: »Ich freue mich, dass wir uns über die Punkte … geeinigt haben. Wie besprochen wollen wir über … noch einmal Rücksprache halten.« In jedem Fall sollten Sie sich einleitend kurz für die Chance bedanken, dass Sie sich persönlich vorstellen konnten, und auf eine konkrete Erfahrung aus dem Jobinterview und/oder standardisierten Beurteilungsverfahren Bezug nehmen. Der zweite Punkt ist bedeutsam, damit nicht der Eindruck entsteht, beim Nachfassen würde es sich um einen Textbaustein handeln, den Sie für alle Bewerbungen gleichermaßen verwenden.

Damit sich der Personalverantwortliche an Ihre gute Bewerbungsperformance erinnert, erwähnen Sie etwas, was Ihnen aus dem Jobinterview als besonders relevant in Erinnerung geblieben ist, oder bieten an, eine Information oder ein Dokument nachzureichen, zum Beispiel: »Besonders im Gedächtnis habe ich ... behalten, worauf auch ich stets größten Wert gelegt habe.« Oder: »Was meine besprochene Zertifizierung angeht, ist diese meinen Recherchen zufolge auch im Kontext von ... gültig.« Achtung: In keinem Fall ist ein solches Schreiben die passende Gelegenheit nachzufragen, ob es bereits eine Entscheidungstendenz gibt oder wie man die Chancen einschätzt.

4.4.3 Rückfragen statt abwarten – das Ergebnis aktiv einholen

Sie haben spätestens am Ende des Jobinterviews oder eines standardisierten Beurteilungsverfahren erfahren, wann Sie mit einer Rückmeldung rechnen dürfen. Noch aktiver und mental dynamischer, als in der Warteposition zu verharren, wirkt es, selbst anzubieten, sich zu einem bestimmten Zeitpunkt zu melden. Keinesfalls sollten Sie vorher Zwischenstände abfragen oder sich nach der Tendenz erkundigen. Selbst wenn Sie auf heißen Kohlen sitzen, gilt das als Drängeln und zeigt unprofessionelle Ungeduld. Im Schnitt brauchen Unternehmen circa 30 Tage vom ersten Bewerbungsgespräch bis zur finalen Rückmeldung – und oft überschreiten sie die selbst gesetzte und kommunizierte Frist. Wenn Ihnen beispielsweise mitgeteilt wurde, dass Sie nach etwa drei Wochen mit einer Entscheidung rechnen können, ist dies nicht als Deadline zu verstehen, sondern als nach aktuellem Stand erwartbarer Zeithorizont.

Letztlich hat der Recruiter ebenfalls ein gesteigertes Interesse daran, die Stelle möglichst rasch zu besetzen, weswegen Sie Fristüberschreitungen nicht als persönlichen Affront Ihnen gegenüber oder gar Respektlosigkeit werten sollten. Erwarten Sie zudem nicht, ausgehend von einer guten Bewerbungsperformance, dass Sie terminlich bevorzugt behandelt werden oder gar schon am kommenden Tag eine Jobzusage bekommen. Umgekehrt bedeutet eine längere Wartezeit nicht automatisch, dass weniger Interesse an Ihnen besteht oder die Stelle bereits an jemand anderen vergeben und nur diese Person informiert wurde. Gründe dafür können sein, dass sich unerwartet mehr Bewerber gemeldet haben als erwartet, eine wichtige Entscheidungsperson plötzlich erkrankt ist, die ausgeschriebene Stelle zusammen mit anderen Positionen oder der betreffenden Abteilung restrukturiert wird oder auch, dass Sie in einem Bewerberranking nicht auf Platz eins stehen und man die Zu- oder Absagen der Bewerber vor Ihnen im Ranking abwartet.

!

Der springende Punkt

Falls Sie beim Nachfassen Ihr Interesse an der ausgeschriebenen Stelle bekräftigt haben und entweder der vereinbarte Zeitpunkt da ist, zu dem Sie sich zurückmelden wollten, oder die von Personalerseite angekündigte Frist für die Rückmeldung um circa 25 % überschritten wurde, können Sie eine Rückfrage starten. Anstatt wieder eine E-Mail zu schreiben – die ja gelesen werden muss und bei Verzögerungen zu weiterem Aufwand führt –, greifen Sie zum Telefonhörer und fragen direkt nach der zuständigen Kontaktperson. Beschränken Sie sich bei Ihrer Nachfrage rein formal darauf, wann Sie nach aktuellem Stand ungefähr mit einer Nachricht rechnen dürfen, ohne (indirekte) Vorwürfe zu machen oder Druck zu erzeugen, etwa so: »Sie wollten sich doch nach drei Wochen melden und ich warte nun schon über vier!« Oder: »Ich habe auch noch andere tolle Angebote, bei denen man mich nicht so lange zappeln lässt!«
Vermischen Sie eine terminliche Rückfrage auch nicht mit einer inhaltlichen Nachfrage à la »Wo ich Sie schon mal dran habe: Wie sieht es denn aus mit mir und der Stelle?«. Der Personalverantwortliche wird sich überfahren fühlen und nicht von seinem vordefinierten Prozess abweichen, wann wer auf welche Weise benachrichtigt wird. Sehen Sie auch von Pseudoverständnis suggerierenden Floskeln ab, zum Beispiel: »Ich bin mir dessen bewusst, dass Sie viel Arbeit haben!« oder »Mir ist schon klar, dass ich nicht der einzige Kandidat bin!«. Der Personaler weiß selbst, wann er spät dran ist, und wird deswegen ohnedies von allen Seiten bedrängt. Wählen Sie lieber klare Formulierungen wie »Ist das Bewerbungsverfahren schon weiter fortgeschritten?« oder einfach »Ist aktuell absehbar, bis wann Sie mir eine Rückmeldung geben können?«.

So wie sich der Personalverantwortliche während des laufenden Recruiting-Prozesses nicht allein auf Sie konzentriert, sollten Sie in der Zwischenzeit ebenso wenig nur auf diese eine Stelle hoffen. Mahnungen wie »Jetzt sei mal nicht so ungeduldig!« oder geflügelte Kalenderweisheiten wie »Einfach abwarten und Tee trinken!« stoßen spätestens dann an Grenzen, wenn man dringend eine neue Herausforderung sucht, sich durch viele Absagen demotiviert fühlt oder die ausgeschriebene Stelle (zu Recht oder zu Unrecht) als den ultimativen Traumjob ansieht.

Gerade im letzten Fall hilft es, den Blick auch auf andere berufliche Optionen zu richten – eine Weiterbildung, das eigene Netzwerk oder das parallele Bewerben auf mehrere Jobs. Zum einen können Sie dabei unterschiedliche Firmenkulturen und Jobanforderungen kennenlernen und Bewerbungserfahrungen sammeln, um die Lage realistischer einschätzen zu können – und zwar nicht nur, was die Konkurrenz der Mitbewerber oder die eigenen Gehaltsvorstellungen anbelangt. Zum anderen ist es psychisch gleichwohl einfacher wie motivierender, nicht negativ zu denken (»Wann melden die sich denn nun endlich?«), sondern sich positiv auf etwas anderes zu fokussieren, was Sie Ihrem Berufsziel ebenso näher bringen könnte. Dadurch gewinnen Sie mentalen Abstand und vergrößern Ihren eigenen Handlungsspielraum, statt sich allein von Reaktionen Dritter abhängig zu machen. Sehr oft ergeben sich dadurch nicht bloß neue Sichtweisen, was bestimmte Jobs und Branchen betrifft. Vielmehr empowert es auch Ihr Selbstbewusstsein, wenn Sie bei mehreren Bewerbungsverfahren noch vorne mit dabei sind oder gestärkt durch ein gelungenes Jobinterview gleich in das nächste gehen können.

4.4.4 Kompromiss oder Absage? – Verträge, Verhandlungen und gute Argumente

Signalisiert Ihnen der Personaler, dass das Unternehmen gerne mit Ihnen zusammenarbeiten will, darf die Freude gerne groß sein. Sie sollte aber nicht den Blick für den finalen, (vor-)vertraglichen Sprint trüben. Einige arbeitsvertragliche Bedingungen werden Sie bereits aus der Stellenanzeige kennen, andere haben Sie im Jobinterview thematisiert und über wenige womöglich auch schon einen Kompromiss erzielt. Der Entwurf eines Dienst- oder Arbeitsvertrags sollte diese Absprachen nicht nur korrekt aufgreifen, sondern als gute Grundlage für weitere Verhandlungen dienen. Nicht nur werden darin Details auftauchen, die vorher nicht besprochen wurden. Oft spiegelt er auch die Wertehaltung des Unternehmens wider, die sich zum Beispiel in Vertrauen versus Kontrolle, in Verboten und Vertragsstrafen oder auch Verpflichtungen Ihrerseits äußern kann.

! **Der springende Punkt**

»Vertrag kommt von vertragen« – schon deswegen sollten Sie sich Zeit nehmen, dieses Schriftstück vor der Unterzeichnung in Ruhe zu prüfen, gegebenenfalls mit fachanwaltlicher, standesrechtlicher oder gewerkschaftlicher Unterstützung. Auch hier gehört zum Verhandeln und späteren Zusammenarbeiten auf Augenhöhe dazu, dass die andere Seite Ihnen ausreichend Zeit dafür gibt und den Entwurf als das ansieht, was er rechtlich ist: ein veränderbares Angebot, das erst dann zum verbindlichen Vertrag mutiert, wenn beide Seiten einverstanden sind.

Vertragliche Inhalte – drum prüfe, wer sich beruflich bindet

Falls im Vertragsentwurf andere Inhalte stehen als im Jobinterview oder später vereinbart, muss keine böse Täuschungsabsicht dahinterstecken. Womöglich gab es ein Missverständnis, ein abweichendes Vertragswording oder aber eine Unterbrechung der Kommunikation innerhalb des Unternehmens (zum Beispiel von der HR- zur Fachabteilung). In solchen Fällen und/oder wenn Sie eine Regelung nicht verstehen, ersuchen Sie höflich um ein Gespräch und bitten um Erläuterung und Auswirkungen des betreffenden Passus. Ihr künftiger Arbeitspartner sollte ein Eigeninteresse daran haben, dass Sie nicht blind etwas unterschreiben und später darüber zu streiten beginnen. Es kann sein, dass Sie wegen Ihrer Nachfragen an unterschiedliche Stellen im Unternehmen verwiesen werden. Für fachlich-inhaltliche Fragen ist zumeist die entsprechende Fachabteilung zuständig, für Rahmenbedingungen eher die Personalabteilung. Vielleicht wird Ihnen auch ein spezieller Ansprechpartner genannt – oft verortet in der Sachbearbeitung, die für die rein formale Ausfertigung der Verträge im Unternehmen zuständig ist –, der jedoch vorab nicht zwingend in das Recruiting eingebunden war. Auch hier lassen Sie sich nicht abspeisen, sondern bitten gegebenenfalls um Weiterverweisung an die jeweils fachkundige Person oder Sie wenden sich direkt an Ihre bisherigen Ansprechpartner im Bewerbungsprozess. Haben Sie keine Scheu davor, Bedenken zu äußern, selbst wenn es sich um Kleinigkeiten handeln mag. Ein flauer Magen schon bei der Vertragsunterzeichnung macht keinen Appetit auf eine erfolgreiche und angenehme Zusammenarbeit.

Der springende Punkt !

Ansagen wie »Sie unterzeichnen den Vertrag gleich am ersten Arbeitstag, das spart uns allen Zeit!« oder »Bitte innerhalb von zwei Tagen ausdrucken, unterschreiben und retournieren, damit es schnell durch die interne Personalverrechnung geht!« sind nicht nur kritisch zu hinterfragen. Sie zeigen gegebenenfalls bereits den Grad an Offenheit und Flexibilität des Unternehmens, zum Beispiel wenn Sie später einmal auf außervertragliche Kulanz oder Unterstützung angewiesen sein sollten.

Nutzen Sie die Vertragsverhandlungen nicht nur dazu, rechtliche Fallstricke zu vermeiden, sondern auch, um das, was hinter den Regelungen steckt, nochmals abzufragen. Geeignet sind Fragen wie »Bedeutet diese Regelung für meine tägliche Arbeit, dass ...?« oder »Welche Auswirkungen auf unseren praktischen Arbeitsalltag darf ich mir darunter vorstellen?«. Behalten Sie dabei die folgenden Punkte besonders im Blickfeld:

- **Arbeitsort:** Sind zumindest die Städte genannt, in denen sich Ihr regelmäßiger Arbeitsplatz befindet? Kann Ihr Arbeitgeber Sie ohne Zustimmung versetzen? Wie steht es mit Homeoffice-Regelungen?
- **Arbeitszeit:** Sind Überstunden bereits zu einem bestimmten Prozentsatz mit dem Fixgehalt abgegolten (»All-in-Regelung«)? Wenn Flexibilität in Hinblick auf kurzfristige Präsenzmeetings oder Dienstreisen vorausgesetzt wird, wie sieht es mit Dienstwagen, einem Ticket für den öffentlichen Personennahverkehr, Gleitzeitregelungen oder Teilzeitoptionen aus? Wie werden Reisetätigkeiten finanziell und arbeitszeitlich abgegolten? Welche Erreichbarkeit wird von Ihnen erwartet, wenn Diensthandy und/oder Dienstlaptop für Sie vorgesehen sind?
- **Arbeitsgehalt:** Ist eine tarifvertragliche Eingruppierung festgeschrieben? Sind fixe und variable Vergütungsbestandteile aufgeführt und auch die Bedingungen, unter denen sie gewährt werden (wovon zum Beispiel hängen Bonuszahlungen ab)?
- **Arbeitstechnik:** Der Umgang mit welchen technischen Tools wird bei Ihnen bereits vorausgesetzt (Messenger-System statt interner E-Mails, Customer-Relationship-Management statt Kundendateien, eigenverantwortliche Arbeitszeitverwaltung online etc.)?
- **Arbeitsausstattung:** Wenn der Arbeitgeber einen gehobenen Dresscode oder eine spezielle Fachausrüstung vorsieht (zum Beispiel Sicherheitskleidung), wer bezahlt und pflegt diese?

- **Weiterbildung:** Ist lediglich Ihre Verpflichtung zu regelmäßiger Fortbildung enthalten? Oder steht auch im Vertrag, welche Weiterbildungsmöglichkeiten (zum Beispiel interne Programme) das Unternehmen vorsieht und wer dafür bezahlt? Gilt Weiterbildung als Arbeitszeit oder müssen Sie sie abends oder am Wochenende absolvieren? Besteht für eine bezahlte Weiterbildung eine (teilweise) Rückzahlungspflicht bei vorzeitiger Vertragsauflösung?
- **Sonderleistungen:** Sind etwaige besprochene Sonderleistungen einzeln als fixer Bestandteil aufgeführt, etwa übergesetzliches Urlaubs- und Weihnachtsgeld, betriebliche Unfall- oder Altersversicherungen, vermögenswirksame Leistungen etc.?
- **Konkurrenz- und Wettbewerbsverbote:** Dürfen Sie (zum Beispiel bei Teilzeit- oder Franchise-Tätigkeiten) während der Vertragslaufzeit in der gleichen Branche nebenberuflich tätig sein? Dürfen Sie dies nach Ende des Vertrags? Was ist mit Kunden oder Vertragspartnern, die Sie kennenlernen?

! **Der springende Punkt**

Generell sind Klauseln, zu deren Einhaltung Ihnen schlicht die Infos fehlen oder zu denen eine weitere Zustimmung erforderlich ist, mit Vorsicht zu genießen. Beispiele: »... kann der Arbeitgeber im Bedarfsfall ändern ...«, »... nach Maßgabe innerbetrieblicher Verfügbarkeit ...« oder »... ist im Einzelfall gesondert abzustimmen ...«. Auch kann es sein, dass aus dem Vertrag heraus auf bestimmte Sondervorschriften verwiesen wird, beispielsweise auf eine bestehende Betriebsvereinbarung. Lassen Sie sich auch diese stets zukommen und prüfen Sie deren Inhalt genau!

Existiert für Ihre Branche ein Kollektiv- oder Tarifvertrag, sollten Sie diesen ebenso konsultieren – oft existieren dazu im Internet Auslegungsregeln einer neutralen Stelle. Dem muss das Unternehmen entsprechen, es darf keine abweichende Bestimmung zu Ihren Lasten geben.

Mit Rückschlägen konstruktiv umgehen

Nun kann es sein, dass Sie sich mit dem Unternehmen nicht einigen können oder wollen. Auch in diesem Fall sollte eine kurze E-Mail mit ähnlicher Konnotation wie beim Nachfassen (siehe oben) von Ihrer Seite ergehen. Ein Dank für das Interesse an Ihrer Person, für die spannenden Einsichten in das Unternehmen im Jobinterview und/oder dafür, dass Sie im Assessment-Center etwas über sich gelernt haben, schließt das Bewerbungsverfahren auch mental für Sie ab und lässt Sie in guter Erinnerung bleiben.

Es ist auch möglich, dass Sie eine Absage erreicht, wobei es letztlich keine Rolle spielt, ob wegen Über- oder Unterqualifikation. Im ersten Fall würden Sie den Job nicht gut machen, im zweiten Fall irgendwann demotiviert, nicht genug gefordert und gedanklich bereits wieder beim Umorientieren sein. Überqualifikation weist nicht auf eine Notlüge hin, warum Sie keine Jobzusage erhalten, sondern ist ein Zeichen dafür, dass Sie sich nicht auf Ihrem Joblevel bewegen und über Ihre Bewerbungsstrategie nachdenken sollten (siehe Kapitel 2.2).

Immer wieder kommt es auch vor, dass Bewerber (trotz mehrfacher Nachfragen) keine Antwort bekommen – was unter dem Strich gleichermaßen auf eine Absage hinausläuft (»Ghosting«). Bewerber trifft dies aufgrund der damit verbundenen Respektlosigkeit fast so sehr wie eine Absage mit einer inhaltlich nichtssagenden Standardfloskel. Meldet sich ein Unternehmen nicht mehr, können Sie im Regelfall nichts tun – außer sich darüber zu freuen, nicht in einem Arbeitskontext gelandet zu sein, wo Menschen so miteinander (nicht) kommunizieren. Bei einer Standardabsage hingegen sollten Sie schon aus eigenem Interesse telefonisch um detailliertes Feedback anfragen. Sehr oft liegt es nicht daran, dass der Recruiter Ihnen kein persönliches Feedback geben möchte, sondern weil die Unternehmenspolitik generell vorgibt, dass man sich schriftlich nicht zu Absagen äußert – zumeist, weil man sich nicht rechtlich angreifbar machen möchte. Solche Schreiben sind oftmals allzu allgemein und abgeschliffen formuliert – daraus lässt sich kein konkretes Verbesserungspotenzial ziehen. Fragen Sie telefonisch nach, wie etwas gemeint war oder ob Sie die Hauptgründe für die Absage erfahren dürfen. Die Chance, dass der direkt gefragte Recruiter beim Hören einer bekannten Stimme ehrlich antwortet, ist zumindest vorhanden.

Special !

Auch wenn es nicht schön ist, nach der Absage nochmals zum Hörer zu greifen, wird Sie diese Erfahrung stärken. Gehen Sie dabei ebenfalls rein funktional vor: Sie wollen sich verbessern, also keine Einsicht in ein Ranking nehmen oder exakt und in die Vergangenheit gerichtet abfragen, warum Sie nicht genommen wurden. Erbitten Sie daher stets zukunftsbezogen ein Feedback, was Sie konkret besser machen könnten. Statt »Ich kann Ihre Entscheidung nicht nachvollziehen. Was bitte hat denn dazu geführt, dass Sie sich gegen mich entschieden haben?« formulieren Sie lieber »Ich freue mich, wenn ich trotzdem etwas lernen kann. Haben Sie vielleicht einen Tipp für mich bei Bewerbungen?« oder »Ich habe Sie als vertrauenswürdig kennenlernen dürfen und lege Wert auf Ihre Meinung. Wo könnte ich besser werden?«.

Sie brauchen sich nichts vorzuwerfen, haben gekämpft und dürfen erhobenen Hauptes voranschreiten. Auch wenn Sie gar kein, kein ehrliches oder kein brauchbares Feedback bekommen konnten, haben Sie bis zuletzt professionell agiert und alles herauszuholen versucht, was ging. Und dennoch kann es sein, dass Sie zunächst enttäuscht in ein tiefes Loch fallen – und das ist in Ordnung!

Typischerweise reagiert unsere Psyche zunächst zum Schutz mit einer gedanklichen Verneinung à la: »Das darf doch nicht wahr sein – obwohl das Jobinterview so gut lief!« Oder: »Das gibt's nicht, die müssen sicher einen Verwechslungsfehler gemacht haben!« Manche Menschen empfinden auch ihr Selbstwertgefühl als angeknackst und reagieren mit Wut nach dem Motto: »Dieser miese Saftladen verdient mich eh nicht! Die haben nicht den leisesten Schimmer, was Ihnen entgeht!« Gerne wird sodann eine selbstmitleidige Opferrolle eingenommen: »Das war sowieso schon klar, wer die Stelle kriegt. Die haben mir nie eine richtige Chance gegeben!«

! **Special**

Geben Sie Ihren Gefühlen Raum, anstatt sie zu unterdrücken – sie sind echt und haben eine natürliche Kanalisationsfunktion, denn Bewerbungen sind psychisch anstrengend! Auf eine emotionale Reaktion mit Durchhalteparolen à la »Ich darf nicht aufgeben – ich muss mich zusammenreißen!« reagieren zu wollen, führt langfristig zu kräfteraubender Frustration. Neigen Sie charakterlich sehr zur Ausdehnung solcher Gefühlszustände, kann es helfen, sich dafür formal ein Zeitfenster von maximal einem Tag zu setzen. An diesem erlauben Sie es sich ausdrücklich zu schimpfen, sich zu ärgern und traurig zu sein. Selbst wenn Sie das so in Ihren Kalender eintragen, werden nicht mit Schlag 24.00 Uhr Ihre Gefühle weg sein. Jedoch hilft es dem Gehirn, sich fokussiert mit diesem als temporäre Niederlage empfundenen Zustand abzufinden. Sie zollen Ihrem Gefühl damit Respekt und geben ihm einen abgegrenzten Raum, damit Sie aus eigener Kraft schneller wieder das leicht verschobene Krönchen richten können. Hier nutzen Sie als älterer Bewerber zudem die Gelassenheit und Ruhe, die Sie über die Jahre in vielen Extremsituationen und zähen Veränderungen im Berufsleben gewonnen haben.

Erinnern Sie sich an die eine oder andere Situation, in der Kollegen, Vorgesetzte oder Kunden (fast) die Nerven verloren haben? Auch die Absage einer Jobbewerbung gehört zur beruflichen Sphäre, mag sie sich zunächst auch nur privat bei Ihnen auswirken. Gehen Sie daher, auch wenn Sie nicht unmittelbar ein monatliches Gehalt für Ihr Bewerbungsengagement bekommen, wertschätzend mit Ihrer diesbezüglichen Performance um. Führen Sie einmal im Monat ein kurzes Brainstorming durch und schreiben Sie stichwortartig alles auf, was im Zusammenhang mit Ihren Bewerbungen gut gelaufen ist. Das kann die Einladung zu einem Jobinterview sein, die Entdeckung einer interessanten Ausschreibung im Internet, die Insider-Empfehlung eines Netzwerkkontakts oder der mutige Schritt, ein nicht ganz passendes Angebot konsequent abzulehnen.

! **Special**

Nehmen Sie sich die Zeit, regelmäßig Ihre Bewerbungsstrategie kritisch zu überdenken: Passt Ihr Mindset noch? Bleiben Ihre Annahmen über den Jobmarkt und Ihre Branche(n) wie zuvor? Haben sich Ihre Bedürfnisse verändert? Sollten Sie Ihren persönlichen Mix an Möglichkeiten bei der Jobsuche oder Ihre Bewerbungsinstrumente anpassen? Entsprechen Ihre Erwartungen und Anforderungen der Realität, wie Sie sie inzwischen wahrnehmen? Es kann sein, dass Sie im Anschluss Ihre gesamte Bewerbungsstrategie umstricken oder nur Kleinigkeiten ummodeln.

Sie können sich auch Unterstützung von außen holen: Manche engagieren einen Bewerbungsschreiber, der die Unterlagen »pimpt«, was vor allem helfen kann, sollte Ihre Muttersprache nicht die Bewerbungssprache sein. Darüber hinaus wirkt ein komplett ausgelagertes Ghostwriting allerdings meist wenig authentisch und fliegt spätestens im Jobinterview auf. Ihre Bewerbungsunterlagen von anderen gegenlesen zu lassen oder sich mit anderen Jobsuchenden auszutauschen kann helfen, den eigenen Tunnelblick wieder zu erweitern.

Special !

Ein professionelles Bewerbungs- oder Karrierecoaching kann ebenfalls sinnvoll sein. Lassen Sie sich von hohen, oft dreistelligen Honorarsätzen für eine Beratungsstunde nicht entmutigen. Wenn Sie dadurch schneller einen hochdotierten Job finden, der Ihnen Spaß macht, kann das mittelfristig eine gute Investition sein. Achten Sie aber darauf, dass Ihre Persönlichkeit und nicht die des Coaches Ihre Bewerbung maßgeblich prägt. Gute Coaches erkennen Sie unter anderem daran, dass sie keine Patentrezepte oder Expertenratschläge erteilen, sondern Ihnen Ideen, Anregungen und einen Prozessrahmen geben, um selbst darauf zu kommen, was zu Ihnen passt und Erfolg verspricht.

5 Nach dem Job ist vor dem Job – gekommen, um zu bleiben?

Es hat geklappt: Sie konnten sich mit dem Unternehmen auf einen Modus der Zusammenarbeit einigen und es ist an der Zeit, in die Mitarbeiterrolle zu schlüpfen. Sie sind motiviert, eine tolle Jobperformance abzuliefern und Ihren Platz im Unternehmen auszufüllen. Ihre Rolle ist aber weder identisch mit der Stellenanzeige noch mit der Arbeitsplatzbeschreibung. Sie ist das, was Sie annehmen, aus dem Angebotenen machen und tatsächlich umsetzen. Möchten Sie sich dauerhaft auf Ihrer Position wohlfühlen, machen Sie sich klar, als wer Sie dort wahrgenommen werden wollen und wie Sie sich gegebenenfalls abgrenzen können – inhaltlich und sozial.

In die neue Stelle hineinfinden

Gerade in der ersten Zeit ist das gegenseitige Beschnuppern wichtig. Stellen Sie sich vor, wie einer Ihrer neuen Kollegen nach circa drei Wochen in Ihrer Abwesenheit den anderen von Ihnen als Neuling erzählt. Was würden Sie gerne hören über sich und was lieber nicht? Wie ginge es Ihnen damit, wenn Sie etwa als lieb und nett wahrgenommen würden? Wäre das für Sie ein Zeichen von Sympathie oder würden Sie sich eher wie »everybody's darling« ohne Ecken und Kanten fühlen? Vielleicht rutscht auch jemandem heraus, Sie seien manchmal »schon ziemlich direkt«. Würde Sie das in Ihren Augen eher als undiplomatisch oder als klar und deutlich charakterisieren? Wie Sie zu Beginn wahrgenommen werden, wird dauerhafte Auswirkungen auf Ihren sozialen Status innerhalb des Teams haben. Gehen Sie jedem zur Hand, übernehmen Sie freiwillig alle Arbeiten, die liegen bleiben, und schlucken Sie ohne Murren alles, was da kommt? Das kann als hilfsbereit gelten – oder Sie kommen wie jemand rüber, dem man ohne Widerstand unliebsame Aufgaben aufdrücken kann. Die ersten Arbeitswochen prägen das Verhältnis hierbei entscheidend.

Der springende Punkt !

Nur, wenn Sie Ihren Platz gefunden haben, passen Sie und das Unternehmen auf lange Sicht zusammen. Das bezieht sich auf den zwischenmenschlichen Bereich genauso wie auf Ihre fachliche Funktion. Stellen Sie für sich, Ihre Vorgesetzten und Ihre Kollegen möglichst gleich am Anfang freundlich, aber bestimmt klar, dass Sie eine außerordentliche Zusatzaufgabe nur ausnahmsweise übernehmen oder dass etwas Ihrer Meinung nach nicht in Ihren Aufgabenbereich fällt – jedenfalls nicht, so wie Sie ihn verstehen. Kommen Sie zeitmäßig nicht mit Ihrer Arbeit oder generell mit dem Anspruch an die Qualität zurecht, sprechen Sie dies ebenfalls frühzeitig offen an. Ein gut strukturiertes Onboarding sollte das Unternehmen für Sie vorsehen. Doch an Ihnen selbst ist es, sich den anderen gegenüber klar zu positionieren und auch Unterstützung aktiv einzufordern.

So wie das Unternehmen Sie in der Anfangszeit auf Herz und Nieren prüft, tun Sie dies auch mit Ihrer neuen Arbeitsstelle. Der Zeitraum, in dem die Zusammenarbeit unter erleichterten Bedingungen wieder beendet werden kann (»Probezeit«), trägt dem Rechnung, dass man nicht alles a priori abklopfen und diskutieren kann. Erst im laufenden Betrieb lässt sich praktisch erkennen, ob man miteinander zurechtkommt. Und selbst wenn in Ihrem Fall eine Probezeit weder arbeitsrechtsvertraglich noch gesetzlich formal vorgesehen ist, nehmen Sie sich nach den berühmten ersten 100 Tagen ausreichend Zeit, um die tatsächlich wahrgenommene Position kritisch zu reflektieren.

Aufgaben, Unternehmen und Team einpassen

Zu Beginn lässt sich der neue Job meist spannend an, die Kollegen sind hilfsbereit und die Chefs geben gute Unterstützung. Dass irgendwann die Anfangsbegeisterung nachlässt, ist bei fast allen Jobs oder nach längerer Auftragszusammenarbeit normal. Nach einigen Monaten kennen Sie das Unternehmen – inklusive aller Spleens der einzelnen Kollegen. Ihnen ist bekannt, welche Regeln nur auf dem Papier stehen, Sie wissen auch um die ungeschriebenen Gesetze und sind sich im Klaren darüber, welche Arbeitsleistungen Ihre Vorgesetzten erwarten. Ihre Gedanken fokussieren nicht mehr auf Neues und Ungewohntes, sondern kreisen inzwischen darum, ob Sie sich an der richtigen Stelle befinden. Bei Positionen ab dem mittleren Management aufwärts oder für eine hochdotierte Spezialistenstelle wird in Bewerbungsverfahren vorab tendenziell öfter über Rahmenbedingungen gesprochen als über die alltägliche, operative Arbeit. Das betrifft besonders ältere Mitarbeiter, die sich auf solche Positionen bewerben. Kommen Ihnen hier und da Zweifel, kann es sein, dass Sie sich dabei ertappen, gelegentlich die Stellenausschreibungen ähnlicher Jobs der Konkurrenzunternehmen zu lesen. Haben Sie deswegen kein schlechtes Gewissen – überlegen Sie stattdessen, ob Ihnen etwas Essenzielles fehlt oder ob Sie sich nur in Ihrer Komfortzone bewegen. Die eigenen Wunschvorstellungen und die Arbeitsrealität gehen oft auseinander, das wird vor allem dann spürbar, wenn man aus einer Anstellung heraus auf ein anderes Jobangebot blickt. Könnten Sie ein wenig mehr Anerkennung für Ihre Leistung vertragen? Nerven Sie die Kunden gelegentlich? Funken die Kollegen Ihnen öfter mal in Ihren Kompetenzbereich hinein? Gratulation – dann befinden Sie sich in bester Gesellschaft, denn dies sind die am häufigsten angeführten Arbeitsprobleme, die mehr oder weniger auf alle Jobs zutreffen!

Showtime

Stellen Sie den neuen Job auf den Prüfstand

Enttäuschungspotenziale bestehen bei jedem Job. Unterscheiden Sie für sich, was jeweils der Auslöser ist. Liegt ein Einzelfallproblem zugrunde, etwa wegen einer bestimmten Person? Stimmt die momentane Arbeitsumgebung im Projekt nicht? Oder verursachen das saisonbedingt gestiegene Arbeitsvolumen und die mit Ihrer Arbeit notwendigerweise verbundenen Risiken und Anstrengungen unmäßig Stress?

Arbeiten Sie gerne mit Menschen? Schwierige Exemplare gehören nun mal dazu. Schreiben Sie mit Begeisterung viel Text am Computer? Dann werden sich nach langem Sitzen gelegentlich Nacken und Rücken melden. Mögen Sie es, neue Produkte zu entwickeln? Dann wird meist nur ein Bruchteil Ihrer tollen Einfälle berücksichtigt oder gar umgesetzt. Denken Sie darüber nach, ob Sie schon an anderen Arbeitsstellen mit ähnlichen Herausforderungen zu tun hatten. Falls ja, erliegen Sie nicht der trügerischen Hoffnung, beim nächsten Job würde plötzlich alles besser.

Fragen Sie sich stattdessen, was ein Jahr nach Ihrem ersten Arbeitstag passiert sein müsste, damit Sie sagen können, es sei goldrichtig gewesen, den neuen Job anzunehmen. Nehmen Sie an, Sie gehen abends zu Bett und am nächsten Morgen ist – wie von Zauberhand – Ihr aktueller Job genauso, wie er in Ihren Augen sein müsste (»Wunderfrage«). Stellen Sie sich weiter vor, dass Sie selbst völlig ahnungslos sind, wie und warum das passiert ist, die Situation aber einem Ihnen nahestehenden Menschen erklären müssten. Was würde jemand anderem als Erstes an Ihnen auffallen und worauf würde diese Person Sie ansprechen? Wie würden Sie ihr den aktuell perfekten Job am besten durch äußerlich Wahrnehmbares beschreiben? Was wäre anders als bisher und wie würde es sich auswirken? Und wie würden Sie Ihre Emotionen beschreiben (abgesehen davon, dass es sich vermutlich gut anfühlt)?

Anstatt wahrzunehmen, was Sie womöglich stört, Ihnen fehlt oder Fragezeichen aufwirft, fokussiert diese Methode weg von der oftmals schwierigen Problemlösung hin zu den positiven Auswirkungen. Davon ausgehend sprechen Sie ruhig mit den dienstälteren Kollegen und erkundigen sich vorsichtig danach, ob sie ähnliche Wahrnehmungen zu Beginn hatten oder einen bestimmten Modus favorisieren, um damit klarzukommen. Eine Jobunzufriedenheit – generell oder an mehreren Baustellen – sollten Sie jedoch nicht im Team kundtun. Wenden Sie sich damit eher an Ihren Dienstvorgesetzten und suchen Sie zusammen mit ihm nach Lösungen, anstatt vor allen Probleme zu wälzen. Sprechen Sie in einem vertraulichen Rahmen offen aus, falls Sie selbst grundlegend andere Erwartungen in sich tragen oder andere Vorstellungen aus dem Bewerbungsverfahren mitgenommen haben. Erklären Sie, was Sie brauchen und sich wünschen, um im neuen Job anzukommen und gut arbeiten zu können. Hilfreich sind dabei stets nachvollziehbare Beispiele, etwa aus Ihrer bisherigen Berufspraxis, oder Ideen für konkrete Verbesserungen im laufenden Betriebsalltag. Da Neubesetzungen, Vertretungen und Einschulungen für Unternehmen teuer und für Teams kommunikativ fordernd sind, wird Ihr Vorgesetzter Sie ernst nehmen und nicht als notorischen Nörgler abstempeln. Falls Sie dennoch diesen Eindruck haben, bleiben Sie hartnäckig: Finden Sie zusammen eine Strategie mit festen Eckpunkten und Daten, was bis wann von wem getan wird. Geben Sie sich nicht zufrieden

> mit einem »Ich kümmere mich schon darum!«, »Wir werden sehen, ob wir da etwas tun können!« oder »Ich bespreche das mal intern und hoffe, das wird dann schon!«. Legen Sie das Vereinbarte schriftlich fest und machen Sie direkt einen neuen Besprechungstermin aus, zu dem eine Verbesserung überprüft wird.

Manchmal lassen sich Umstände trotz aller Bemühungen nicht ändern. Wenn dies nur einzelne Jobkomponenten betrifft, können Sie sich dennoch motivieren, indem Sie sich auf die gut funktionierenden Bereiche im Unternehmen konzentrieren. Wenn beispielsweise die notwendige Zusammenarbeit mit einem gewissen Kollegen nicht reibungsfrei verläuft, können Sie die diesbezügliche Kommunikation auf ein Minimum reduzieren und sich verstärkt mit den anderen Teammitgliedern austauschen. In einem gut funktionierenden Team mit ausgeprägter Kollegialität spüren die anderen solche Stimmungen, nehmen darauf Rücksicht und gleichen sie sogar ein Stück weit aus. Falls eine inhaltliche Teiltätigkeit nicht den angepriesenen Spaßfaktor verspricht, können Sie sich in einem anderen Bereich ausleben und im Team fragen, ob Sie sich in zuletzt genanntem stärker einbringen dürfen. Vielleicht hat auch jemand gerade an zuerst genanntem viel mehr Spaß als Sie.

Schlussendlich sollten Sie Ihren Job immer auch im Gesamtkontext Ihres Lebens sehen: Persönlichen Erfolg allein von der Zufriedenheit im Broterwerb abhängig zu machen ist oft wenig zielführend. Spannende Freizeitaktivitäten, ein erfülltes Familienleben und/oder berufliche Nebentätigkeiten können ebenso für Grundzufriedenheit, Selbstbewusstsein und die nötige Resilienz bezüglich beruflicher Störfaktoren sorgen.

Es ist weder eine Schande noch zwingende Folge eines Bewerbungs- oder Recruiting-Fehlers, wenn Sie zu dem Schluss kommen, dass der neue Job doch nicht passt. Auch dann haben Sie sehr wahrscheinlich viel gelernt – über sich und das, was Sie wirklich wollen – und starten erneut durch! Dabei alles Gute!

Stichwortverzeichnis

Der Autor

René Merten ist Inhaber der Absolventenakademie Wien, des einzigen deutschsprachigen Instituts für Persönlichkeits- und Karriereentwicklung gezielt für Hochschulabsolventen. Er bereitet Akademiker auf den Arbeitsmarkt vor und begleitet sie bei beruflichen Veränderungsprozessen mit Coachings und Workshops. Zudem ist er nicht nur erfolgreicher Ratgeberautor zu den Themen Bildung, Karriere, Selbstcoaching und Management, sondern auch Berater für Unternehmen zu den Themen Führung, Personal und Kommunikation. Als mehrfach zertifizierter Projekt- und Changemanagement-Experte hat er zahlreiche Veränderungsprojekte zum Erfolg geführt und entwickelt als Senior Partner der Lukas Bischof Hochschulberatung Konzepte und Strategien unter anderem zu den Themenfeldern Employability, Hochschulbildung und Wissenstransfer.

Mit digitalen Extras:
Exklusiv für Buchkäufer!

Ihre digitalen Extras zum Download:

- **http://mybook.haufe.de/**
- **Buchcode:** FIO-2306
